16G101 图集实例教程系列丛书

16G101 平法钢筋识图
实 例 教 程

主编　栾怀军　孙国皖

U0323677

中国建材工业出版社

图书在版编目(CIP)数据

16G101 平法钢筋识图实例教程/栾怀军，孙国皖主编. —北京：中国建材工业出版社，2017.3（2021.1 重印）
（16G101 图集实例教程系列丛书）
ISBN 978-7-5160-1762-3

Ⅰ. ①1… Ⅱ. ①栾… ②孙… Ⅲ. ①钢筋混凝土结构－建筑构图－识图－教材 Ⅳ. ①TU375

中国版本图书馆 CIP 数据核字(2017)第 018720 号

内容简介

本书主要依据 16G101-1《混凝土结构施工图平面整体表示方法制图规则和构造详图（现浇混凝土框架、剪力墙、梁、板）》、16G101-2《混凝土结构施工图平面整体表示方法制图规则和构造详图（现浇混凝土板式楼梯）》、16G101-3《混凝土结构施工图平面整体表示方法制图规则和构造详图（独立基础、条形基础、筏形基础及桩基础）》三本最新图集编写，内容主要包括平法钢筋识图基础知识、柱构件平法识图、剪力墙构件平法识图、梁构件平法识图、板构件平法识图、板式楼梯平法识图、独立基础平法识图、条形基础平法识图、筏形基础平法识图。

本书内容丰富、通俗易懂、实用性强，注重对"平法"制图规则的阐述，并且通过实例解读"平法"，以帮助读者正确理解并应用"平法"。

本书可作为介绍平法识图的基础性、普及性图书，可供设计人员、施工技术人员、工程监理人员、工程造价人员、钢筋工以及其他对"平法"技术感兴趣的人士学习参考，也可作为上述专业人员的培训教材，供相关专业施工学习参考使用。

16G101 平法钢筋识图实例教程

主　编　栾怀军　孙国皖

出版发行：中国建材工业出版社
地　　址：北京市海淀区三里河路 1 号
邮　　编：100044
经　　销：全国各地新华书店
印　　刷：北京雁林吉兆印刷有限公司
开　　本：787mm×1092mm　1/16
印　　张：17.75
字　　数：440 千字
版　　次：2017 年 3 月第 1 版
印　　次：2021 年 1 月第 5 次
定　　价：56.80 元

───────────────────────────────

本社网址：www.jccbs.com　　微信公众号：zgjcgycbs
本书如出现印装质量问题，由我社市场营销部负责调换。联系电话：(010) 88386906

《16G101 平法钢筋识图实例教程》
编委会

主　编　栾怀军　孙国皖

编　委　（按姓氏笔画排序）

于　涛　王红微　白雅君　刘艳君

孙石春　孙丽娜　齐丽娜　何　影

张黎黎　李　东　李　瑞　董　慧

前　言

"平法"，即建筑结构施工图平面整体设计方法，为山东大学陈青来教授首次提出。自 1996 年 11 月第一本平法标准图集 96G101 发布实施以来，平法相关标准图集得到了广泛发展与应用。图集内容丰富，表述翔实，涵盖了现浇混凝土结构的柱、剪力墙、梁、板、楼梯、独立基础、条形基础、桩基承台、筏形基础、箱形基础和地下室结构的平法制图规则和标准构造详图。毋庸置疑，平法技术深入、广泛应用促进了建筑科技的进一步发展。

为了帮助广大读者更好地理解图集的内容，本书从实际应用出发，主要依据 16G101-1《混凝土结构施工图平面整体表示方法制图规则和构造详图（现浇混凝土框架、剪力墙、梁、板)》、16G101-2《混凝土结构施工图平面整体表示方法制图规则和构造详图（现浇混凝土板式楼梯)》、16G101-3《混凝土结构施工图平面整体表示方法制图规则和构造详图（独立基础、条形基础、筏形基础及桩基础)》三本最新图集，通过对平法钢筋识图基础知识、柱构件平法识图、剪力墙构件平法识图、梁构件平法识图、板构件平法识图、板式楼梯平法识图、独立基础平法识图、条形基础平法识图、筏形基础平法识图章节的讲解介绍，详细地表述了平法钢筋识图的全部内容，尤其注重对"平法"制图规则的阐述，并且通过实例精解解读了"平法"，以帮助读者正确理解并应用"平法"。

本书在编写过程中参阅和借鉴了许多优秀书籍、图集和有关国家标准，并得到了有关领导和专家的帮助，在此一并致谢。由于作者的学识和经验有限，虽经编者尽心尽力，但书中仍难免存在疏漏或未尽之处，敬请有关专家和读者予以批评指正。

编　者
2017 年 1 月

中国建材工业出版社
China Building Materials Press

我 们 提 供

图书出版、图书广告宣传、企业/个人定向出版、设计业务、企业内刊等外包、
代选代购图书、团体用书、会议、培训，其他深度合作等优质高效服务。

编 辑 部
010-88386119

出版咨询
010-68343948

市场销售
010-68001605

门市销售
010-88386906

邮箱：jccbs-zbs@163.com　　网址：www.jccbs.com

发展出版传媒　　服务经济建设
传播科技进步　　满足社会需求

目　　录

第一章　平法钢筋识图基础知识

重点提示：

1. 了解平法和钢筋基础知识
2. 熟悉施工制图的统一标准，如图纸幅面规格与图纸编排顺序、图线、字体、比例、符号等
3. 掌握结构施工图识读要点

第一节　平法基础知识

一、平法的定义

建筑结构施工图平面整体表示方法，简称为平法，是把结构构件的尺寸和配筋等按照平面整体表示方法的制图规则，整体直接表达在各类构件的结构平面布置图上，再与 G101 系列国家建筑标准设计图集内相对应的各类构件的标准构造详图相配合，即构成一套新型完整的结构设计。

平法结构施工图改变了传统的将各类结构构件从结构平面布置图中索引出来，再逐个绘制配筋详图的烦琐绘图表达方法，是建筑结构施工图设计绘图表达方式的重大变革。

中华人民共和国原建设部批准发布了国家建筑标准设计图集，即平法图集 G101 系列，它是国家重点推广的科技成果，已得到广泛应用。

二、平法的诞生、形成与发展

山东大学教授陈青来先生是平法的创始人。

建筑结构施工图设计的发展，共经历了三个时期：一是新中国成立初期至 20 世纪 90 年代末的详图法（也叫配筋图法）；二是 80 年代初期至 90 年代初我国东南沿海开放城市广泛应用的梁表法；三是 90 年代至今已基本普及的平法。平法的发明及应用，从形式上替代了人工制图，优化了计算机辅助设计 CAD 技术，对提高结构设计效率起到了重大作用。

计算机 CAD 软件的应用是设计技术手段的一次革命，虽然结构 CAD 的开发应用已日渐成熟，但在实际设计工作中的弊病也逐渐凸显。主要表现在：一是结构设计工作量庞大，其中 $70\%\sim80\%$ 用于绘图；二是表达手法落后、烦琐，图纸量甚至比手工绘制还多，质量通病"错、漏、碰、缺"在所难免；三是正常变更设计困难，可谓"牵一发而动全身"。通常实际工程项目设计过程中，建筑专业的调整和修改，势必带来结构设计的相应改变，而传统的框架、剪力墙的竖向表达方式，使得变更的进行相当困难，甚至顾此失彼，形成新的"错、漏、碰、缺"。

平法的出现和发展顺应了结构设计的发展和革新的客观需要。1995 年 8 月 8 日，一篇题为《结构设计的一次飞跃》的文章刊登在《中国建设报》头版显著位置，它标志着我国平法的正式诞生，此前它已经正式通过了中华人民共和国原建设部的科技成果鉴定。而 1996

年 11 月，原建设部批准《混凝土结构施工图平面整体表示方法制图规则和构造详图》（现浇混凝土框架、剪力墙、框架-剪力墙、框支-剪力墙结构）为国家建筑标准设计图集 96G101，在批准之日起向全国正式出版发行。

平法科技成果以国家建筑标准设计图集 96G101 的形式，且以令人惊叹的速度推向了全国建筑界，这标志着我国结构施工图设计正式进入了"平法时代"。

平法结构 CAD 软件随之开发，并逐步应用于结构设计实际工作中。

相对于传统方法，平法可使图纸量减少 65%～80%；若以工程数量计，其相当于使绘图仪的寿命提高三四倍，同时设计质量通病也大幅度减少。以往施工中逐层验收梁的钢筋时需反复查阅大宗图纸，现在只要一张图就包括了一层甚至几层梁的全部数据，因此深受工程界欢迎。

三、平法的基本理论

按照结构设计各阶段的工作形式和内容，可将全部结构设计作为一个完整的主系统，该主系统由三个子系统构成。第一子系统为结构方案（结构体系）设计，第二子系统为结构计算分析，第三子系统为结构施工图设计。

平法属于第三个子系统的方法，即关于结构施工图设计子系统的方法。

平法的基本理论为：以结构设计者的知识产权归属为依据，将结构设计分为创造性设计内容与重复性内容两部分。由设计工程师采用数字化、符号化的平面整体表示方法制图规则完成创造性设计内容部分，重复性内容部分则采用标准构造设计。两部分为对应互补关系，合并构成完整的结构设计。

创造性与重复性设计内容的划分，主要根据结构设计主系统中各子系统的层次性、关联性、功能性和相对独立性的本构关系。

四、平法相关规范的制定

（1）1995 年 7 月，平法通过原建设部科技成果鉴定，鉴定意见为：建筑结构平面整体设计方法是结构设计领域的一项有创造性的改革。该方法提高了数倍设计效率，提高了设计质量，大幅度降低了设计成本，达到了优质、高效、低消耗三项指标的要求，值得在全国推广。

（2）1996 年 6 月，平法列为原建设部 1996 年科技成果重点推广项目。

（3）1996 年 9 月，平法被批准为《国家级科技成果重点推广计划》项目。

（4）1996 年 11 月，原建设部批准《混凝土结构施工图平面整体表示方法制图规则和构造详图》（现浇混凝土框架、剪力墙、框架-剪力墙、框支-剪力墙结构）为国家建筑标准设计图集 96G101，在批准之日起向全国出版发行。

（5）1999 年 9 月，96G101 获全国第四届优秀工程建设标准设计金奖。

（6）2000 年 7 月，96G101 修订为 00G101。

（7）2003 年 1 月，00G101 依据国家 2000 系列混凝土结构新规范修订为 03G101-1（现浇混凝土框架、剪力墙、框架-剪力墙、框支-剪力墙结构）。

（8）2003 年 7 月，03G101-2（现浇混凝土板式楼梯）编制完成，经原建设部批准向全国出版发行。

（9）2004 年 2 月，04G101-3（筏形基础）编制完成，经原建设部批准向全国出版发行。

（10）2004 年 11 月，04G101-4（现浇混凝土楼面板与屋面板）编制完成，经原建设部批准向全国出版发行。

（11）2006 年 9 月，06G101-6（独立基础、条形基础、桩基承台）编制完成，经原建设部批准向全国出版发行。

（12）2008 年 9 月，08G101-5（箱形基础和地下室结构）编制完成，经原建设部批准向全国出版发行。

（13）2008 年 12 月，08G101-11（《G101 系列图集施工常见问题答疑图解》）编制完成，经原建设部批准向全国出版发行。

截止到 2009 年，G101 系列平法图集已出版了 7 册（03G101-1、03G101-2、04G101-3、04G101-4、08G101-5、06G101-6、08G101-11），包括现浇混凝土结构的柱、墙、梁、板、楼梯、独立基础、条形基础、桩基承台、筏形基础、箱形基础和地下室结构的平法制图规则和标准配筋构造详图。为了解决施工中的钢筋翻样计算和现场安装绑扎，从而实现设计构造与施工建造的有机结合，还出版了与现有 G101 配套使用的 G901 系列国家建筑标准设计图集 5 册（06G901-1、09G901-2、09G901-3、09G901-4、09G901-5）。

（14）2011 年 9 月 1 日，国家依据《混凝土结构设计规范》（GB 50010—2010）、《建筑抗震设计规范》（GB 50011—2010）、《高层混凝土结构技术规程》（JGJ 3—2010）等新规范，将 03G101-1、04G101-4 合并修订为 11G101-1《混凝土结构施工图平面整体表示方法制图规则和构造详图》（现浇混凝土框架、剪力墙、梁、板）；将 03G101-2 修订为 11G101-2《混凝土结构施工图平面整体表示方法制图规则和构造详图》（现浇混凝土板式楼梯）；将 04G101-3、08G101-5、06G101-6 合并修订为 11G101-3《混凝土结构施工图平面整体表示方法制图规则和构造详图》（独立基础、条形基础、筏形基础及桩基承台）。

（15）2016 年 9 月 1 日，国家依据《中国地震动参数区划图》（GB 18306—2015）、《混凝土结构设计规范》（GB 50010—2010）、《建筑抗震设计规范》及 2016 年局部修订（GB 50011—2010）、《建筑地基基础设计规范》（GB 50007—2011）、《高层建筑混凝土结构技术规程》（JGJ 3—2010）、《建筑桩基技术规范》（JGJ 94—2008）、《地下工程防水技术规范》（GB 50108—2008）、《建筑结构制图标准》（GB/T 50105—2010）等规范，将 11G101-1《混凝土结构施工图平面整体表示方法制图规则和构造详图》（现浇混凝土框架、剪力墙、梁、板）修订为 16G101-1《混凝土结构施工图平面整体表示方法制图规则和构造详图》（现浇混凝土框架、剪力墙、梁、板）；将 11G101-2《混凝土结构施工图平面整体表示方法制图规则和构造详图》（现浇混凝土板式楼梯）修订为 16G101-2《混凝土结构施工图平面整体表示方法制图规则和构造详图》（现浇混凝土板式楼梯）；将 11G101-3《混凝土结构施工图平面整体表示方法制图规则和构造详图》（独立基础、条形基础、筏形基础及桩基承台）修订为 16G101-3《混凝土结构施工图平面整体表示方法制图规则和构造详图》（独立基础、条形基础、筏形基础、桩基础）。

第二节　钢筋基本知识

一、钢材的分类

1. 钢材分类方式

（1）按照品种分：铁道用材、长材、扁平材、管材。

（2）按照冶炼方式分：平炉钢、转炉钢和电炉钢。

（3）按照化学成分分：非合金钢材、低合金钢材、合金钢材、不锈钢材。

（4）按照用途分：建筑及工程用钢、结构钢、工具钢、特殊性能钢。

2. 钢材的品种

钢材按照品种划分可以分为：

（1）型材

型材指断面形状如字母 H、I、U、L、Z、T 等较复杂形状的钢材。按断面高度分为大型型钢、中小型型钢。型材广泛应用于国民经济各部门，如工字钢主要用于建筑构件、桥梁制造、船舶制造；槽钢主要用于建筑结构、车辆制造；窗框钢主要用于工业和民用建筑等。

（2）棒材

棒材指断面形状为圆形、方形、矩形（包括扁形）、六角形、八角形等简单断面，并通常以直条交货的钢材，不包括混凝土钢筋。

（3）钢筋

钢筋指钢筋混凝土和预应力混凝土用钢材。其横截面为圆形，有时为带有圆角的方形。一般以直条交货，但不包括线材轧机生产的钢材。按加工工艺可分为：热轧钢筋、冷轧（拔）钢筋和其他钢筋；按品种可分为：光圆钢筋、带肋钢筋和扭转钢筋。按强度可分为：一级（300MPa 以上）、二级（335MPa 以上）、三级（400MPa 以上）、四级（500MPa 以上）钢筋。

（4）线材（盘条）

线材指经线材轧机热轧后卷成盘状交货的钢材，也叫盘条。含碳量 0.6％ 以上的线材俗称硬线，一般用作钢帘线、钢纤维和钢绞线等制品原料；含碳量 0.6％ 以下的线材俗称软线。线材主要用于建筑和拉制钢丝及其制品。热轧线材直接使用时多用于建筑业，作为光圆钢筋。

（5）钢板

钢板是指一种宽厚比和表面积都很大的扁平钢材。按厚度不同分薄板（厚度小于 4mm）、中板（厚度为 4～25mm）和厚板（厚度大于 25mm）三种。

（6）钢管

钢管是指一种中空截面的长条钢材。按其截面形状不同可分为圆管、方形管、六角形管和各种异形截面钢管。按加工工艺不同又可分为无缝钢管和焊管钢管两大类。

建筑工程结构中，主要使用"钢筋"和"线材"两种钢材。

二、钢筋的性能和用途

热轧带肋钢筋（也称螺纹钢筋），一般带有两道纵肋和沿长度方向均匀分布的横肋。横肋的外形分螺旋形、人字形、月牙形三种。牌号由 HRB 和牌号的屈服点最小值构成。H、R、B 分别为热轧、带肋、钢筋三个词的英文首字母。热轧带肋钢筋分为 HRB335、HRB400、HRB500 三个牌号。建筑工程常用的钢筋直径为 8mm、10mm、12mm、16mm、20mm、25mm、32mm、40mm。主要用途为：钢筋混凝土用钢筋主要用于配筋，它在混凝土中主要承受拉应力。带肋钢筋由于表面肋的作用，和混凝土有较大的粘结能力，能更好地承受外力的作用。广泛用于各种建筑结构，特别是大型、重型、轻型薄壁和高层建筑结构，是不可缺少的建筑材料。

1. 钢筋基本分类

（1）普通钢筋

普通钢筋是指用于钢筋混凝土结构中的钢筋和预应力混凝土结构中的非预应力钢筋。用于钢筋混凝土结构的热轧钢筋分为 HPB300、HRB335、HRB400 和 HRB500 四个级别。《混凝土结构设计规范》（GB 50010—2010）规定，普通钢筋宜采用 HRB400 级和 HRB335 级钢筋。

1）HPB300 级钢筋：光圆钢筋，公称直径范围为 8～20mm，推荐直径为 8mm、10mm、12mm、16mm、20mm。实际工程中只用作板、基础和荷载不大的梁、柱的受力主筋、箍筋以及其他构造钢筋。

2）HRB335 级钢筋：月牙纹钢筋，公称直径范围为 6～50mm，推荐直径为 6mm、8mm、10mm、12mm、16mm、20mm、25mm、32mm、40mm 和 50mm，是混凝土结构的辅助钢筋，实际工程中也主要用作结构构件中的受力主筋。

3）HRB400 级钢筋：月牙纹钢筋，公称直径范围和推荐直径同 HRB335 钢筋。是混凝土结构的主要钢筋，实际工程中主要用作结构构件中的受力主筋。

4）HRB500 级钢筋：月牙纹钢筋，公称直径范围为 8～40mm，推荐直径为 8mm、10mm、12mm、16mm、20mm、25mm、32mm 和 40mm。强度虽高，但疲劳性能、冷弯性能以及可焊性均较差，其应用受到一定限制。

月牙纹钢筋形状，见图 1-1。

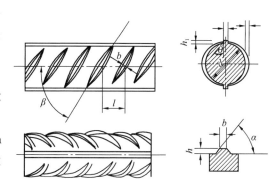

图 1-1　月牙纹钢筋形状

（2）预应力钢筋

预应力钢筋应优先采用钢绞线和钢丝，也可采用热处理钢筋。

1）钢绞线：由多根高强钢丝交织在一起而形成的，有 3 股和 7 股两种，多用于后张预应力大型构件。

2）预应力钢丝：主要是消除应力钢丝，其外形有光面、螺旋肋、三面刻痕三种。

3）热处理钢筋：有 40Si2Mn、48Si2Mn 及 45Si2Cr 几种牌号，它们都以盘条形式供应，无需焊接、冷拉，施工方便。

2. 钢筋的等级与区分

通常将屈服强度在 300MPa 以上的钢筋称为二级钢筋，屈服强度在 400MPa 以上的钢筋称为三级钢筋，屈服强度在 500MPa 以上的钢筋称为四级钢筋，屈服强度在 600MPa 以上的钢筋称为五级钢筋。

在建筑行业中，Ⅱ级钢筋和Ⅲ级钢筋是旧标准的叫法，新标准《混凝土结构设计规范》（GB 50010—2010）中Ⅱ级钢筋改称为 HRB335 级钢筋，Ⅲ级钢筋改称为 HRB400 级钢筋。这两种钢筋的相同点是：都属于普通低合金热轧钢筋；都属于带肋钢筋（即螺纹钢筋）；都可以用于普通钢筋混凝土结构工程中。

不同点主要是：

（1）钢种不同（化学成分不同），HRB335 级钢筋是 20MnSi（20 锰硅）；HRB400 级钢筋是 20MnSiV 或 20MnSiNb 或 20MnTi 等。

（2）强度不同，HRB335 级钢筋的抗拉、抗压设计强度是 300MPa，HRB400 级钢筋的抗拉、抗压设计强度是 360MPa。

（3）由于钢筋的化学成分和极限强度的不同，所以在韧性、冷弯、抗疲劳等性能方面也有所不同。两种钢筋的理论质量，在公称直径和长度都相等的情况下是一样的。

两种钢筋在混凝土中对锚固长度的要求是不同的。钢筋的锚固长度与钢筋的抗拉强度、混凝土的抗拉强度及钢筋的外形有关。

第三节　施工制图统一标准

一、图纸幅面规格与图纸编排顺序

1. 图纸幅面

（1）图纸幅面及框图尺寸应符合表 1-1 的规定及图 1-2 的格式。

表 1-1　幅面及图框尺寸（mm）

幅画代号 尺寸代号	A0	A1	A2	A3	A4
$b \times l$	841×1189	594×841	420×594	297×420	210×297
c	10			5	
a	25				

注：表中 b 为幅面短边尺寸，l 为幅面长边尺寸，c 为图框线与幅面线间宽度，a 为图框线与装订边间宽度。

（2）需要微缩复制的图纸，其一个边上应附有一段准确米制尺度，四个边上均附有对中标志，米制尺度的总长应为 100mm，分格应为 10mm。对中标志应画在图纸内框各边长的中点处，线宽 0.35mm，并应伸入内框边，在框外为 5mm。对中标志的线段，于 l_1 和 b_1 范围取中。

（3）图纸的短边尺寸不应加长，A0～A3 幅面长边尺寸可加长，但应符合表 1-2 的规定。

（4）图纸以短边作为垂直边应为横式，以短边作为水平边应为立式。A0～A3 图纸宜横式使用；必要时，也可立式使用。

（5）一个工程设计中，每个专业所使用的图纸，不宜多于两种幅面，不含目录及表格所采用的 A4 幅面。

表 1-2　图纸长边加长尺寸（mm）

幅面代号	长边尺寸	长边加长后的尺寸		
A0	1189	1486（A0+1/4l）	1635（A0+3/8l）	1783（A0+1/2l）
		1932（A0+5/8l）	2080（A0+3/4l）	2230（A0+7/8l）
		2378（A0+l）		
A1	841	1051（A1+1/4l）	1261（A1+1/2l）	1471（A1+3/4l）
		1682（A1+l）	1892（A1+5/4l）	2102（A1+3/2l）

续表

幅面代号	长边尺寸	长边加长后的尺寸		
A2	594	743（A2＋1/4l）	891（A2＋1/2l）	1041（A2＋3/4l）
		1189（A2＋l）	1338（A2＋5/4l）	1486（A2＋3/2l）
		1635（A2＋7/4l）	1783（A2＋2l）	1932（A2＋9/4l）
		2080（A2＋5/2l）		
A3	420	630（A3＋1/2l）	841（A3＋l）	1051（A3＋3/2l）
		1261（A3＋2l）	1471（A3＋5/2l）	1682（A3＋3l）
		1892（A3＋7/2l）		

注：有特殊需要的图纸，可采用 $b×l$ 为 841mm×891mm 与 1189mm×1261mm 的幅面。

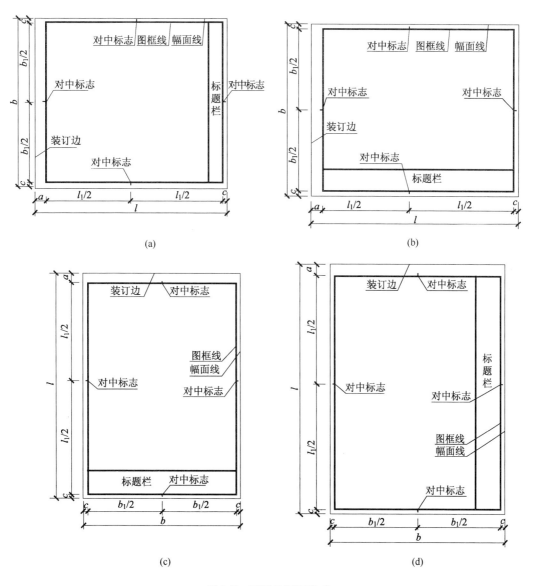

图 1-2 图纸的幅面格式

（a）A0～A3 横式幅面（一）；（b）A0～A3 横式幅面（二）；（c）A0～A4 立式幅面（一）；（d）A0～A4 立式幅面（二）

2. 标题栏

（1）图纸中应有标题栏、图框线、幅面线、装订边线和对中标志。图纸的标题栏及装订边的位置，应符合下列规定：

1）横式使用的图纸，应按图 1-2(a)、图 1-2(b)的形式进行布置；

2）立式使用的图纸，应按图 1-2(c)、图 1-2(d)的形式进行布置。

（2）标题栏应符合图 1-3 的规定，根据工程的需要选择确定其尺寸、格式及分区。签字栏应包括实名列和签名列，并应符合下列规定：

(a)

(b)

图 1-3　标题栏

（a）标题栏（一）；（b）标题栏（二）

1）涉外工程的标题栏内，各项主要内容的中文下方应附有译文，设计单位的上方或左方，应加"中华人民共和国"字样；

2）在计算机制图文件中若使用电子签名与认证，应符合国家有关电子签名法的规定。

3. 图纸编排顺序

（1）工程图纸应按专业顺序编排：图纸目录→总图→建筑图→结构图→给水排水图→暖通空调图→电气图等。

（2）各专业的图纸，应按图纸内容的主次关系、逻辑关系进行分类排序。

二、图线

（1）图线的宽度 b，宜从 1.4mm、1.0mm、0.7mm、0.5mm、0.35mm、0.25mm、0.18mm、0.13mm 线宽系列中选取。图线宽度不应小于 0.1mm。每个图样，应根据复杂程度与比例大小，先选定基本线宽 b，再选用表 1-3 中相应的线宽组。

表 1-3 线宽组（mm）

线宽比	线宽组			
b	1.4	1.0	0.7	0.5
$0.7b$	1.0	0.7	0.5	0.35
$0.5b$	0.7	0.5	0.35	0.25
$0.25b$	0.35	0.25	0.18	0.13

注：1. 需要缩微的图纸，不宜采用 0.18mm 及更细的线宽。

2. 同一张图纸内，各不同线宽中的细线，可统一采用较细的线宽组中的细线。

（2）工程建设制图应选用表 1-4 所示的图线。

（3）同一张图纸内，相同比例的各图样，应选用相同的线宽组。

（4）图纸的图框和标题栏线可采用表 1-5 的线宽。

表 1-4 图 线

名称		线型	线宽	用途
实线	粗		b	主要可见轮廓线
	中粗		$0.7b$	可见轮廓线
	中		$0.5b$	可见轮廓线、尺寸线、变更云线
	细		$0.25b$	图例填充线、家具线
虚线	粗		b	见各有关专业制图标准
	中粗		$0.7b$	不可见轮廓线
	中		$0.5b$	不可见轮廓线、图例线
	细		$0.25b$	图例填充线、家具线
单点长画线	粗		b	见各有关专业制图标准
	中		$0.5b$	见各有关专业制图标准
	细		$0.25b$	中心线、对称线、轴线等
双点长画线	粗		b	见各有关专业制图标准
	中		$0.5b$	见各有关专业制图标准
	细		$0.25b$	假想轮廓线、成型前原始轮廓线
折断线	细		$0.25b$	断开界线
波浪线	细		$0.25b$	断开界线

表 1-5　图框线、标题栏的线宽（mm）

幅面代号	图框线	标题栏外框线	标题栏分格线
A0、A1	b	$0.5b$	$0.25b$
A2、A3、A4	b	$0.7b$	$0.35b$

（5）相互平行的图例线，其净间隙或线中间隙不宜小于 0.2mm。

（6）虚线、单点长画线或双点长画线的线段长度和间隔，宜各自相等。

（7）单点长画线或双点长画线，当在较小图形中绘制有困难时，可用实线代替。

（8）单点长画线或双点长画线的两端，不应是点。点画线与点画线交接点或点画线与其他图线交接时，应是线段交接。

（9）虚线与虚线交接或虚线与其他图线交接时，应是线段交接。虚线为实线的延长线时，不得与实线相接。

（10）图线不得与文字、数字或符号重叠、混淆，不可避免时，应首先保证文字的清晰。

三、字体

（1）图纸上所需书写的文字、数字或符号等，均应笔画清晰、字体端正、排列整齐；标点符号应清楚正确。

（2）文字的字高应从表 1-6 中选用。字高大于 10mm 的文字宜采用 True type 字体，若要书写更大的字，其高度应按 $\sqrt{2}$ 的倍数递增。

表 1-6　文字的字高（mm）

字体种类	中文矢量字体	True type 字体及非中文矢量字体
字高	3.5、5、7、10、14、20	3、4、6、8、10、14、20

（3）图样及说明中的汉字，宜采用长仿宋体或黑体，同一图纸字体种类不应超过两种。长仿宋体的高宽关系应符合表 1-7 的规定，黑体字的宽度与高度应相同。大标题、图册封面、地形图等的汉字，也可书写成其他字体，但是应易于辨认。

表 1-7　长仿宋字高宽关系（mm）

字高	20	14	10	7	5	3.5
字宽	14	10	7	5	3.5	2.5

（4）汉字的简化字书写应符合国家有关汉字简化方案的规定。

（5）图样及说明中的拉丁字母、阿拉伯数字与罗马数字，宜采用单线简体或 ROMAN 字体。拉丁字母、阿拉伯数字与罗马数字的书写规则，应符合表 1-8 的规定。

表 1-8　拉丁字母、阿拉伯数字与罗马数字的书写规则

书写格式	字体	窄字体
大写字母高度	h	h
小写字母高度（上下均无延伸）	$7/10h$	$10/14h$
小写字母伸出的头部或尾部	$3/10h$	$4/14h$

续表

书写格式	字体	窄字体
笔画宽度	$1/10h$	$1/14h$
字母间距	$2/10h$	$2/14h$
上下行基准线的最小间距	$15/10h$	$21/14h$
词间距	$6/10h$	$6/14h$

（6）拉丁字母、阿拉伯数字与罗马数字，当需写成斜体字时，其斜度应是从字的底线逆时针向上倾斜 $75°$。斜体字的高度和宽度应与相应的直体字相等。

（7）拉丁字母、阿拉伯数字与罗马数字的字高，不应小于 2.5mm。

（8）数量的数值注写，应采用正体阿拉伯数字。各种计量单位凡前面有量值的，均应采用国家颁布的单位符号注写。单位符号应采用正体字母。

（9）分数、百分数和比例数的注写，应采用阿拉伯数字和数学符号。

（10）当注写的数字小于 1 时，应写出各位的"0"，小数点应采用圆点，齐基准线书写。

（11）长仿宋汉字、拉丁字母、阿拉伯数字与罗马数字示例应符合现行国家标准《技术制图——字体》（GB/T 14691—1993）的有关规定。

四、比例

（1）图样的比例，应为图形与实物相对应的线性尺寸之比。

（2）比例的符号应为"："，比例应以阿拉伯数字表示。

（3）比例宜注写在图名的右侧，字的基准线应取平；比例的字高宜比图名的字高小一号或二号，如图 1-4 所示。

<u>平面图</u> 1:100　　⑥ 1:20

图 1-4　比例的注写

（4）绘图所用的比例应根据图样的用途与被绘对象的复杂程度，从表 1-9 中选用，并应优先采用表中的常用比例。

表 1-9　绘图所用的比例

常用比例	1：1、1：2、1：5、1：10、1：20、1：30、1：50、1：100、1：150、1：200、1：500、1：1000、1：2000
可用比例	1：3、1：4、1：6、1：15、1：25、1：40、1：60、1：80、1：250、1：300、1：400、1：600、1：5000、1：10000、1：20000、1：50000、1：100000、1：200000

（5）一般情况下，一个图样应选用一种比例。根据专业制图需要，同一图样可选用两种比例。

（6）特殊情况下也可自选比例，这时除应注出绘图比例外，还应在适当位置绘制出相应的比例尺。

五、符号

1. 剖切符号

（1）剖视的剖切符号应由剖切位置线及剖视方向线组成，均应以粗实线绘制。剖视的剖切符号应符合下列规定：

1）剖切位置线的长度宜为 6～10mm；剖视方向线应垂直于剖切位置线，长度应短于剖切位置线，宜为 4～6mm，如图 1-5（a）所示，也可采用国际统一和常用的剖视方法，如图 1-5（b）所示。绘制时，剖视剖切符号不应与其他图线相接触；

2）剖视剖切符号的编号宜采用粗阿拉伯数字，按剖切顺序由左至右、由下向上连续编排，并应注写在剖视方向线的端部；

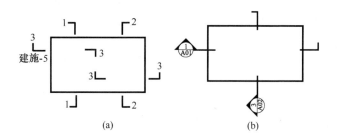

图 1-5　剖视的剖切符号

（a）剖视的剖切符号（一）；（b）剖视的剖切符号（二）

3）需要转折的剖切位置线，应在转角的外侧加注与该符号相同的编号；

4）建（构）筑物剖面图的剖切符号应注在±0.000 标高的平面图或首层平面图上；

5）局部剖面图（不含首层）的剖切符号应注在包含剖切部位的最下面一层的平面图上。

（2）断面的剖切符号应符合下列规定：

1）断面的剖切符号应只用剖切位置线表示，并应以粗实线绘制，长度宜为 6～10mm；

2）断面剖切符号的编号宜采用阿拉伯数字，按顺序连续编排，并应注写在剖切位置线的一侧；编号所在的一侧应为该断面的剖视方向，如图 1-6 所示。

图 1-6　断面的剖切符号

（3）剖面图或断面图，当与被剖切图样不在同一张图内时，应在剖切位置线的另一侧注明其所在图纸的编号，也可以在图上集中说明。

2. 索引符号与详图符号

（1）图样中的某一局部或构件，如需另见详图，应以索引符号索引，如图 1-7（a）所示。索引符号是由直径为 8～10mm 的圆和水平直径组成，圆及水平直径应以细实线绘制。索引符号应按下列规定编写：

1）索引出的详图，如与被索引的详图同在一张图纸内，应在索引符号的上半圆中用阿拉伯数字注明该详图的编号，并在下半圆中间画一段水平细实线，如图 1-7(b) 所示；

2）索引出的详图，如与被索引的详图不在同一张图纸内，应在索引符号的上半圆中用阿拉伯数字注明该详图的编号，在索引符号的下半圆中用阿拉伯数字注明该详图所在图纸的编号，如图 1-7(c) 所示。数字较多时，可加文字标注；

3）索引出的详图，若采用标准图，应在索引符号水平直径的延长线上加注该标准图集的编号，如图 1-7（d）所示。需要标注比例时，文字在索引符号右侧或延长线下方，与符号下对齐。

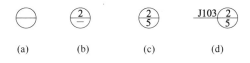

(a)　　　(b)　　　(c)　　　(d)

图 1-7　索引符号

（2）索引符号当用于索引剖视详图时，应在被剖切的部位绘制剖切位置线，并以引出线引出索引符号，引出线所在的一侧应为剖视方向。索引符号的编写应符合上述第（1）条的规定，如图 1-8 所示。

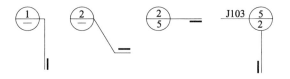

图 1-8　用于索引剖面详图的索引符号

（3）零件、钢筋、杆件、设备等的编号宜以直径为 5～6mm 的细实线圆表示，同一图样应保持一致，其编号应用阿拉伯数字按顺序编写，如图 1-9 所示。消火栓、配电箱、管井等的索引符号，直径宜为 4～6mm。

（4）详图的位置和编号应以详图符号表示。详图符号的圆应以直径为 14mm 粗实线绘制。详图编号应符合下列规定：

1）详图与被索引的图样同在一张图纸内时，应在详图符号内用阿拉伯数字注明详图的编号，如图 1-10 所示；

2）详图与被索引的图样不在同一张图纸内时，应用细实线在详图符号内画一水平直径，在上半圆中注明详图编号，在下半圆中注明被索引的图纸编号，如图 1-11 所示；

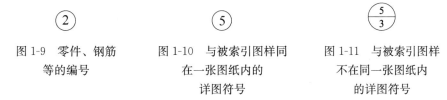

图 1-9　零件、钢筋
等的编号

图 1-10　与被索引图样同
在一张图纸内的
详图符号

图 1-11　与被索引图样
不在同一张图纸内
的详图符号

3. 引出线

（1）引出线应以细实线绘制，宜用水平方向的直线，与水平方向成 30°、45°、60°、90° 的直线，或经上述角度再折为水平线。文字说明宜注写在水平线的上方，如图 1-12(a) 所示；也可注写在水平线的端部，如图 1-12(b) 所示。索引详图的引出线，应与水平直径线相连接，如图 1-12(c) 所示。

（2）同时引出的几个相同部分的引出线，宜互相平行，如图 1-13（a）所示，也可画成集中于一点的放射线，如图 1-13（b）所示。

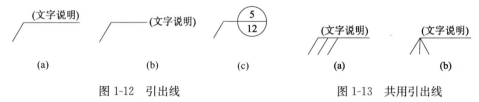

图 1-12　引出线　　　　　　　　　　图 1-13　共用引出线

（3）多层构造或多层管道共用引出线，应通过被引出的各层，并用圆点示意对应各层次。文字说明宜注写在水平线的上方，或注写在水平线的端部，说明的顺序应由上至下，并应与被说明的层次对应一致；若层次为横向排序，则由上至下的说明顺序应与由左至右的层次对应一致，如图 1-14 所示。

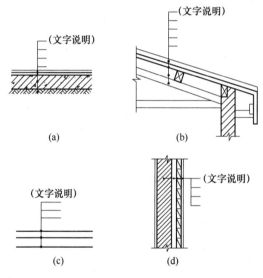

图 1-14　多层共用引出线

4. 其他符号

（1）对称符号由对称线和两端的两对平行线组成。对称线用细单点长画线绘制；平行线用细实线绘制，其长度宜为 6～10mm，每对的间距宜为 2～3mm；对称线垂直平分于两对平行线，两端超出平行线宜为 2～3mm，如图 1-15 所示。

（2）连接符号应以折断线表示需连接的部位。两部位相距过远时，折断线两端靠图样一侧应标注大写拉丁字母表示连接编号。两个被连接的图样应用相同的字母编号，如图 1-16 所示。

图 1-15　对称符号　　　　　　　　　　图 1-16　连接符号

（3）指北针的形状符合图 1-17 的规定，其圆的直径宜为 24mm，用细实线绘制；指针尾部的宽度宜为 3mm，指针头部应注"北"或"N"字。需用较大直径绘制指北针时，指针尾部的宽度宜为直径的 1/8。

（4）对图纸中局部变更部分宜采用云线，并宜注明修改版次，如图 1-18 所示。

图 1-17　指北针

图 1-18　变更云线

注：1 为修改次数。

六、定位轴线

（1）定位轴线应用细单点长画线绘制。

（2）定位轴线应编号，编号应注写在轴线端部的圆内。圆应用细实线绘制，直径为 8～10mm。定位轴线圆的圆心应在定位轴线的延长线上或延长线的折线上。

（3）除较复杂需采用分区编号或圆形、折线形外，平面图上定位轴线的编号，宜标注在图样的下方或左侧。横向编号应用阿拉伯数字，从左至右顺序编写；竖向编号应用大写拉丁字母，从下至上顺序编写，如图 1-19 所示。

（4）拉丁字母作为轴线号时，应全部采用大写字母，不应用同一个字母的大小写来区分轴线号。拉丁字母的 I、O、Z 不得用做轴线编号。当字母数量不够使用，可增用双字母或单字母加数字注脚。

（5）组合较复杂的平面图中定位轴线也可采用分区编号，如图 1-20 所示。编号的注写形式应为"分区号——该分区编号"。"分区号——该分区编号"采用阿拉伯数字或大写拉丁字母表示。

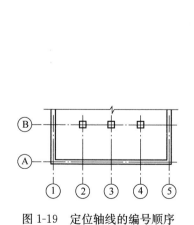

图 1-19　定位轴线的编号顺序

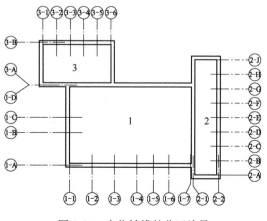

图 1-20　定位轴线的分区编号

（6）附加定位轴线的编号，应以分数形式表示，并应符合下列规定：

1）两根轴线的附加轴线，应以分母表示前一轴线的编号，分子表示附加轴线的编号。

15

编号宜用阿拉伯数字顺序编写；

2）1号轴线或A号轴线之前的附加轴线的分母应以01或0A表示。

（7）一个详图适用于几根轴线时，应同时注明各有关轴线的编号，如图1-21所示。

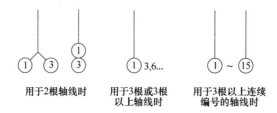

图1-21　详图的轴线编号

（8）通用详图中的定位轴线，应只画圆，不注写轴线编号。

（9）圆形与弧形平面图中的定位轴线，其径向轴线应以角度进行定位，其编号宜用阿拉伯数字表示，从左下角或−90°（若径向轴线很密，角度间隔很小）开始，按逆时针顺序编写；其环向轴线宜用大写阿拉伯字母表示，从外向内顺序编写，如图1-22、图1-23所示。

（10）折线形平面图中定位轴线的编号可按图1-24的形式编写。

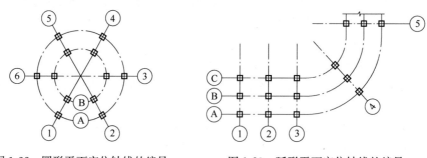

图1-22　圆形平面定位轴线的编号　　　　图1-23　弧形平面定位轴线的编号

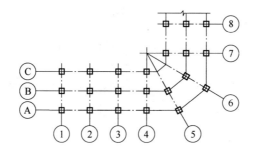

图1-24　折线形平面定位轴线的编号

七、尺寸标注

1. 尺寸界线、尺寸线及尺寸起止符号

（1）图样上的尺寸，应包括尺寸界线、尺寸线、尺寸起止符号和尺寸数字，如图1-25所示。

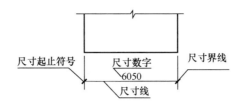

图 1-25　尺寸的组成

（2）尺寸界线应用细实线绘制，应与被注长度垂直，其一端应离开图样轮廓线，不应小于 2mm，另一端宜超出尺寸线 2～3mm。图样轮廓线可用作尺寸界线，如图 1-26 所示。

（3）尺寸线应用细实线绘制，应与被注长度平行。图样本身的任何图线均不得用作尺寸线。

（4）尺寸起止符号用中粗斜短线绘制，其倾斜方向应与尺寸界线成顺时针 45°角，长度宜为 2～3mm。半径、直径、角度与弧长的尺寸起止符号，宜用箭头表示（图 1-27）。

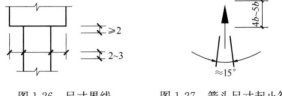

图 1-26　尺寸界线　　　　图 1-27　箭头尺寸起止符号

2. 尺寸数字

（1）图样上的尺寸，应以尺寸数字为准，不得从图上直接量取。

（2）图样上的尺寸单位，除标高及总平面以米为单位外，其他必须以毫米为单位。

（3）尺寸数字的方向，应按图 1-28（a）的规定注写。若尺寸数字在 30°斜线区内，也可按图 1-28（b）的形式注写。

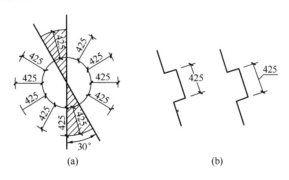

（a）　　　　　　　　　　　　（b）

图 1-28　尺寸数字的注写方向

（4）尺寸数字应依据其方向注写在靠近尺寸线的上方中部。若没有足够的注写位置，最外边的尺寸数字可注写在尺寸界线的外侧，中间相邻的尺寸数字可上下错开注写，引出线端部用圆点表示标注尺寸的位置（图 1-29）。

图 1-29　尺寸数字的注写位置

3. 尺寸的排列与布置

（1）尺寸宜标注在图样轮廓以外，不宜与图线、文字及符号等相交（图1-30）。

（2）互相平行的尺寸线，应从被注写的图样轮廓线由近向远整齐排列，较小尺寸应离轮廓线较近，较大尺寸应离轮廓线较远（图1-31）。

（3）图样轮廓线以外的尺寸界线，距图样最外轮廓之间的距离，不宜小于10mm。平行排列的尺寸线的间距，宜为7～10mm，并应保持一致（图1-31）。

（4）总尺寸的尺寸界线应靠近所指部位，中间的分尺寸的尺寸界线可稍短，但是其长度应相等（图1-31）。

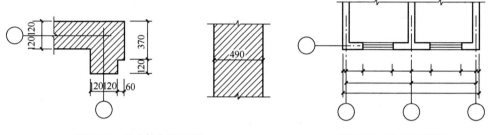

图1-30　尺寸数字的注写　　　　　　　图1-31　尺寸的排列

4. 半径、直径、球的尺寸标注

（1）半径的尺寸线应一端从圆心开始，另一端画箭头指向圆弧。半径数字前应加注半径符号"R"，如图1-32所示。

（2）较小圆弧的半径，可按图1-33形式标注。

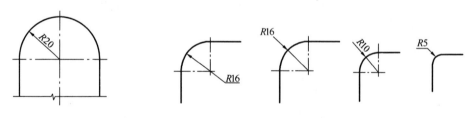

图1-32　半径标注方法　　　　　　　图1-33　小圆弧半径的标注方法

（3）较大圆弧的半径，可按图1-34形式标注。

图1-34　大圆弧半径的标注方法

（4）标注圆的直径尺寸时，直径数字前应加直径符号"ϕ"。在圆内标注的尺寸线应通过圆心，两端画箭头指至圆弧，如图1-35所示。

（5）较小圆的直径尺寸，可标注在圆外，如图1-36所示。

（6）标注球的半径尺寸时，应在尺寸前加注符号"SR"。标注球的直径尺寸时，应在尺寸数字前加注符号"$S\phi$"。注写方法与圆弧半径和圆直径的尺寸标注方法相同。

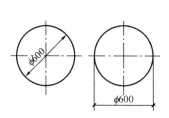

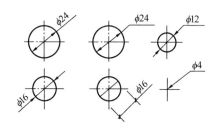

图 1-35　圆直径的标注方法　　　　　图 1-36　小圆直径的标注方法

5. 角度、弧度、弧长的标注

（1）角度的尺寸线应以圆弧表示。该圆弧的圆心应是该角的顶点，角的两条边为尺寸界线。起止符号应以箭头表示，若没有足够位置画箭头，可用圆点代替，角度数字应沿尺寸线方向注写，如图 1-37 所示。

（2）标注圆弧的弧长时，尺寸线应以与该圆弧同心的圆弧线表示，尺寸界线应指向圆心，起止符号用箭头表示，弧长数字上方应加注圆弧符号"⌒"，如图 1-38 所示。

（3）标注圆弧的弦长时，尺寸线应以平行于该弦的直线表示，尺寸界线应垂直于该弦，起止符号用中粗斜短线表示，如图 1-39 所示。

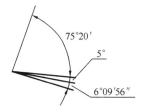

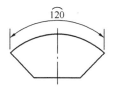

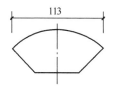

图 1-37　角度的标注方法　　　图 1-38　弧长标注方法　　　图 1-39　弦长标注方法

6. 薄板厚度、正方形、坡度、非圆曲线等尺寸标注

（1）在薄板板面标注板厚尺寸时，应在厚度数字前加厚度符号"t"，如图 1-40 所示。

（2）标注正方形的尺寸，可用"边长×边长"的形式，也可在边长数字前加正方形符号"□"，如图 1-41 所示。

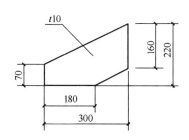

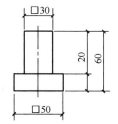

图 1-40　薄板厚度标注方法　　　　　图 1-41　标注正方形尺寸

（3）标注坡度时，应加注坡度符号"←"，如图 1-42（a）、图 1-42（b），该符号为单面箭头，箭头应指向下坡方向。坡度也可用直角三角形形式标注，如图 1-42（c）所示。

（4）外形为非圆曲线的构件，可用坐标形式标注尺寸，如图 1-43 所示。

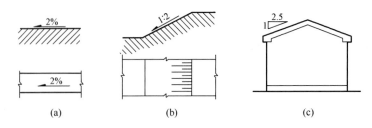

图 1-42 坡度标注方法

（5）复杂的图形，可用网格形式标注尺寸，如图 1-44 所示。

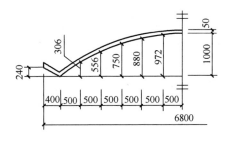

图 1-43 坐标法标注曲线尺寸

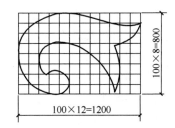

图 1-44 网格法标注曲线尺寸

7. 尺寸的简化标注

（1）杆件或管线的长度，在单线图（桁架简图、钢筋简图、管线简图）上，可直接将尺寸数字沿杆件或管线的一侧注写，如图 1-45 所示。

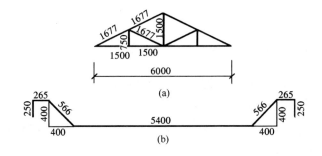

图 1-45 单线图尺寸标注方法

（2）连续排列的等长尺寸，可用"等长尺寸×个数＝总长"或"等分×个数＝总长"的形式标注，如图 1-46 所示。

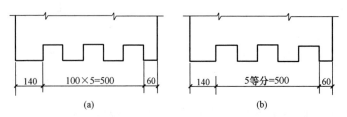

图 1-46 等长尺寸简化标注方法

（3）构配件内的构造因素（例如孔、槽等）如果相同，可仅标注其中一个要素的尺寸，如图 1-47 所示。

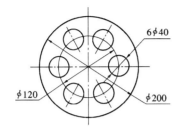

图 1-47　相同要素尺寸标注方法

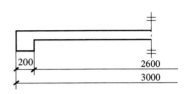

图 1-48　对称构件尺寸标注方法

（4）对称构配件采用对称省略画法时，该对称构配件的尺寸线应略超过对称符号，仅在尺寸线的一端画尺寸起止符号，尺寸数字应按整体全尺寸注写，其注写位置宜与对称符号对齐，如图 1-48 所示。

（5）两个构配件，若个别尺寸数字不同，可在同一图样中将其中一个构配件的不同尺寸数字注写在括号内，该构配件的名称也应注写在相应的括号内，如图 1-49 所示。

（6）数个构配件，若仅某些尺寸不同，这些有变化的尺寸数字，可用拉丁字母注写在同一图样中，另列表格写明其具体尺寸，如图 1-50 所示。

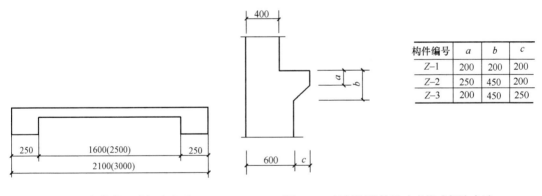

构件编号	a	b	c
Z–1	200	200	200
Z–2	250	450	200
Z–3	200	450	250

图 1-49　相似构件尺寸标注方法　　　　　图 1-50　相似构配件尺寸表格式标注方法

8. 标高

（1）标高符号应以直角等腰三角形表示，按图 1-51(a)所示形式用细实线绘制，当标注位置不够时，也可按图 1-51(b)所示形式绘制。标高符号的具体画法应符合图 1-51(c)、图 1-51(d)的规定。

（2）总平面图室外地坪标高符号，宜用涂黑的三角形表示，具体画法应符合图 1-52 的规定。

（3）标高符号的尖端应指至被注高度的位置。尖端宜向下，也可向上。标高数字应注写在标高符号的上侧或下侧，如图 1-53 所示。

（4）标高数字应以米为单位，注写到小数点以后第三位。在总平面图中，可注写到小数点以后第二位。

（5）零点标高应注写成 ±0.000，正数标高不注"＋"，负数标高应注"－"，例如

3.000、-0.600。

（6）在图样的同一位置需表示几个不同标高时，标高数字可按图 1-54 的形式注写。

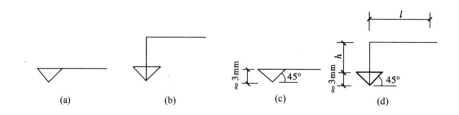

图 1-51　标高符号

l—取适当长度注写标高数字；*h*—根据需要取适当高度

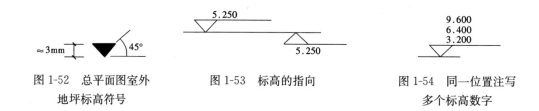

图 1-52　总平面图室外
地坪标高符号

图 1-53　标高的指向

图 1-54　同一位置注写
多个标高数字

第四节　结构施工图的识读

任何建筑物都是由各种各样的结构构件和建筑配件组成的，如梁、板、墙、柱、基础等，它们是建筑物的主要承重构件。这些构件相互支撑，连成一个整体，构成了房屋的承重结构系统。房屋的承重结构系统称为建筑结构，简称结构，组成这个系统的各个构件称为结构构件。

设计房屋建筑，除要进行建筑设计外，还要进行结构设计。结构设计的基本任务是根据建筑物的使用要求和作用于建筑物上的荷载，选择合理的结构类型和结构方案，进行结构布置，经过结构计算，确定各结构构件的几何尺寸、材料等级及内部构造，以最经济的手段，使建筑结构在规定的使用期限内满足安全、适用、耐久的要求。把结构设计的结果绘成图样，即称为结构施工图，简称"结施"。结构施工图是进行构件制作、结构安装、编制预算和确定施工进度的依据。结构施工图必须与建筑施工图相配合，两者之间不能有矛盾。

一、结构施工图的主要内容

建筑结构根据其主要承重构件所采用的材料不同，通常可分为钢结构、木结构、砖混结构和钢筋混凝土结构等。不同的结构类型，其结构施工图的具体内容及编排方式也各有不同。结构施工图一般应包括如下内容。

1. 结构设计说明

按工程的复杂程度，结构设计说明的内容或多或少，但一般均应包括以下五个方面的内容：

（1）主要设计依据。阐明上级机关的批文，国家有关的标准、规范等。

（2）自然条件。自然条件包括地质勘探资料，地震设防烈度，风、雪荷载等。

（3）施工要求和施工注意事项。

（4）对材料的质量要求。

（5）合理使用年限。

2. 结构布置平面图及构造详图

结构布置平面图同建筑平面图一样，属于全局性的图纸，主要内容包括：

（1）基础平面布置图及基础详图。

（2）楼面结构平面布置图及节点详图。

（3）屋顶结构平面布置图及节点详图。

3. 构件详图

构件详图属于局部性的图纸，表示构件的形状、大小、所用材料的强度等级和制作安装等。主要内容包括：

（1）梁、板、柱等构件详图。

（2）楼梯结构详图。

（3）其他构件详图。

二、结构施工图的识读

1. 结构设计总说明

通过阅读结构设计总说明，了解工程结构类型、建筑抗震等级、设计使用年限，结构设计所采用的规范、规程及所采用的标准图集，地质勘探单位、结构各部分所用材料情况，尤其应注意结构说明中强调的施工注意事项。

2. 基础图的识读

基础图主要由基础说明、基础平面图和基础详图组成。主要反映的是建筑物相对标高±0.000以下的结构图。基础平面主要表示轴线号、轴线尺寸，基础的形式、大小，基础的外轮廓线与轴线间的定位关系，管沟的形式、大小、平面布置情况，基础预留洞的位置、大小与轴线的位置关系，构造柱、框架柱、剪力墙与轴线的位置关系，基础剖切面位置等。基础详图则表示具体工程所采用的基础类型、基础形状、大小及其具体做法。

阅读各部分图纸时应注意的问题包括：

（1）基础平面图

基础平面图是假想用一水平剖切面，沿建筑物底层地面（即±0.000）将其剖开，移去剖切面以上的建筑物，并假想基础未回填土前所做的水平投影。识读基础平面图时，首先对照建筑一层平面图，核对基础施工时定位轴线位置、尺寸是否与建筑图相符；核对房屋开间、进深尺寸是否正确；基础平面尺寸有无重叠、碰撞现象；地沟及其他设施、"电施"所需管沟是否与基础存在重叠、碰撞现象；确认地沟深度与基础深度之间的关系，沟盖板标高与地面标高之间的关系，地沟入口处的做法。其次注意各种管沟穿越基础的位置，相应基础部位采用的处理做法（如基础局部是否加深、具体处理方法，相应基础洞口处是否加设过梁等构件）；管沟转角等部位加设的构件类型（过梁）数量。

基础平面图常用比例为 1∶100 或 1∶150。

（2）基础详图

　　基础详图是假想用一个垂直的剖切面在指定的位置剖切基础所得到的断面图。基础详图一般用较大的比例（1：20）绘制，能反映出基础的断面形状、尺寸、与轴线的关系、基底标高、材料及其他构造做法等详细情况，也称为基础详图。

　　基础详图反映的内容主要有：

　　1）图名和比例。图名为剖断编号或基础代号及其编号，如1-1或J-2、JC4等；比例如1：20。

　　2）定位轴线及其编号与对应基础平面图一致。

　　3）基础断面的形状、尺寸、材料以及配筋。

　　4）室内外地面标高及基础底面的标高。

　　5）基础墙的厚度、防潮层的位置和做法。

　　6）基础梁或圈梁的尺寸和配筋。

　　7）垫层的尺寸及做法。

　　8）施工说明等。

　　不同构造的基础应分别画出其详图。基础详图表达的内容不尽相同，根据实际情况可能只有上述的其中几项。

　　识读基础详图时，首先对本工程所采用基础类型的受力特点有一基本了解，各类基础的关键控制位置及需注意事项，在此基础上注意发现基础尺寸有无设计不合理现象。注意基础配筋有无不合理之处。比如独立钢筋混凝土基础底板长向、短向配筋量标注是否有误，其上下关系是否正确。搞清复杂基础中各种受力钢筋间的关系；注意核对基础详图中所标注的尺寸、标高是否正确。与相关专业施工队伍技术人员配合，弄懂基础图中与专业设计（如涉及水暖、配电管沟、煤气设施等）有关的内容，进一步核对图纸内容，查漏补缺，发现问题。

　　（3）基础说明

　　基础平面图和详图中无法表达的内容，可增加"基础说明"作为补充。基础说明可以放在基础图中，也可以放在"结构设计总说明"中，其主要内容包括：

　　1）房屋±0.000标高的绝对高程。

　　2）柱下或墙下的基础形式。

　　3）注明该工程地质勘察单位及勘察报告的名称。

　　4）基础持力层的选择及持力层承载力要求。

　　5）基础及基础构件的构造要求。

　　6）基础选用的材料。

　　7）防潮层的做法。

　　8）设备基础的做法。

　　9）基础验收及检验的要求。

　　基础说明应根据工程实际情况，可能只有上述的其中几项。为了施工方便，实际工程中常常将同一建筑物的基础平面图、基础详图及基础说明放在同一张图纸上。

　　通过阅读基础说明，了解本工程基础底面放置在什么位置（基础持力层的位置），相应位置地基承载力特征值的大小，基础图中所采用的标准图集，基础部分所用材料情况，基础施工需注意的事项等。

3. 结构平面图的识读

结构平面布置图是假想沿楼板面将房屋水平剖切开俯视后所做的楼层水平投影。因此该结构平面图中的实线表示楼层平面轮廓，虚线则表示楼面下被遮挡住的墙、梁等构件的轮廓及其位置。注意查看结构平面图中各种梁、板、柱、剪力墙等构件的代号、编号和定位轴线、定位尺寸，即可了解各种构件的位置和数量，如图 1-55 所示。读图时需注意以下几个问题：

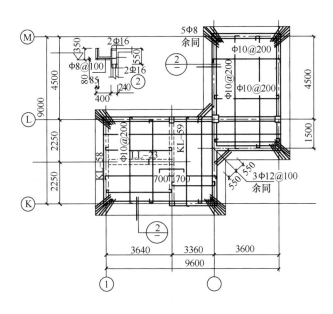

图 1-55　楼梯间屋面结构图

（1）首先与建筑平面图（比相应结构层多一层的建筑平面图）对照，理解结构平面布置图，建立相应楼层的空间概念，理解荷载传递关系、构件受力特点。同时注意发现问题。

（2）现浇结构平面图。由结构平面布置图准确判断现浇楼盖的类型、楼板的主要受力部位，了解现浇板中受力筋的配筋方式及其大小，未标注的分布钢筋大小是否用文字说明（阅读说明时予以注意），现浇板的板厚及标高；墙、柱、梁的类型、位置及其数量；注意房间功能不同处楼板标高有无变化，相应位置梁与板在高度方向上的关系；板块大小差异较大时板厚有无变化；注意建筑造型部位梁、板的处理方法、尺寸（注意与建筑图核对）。

（3）预制装配式结构平面图。主要查看各种预制构件的代号、编号和定位轴线、定位尺寸，以了解所用预制构件的类型、位置及其数量；认真阅读图纸中预制构件的配筋图、模板图；进一步阅图纸中预制构件所用标准图集，查阅标准图集中相关大样及说明，搞清施工安装注意事项；注意查看确定所用预埋件的做法、形式、位置、大小及其数量，并予以详细记录。

（4）板上洞口的位置、尺寸，洞口处理方法。若洞口周边加设钢筋，则需注意洞口周边钢筋间的关系、钢筋的接头方式及接头长度。

4. 梁配筋图的识读

（1）注意梁的类型，各种梁的编号、数量及其标高。

（2）仔细核对每根梁的立面图与剖面图的配筋关系，以准确核对梁中钢筋的型号、数量和位置，如图1-56所示。

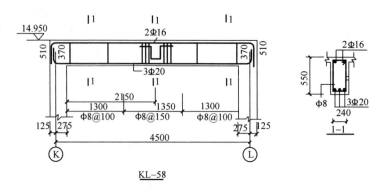

图1-56　KL-58梁配筋图

（3）梁配筋图，若采用平面表示法，则需结合相应图集阅读，在阅读时要注意建立梁配筋情况的空间立体概念，必要时需将梁配筋草图勾画出来，以帮助理解梁配筋情况。

（4）注意梁中所配各类钢筋的搭接、锚固要求。注意跨度较大梁支撑部位是否设有梁垫、垫梁或构造柱，相应支撑部位梁上部钢筋的处理方法。

（5）混合结构中若设有墙梁，除注意阅读梁的尺寸和配筋外，必须注意墙梁特殊的构造要求及相应的施工注意事项。

5．柱配筋图的识读

（1）注意柱的类型，柱的编号、数量及其具体定位。

（2）仔细核对每根柱的立面图与剖面图的配筋关系，以准确核对柱中钢筋的型号、数量、位置。注意柱在高度方向上截面尺寸有无变化，如何变化，柱截面尺寸变化处钢筋的处理方法。柱筋在高度方向的连接方式、连接位置、连接部位的加强措施。

（3）柱配筋图，若采用平面表示法，则需结合相应图集阅读，在阅读时要注意建立柱配筋情况的空间立体概念，必要时需将柱配筋草图勾画出来，以帮助理解柱配筋图。

6．剪力墙配筋图的识读

（1）注意剪力墙的编号、数量及其具体位置。

（2）注意查看剪力墙中一些暗藏的构件，如暗梁、暗柱的位置、大小及其配筋和构造要求。注意剪力墙与构造柱及相邻墙之间的关系，相应的处理方法。

（3）注意剪力墙中开设的洞口大小、位置和数量；洞口处理方法（是否有梁、柱）、洞口四周加筋情况；对照建施图、设施图和电施图，阅读理解剪力墙中开设洞口的作用、功能。

7．楼梯配筋图的阅读

（1）楼梯结构平面图同楼梯建筑平面图一样，主要表示梯段及休息平台的具体位置、尺寸大小，上下楼梯的方向，梯段及休息平台的标高及踏步尺寸。

（2）楼梯剖面图则清楚表达楼梯的结构类型（板式楼梯或梁式楼梯），更明确地表达梯段及休息平台的标高、位置。有时梯段配筋图及休息平台配筋图亦应一并在剖面图中表达。

（3）楼梯构件详图具体表达梯段及楼梯梁的配筋情况，需特别注意折板或折梁在折角处的配筋处理。注意梯段板与梯段板互为支撑时受力筋间的位置关系。

8. 结构大样图的阅读

（1）注意与建施图中的墙身大样、节点详图相对照，核对相应部位结构大样的形状、大小尺寸、标高是否有误。注意构造柱、圈梁的配筋及构造做法。

（2）在清楚掌握节点大样受力特点的基础上，搞清各种钢筋的形式及其相互关系。结构图中若有相应抽筋图，则需对照抽筋图来读图；若没有相应抽筋图则需在阅读详图时，按自己的理解画出复杂钢筋的抽筋图，在会审图纸时与设计人员交流确认正确的配筋方法。

（3）对于一些造型复杂部位，在清楚结构处理方法、读懂结构大样图的基础上，应注意思考施工操作的难易程度，若感到施工操作难度大，则需从施工操作的角度出发提出解决方案，与设计人员共同探讨、商量予以变更。

（4）对于采用金属构架做造型或装饰的情况，应注意阅读金属构架与钢筋混凝土构件连接部位的节点大样，搞清二者间的相互关系、二者衔接需注意的问题。并注意阅读金属构架本身的节点处理方法及其需注意的问题。

9. 平法结构施工图的识读

建筑结构施工图的平面整体表示方法（即平法），概括地说就是把结构构件的尺寸和配筋等，按照平面整体表示方法的制图规则，整体直接地表达在各类构件的结构平面布置图中相应的位置上，再与标准构造详图配合，即构成一套新型完整的结构设计。

现浇混凝土框架、剪力墙、框架-剪力墙和框支剪力墙主体结构施工图的设计表达主要采用平法并与现行最新的国家建筑标准设计图集 16G101-1～3 配合使用。

思考题：

1. 钢材按品种划分有哪些分类？
2. 钢筋的基本分类有哪些？
3. 图纸长边加长尺寸有何规定？
4. 图线有哪些线型？有何用途？
5. 绘图所用的比例有哪些？
6. 索引符号与详图符号有哪些使用要求？
7. 标高的表示方法有哪些要求？

第二章 柱构件平法识图

> **重点提示:**
> 1. 了解柱平法施工图的表示方法、列表注写方式、截面注写方式
> 2. 熟悉柱标准构造详图的内容,包括 KZ 纵向钢筋连接构造、地下室 KZ 钢筋构造、KZ 边柱和角柱柱顶纵向钢筋构造、KZ 中柱柱顶纵向钢筋构造等
> 3. 通过实例学习,能够识读柱构件平法施工图

第一节 柱平法施工图制图规则

一、柱平法施工图的表示方法

(1)柱平法施工图是在柱平面布置图上采用列表注写方式或截面注写方式表达。

(2)柱平面布置图,可采用适当比例单独绘制,也可与剪力墙平面布置图合并绘制。

(3)在柱平法施工图中,应按以下规定注明各结构层的楼面标高、结构层高及相应的结构层号,尚应注明上部结构嵌固部位位置:按平法设计绘制结构施工图时,应当用表格或其他方式注明包括地下和地上各层的结构层楼(地)面标高、结构层高及相应的结构层号。其结构层楼面标高和结构层高在单项工程中必须统一,以保证基础、柱与墙、梁、板、楼梯等用同一标准竖向定位。为施工方便,应将统一的结构层楼面标高和结构层高分别放在柱、墙、梁等各类构件的平法施工图中。

注意,结构层楼面标高是指将建筑图中的各层地面和楼面标高值扣除建筑面层及垫层做法厚度后的标高,结构层号应与建筑楼层号对应一致。

(4)上部结构嵌固部位的注写

1)框架柱嵌固部位在基础顶面时,无需注明。

2)框架柱嵌固部位不在基础顶面时,在层高表嵌固部位标高下使用双细线注明,并在层高表下注明上部结构嵌固部位标高。

3)框架柱嵌固部位不在地下室顶板,但仍需考虑地下室顶板对上部结构实际存在嵌固作用时,可在层高表地下室顶板标高下使用双虚线注明,此时首层柱端箍筋加密区长度范围及纵筋连接位置均按嵌固部位要求设置。

二、列表注写方式

1. 含义

列表注写方式是在柱平面布置图上(一般只需采用适当比例绘制一张柱平面布置图,包括框架柱、转换柱、梁上柱和剪力墙上柱),分别在同一编号的柱中选择一个(有时需要选择几个)截面标注几何参数代号;在柱表中注写柱编号、柱段起止标高、几何尺寸(含柱截

面对轴线的偏心情况）与配筋的具体数值，并配以各种柱截面形状及其箍筋类型图的方式，来表达柱平法施工图，如图 2-1 所示。

柱平法施工图列表注写方式的几个主要组成部分为：平面图、柱截面图类型、箍筋类型图、柱表、结构层楼面标高及结构层高等内容，如图 2-1 所示。平面图明确定位轴线、柱的代号、形状及与轴线的关系；柱的截面形状为矩形时，与轴线的关系分为偏轴线、柱的中心线与轴线重合两种形式；箍筋类型图重点表示箍筋的形状特征。

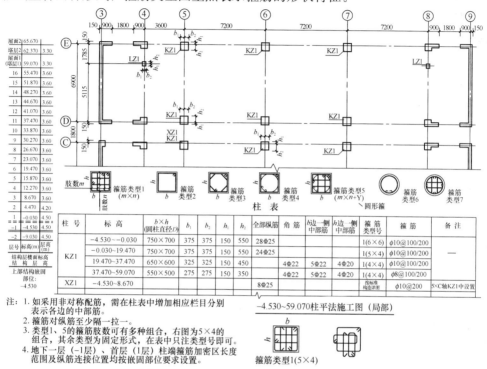

图 2-1 柱平法施工图列表注写方式示例

柱表：

柱 号	标 高	$b \times h$（圆柱直径D）	b_1	b_2	h_1	h_2	全部纵筋	角筋	b边一侧中部筋	h边一侧中部筋	箍筋类型号	箍 筋	备 注
	$-4.530 \sim -0.030$	750×700	375	375	150	550	$28\Phi25$				$1(6 \times 6)$	$\phi10@100/200$	
	$-0.030 \sim 19.470$	750×700	375	375	150	550	$24\Phi25$				$1(5 \times 4)$	$\phi10@100/200$	
KZ1	$19.470 \sim 37.470$	650×600	325	325	150	450		$4\Phi22$	$5\Phi22$	$4\Phi20$	$1(4 \times 4)$	$\phi10@100/200$	—
	$37.470 \sim 59.070$	550×500	275	275	150	350		$4\Phi22$	$5\Phi22$	$4\Phi20$	$1(4 \times 4)$	$\phi8@100/200$	
XZ1	$-4.530 \sim 8.670$						$8\Phi25$				按标准构造详图	$\phi10@200$	$5 \times C$轴$KZ1$中设置

注：1. 如采用非对称配筋，需在柱表中增加相应栏目分别表示各边的中部筋。
2. 箍筋对纵筋至少隔一拉一。
3. 类型1、5的箍筋肢数可有多种组合，右图为5×4的组合，其余类型为固定形式，在表中只注类型即可。
4. 地下一层（-1层）、首层（1层）柱端箍筋加密区长度范围及纵筋连接位置均按嵌固部位要求设置。

$-4.530 \sim 59.070$柱平法施工图（局部）

箍筋类型1(5×4)

2. 柱表注写内容

柱表注写内容包括柱编号、柱标高、截面尺寸与轴线的关系、纵筋规格（包括角筋、中部筋）、箍筋类型、箍筋间距等。

（1）注写柱编号

柱编号由类型代号和序号组成，应符合表 2-1 的规定。

表 2-1 柱编号

柱类型	代号	序号	柱类型	代号	序号
框架柱	KZ	××	梁上柱	LZ	××
转换柱	ZHZ	××	剪力墙上柱	QZ	××
芯柱	XZ	××			

注：编号时，当柱的总高、分段截面尺寸和配筋均对应相同，仅截面与轴线的关系不同时，仍可将其编为同一柱号，但应在图中注明截面与轴线的关系。

（2）注写柱高

注写各段柱的起止标高，自柱根部往上以变截面位置或截面未变但配筋改变处为界分段注写。框架柱和转换柱的根部标高是指基础顶面标高；芯柱的根部标高是指根据结构实际需要而定的起始位置标高；梁上柱的根部标高是指梁顶面标高；剪力墙上柱的根部标高为墙顶面标高。

注：剪力墙上柱 QZ 包括"柱纵筋锚固在墙顶部"、"柱与墙重叠一层"两种构造做法，设计人员应注明选用哪种做法。当选用"柱纵筋锚固在墙顶部"做法时，剪力墙平面外方向应设梁。

（3）注写截面几何尺寸

对于矩形柱，注写柱截面尺寸 $b \times h$ 及与轴线关系的几何参数代号 b_1、b_2 和 h_1、h_2 的具体数值，需对应于各段柱分别注写。其中 $b = b_1 + b_2$，$h = h_1 + h_2$。当截面的某一边收缩变化至与轴线重合或偏到轴线的另一侧时，b_1、b_2、h_1、h_2 中的某项为零或为负值。

对于圆柱，表中 $b \times h$ 一栏改用在圆柱直径数字前加 d 表示。为表达简单，圆柱截面与轴线的关系也用 b_1、b_2 和 h_1、h_2 表示，并使 $d = b_1 + b_2 = h_1 + h_2$。

对于芯柱，根据结构需要，可以在某些框架柱的一定高度范围内，在其内部的中心位置设置（分别引注其柱编号）。芯柱中心应与柱中心重合，并标注其截面尺寸，按 16G101-1 图集标准构造详图施工；当设计者采用不同的做法时，应另行注明。芯柱定位随框架柱，不需要注写其与轴线的几何关系。

（4）注写柱纵筋

当柱纵筋直径相同，各边根数也相同时（包括矩形柱、圆柱和芯柱），将纵筋注写在"全部纵筋"一栏中；除此之外，柱纵筋分角筋、截面 b 边中部筋和 h 边中部筋三项分别注写（对于采用对称配筋的矩形截面柱，可仅注写一侧中部筋，对称边可省略不注；对于采用非对称配筋的矩形截面柱，必须每侧均注写中部筋）。

（5）注写柱箍筋

1）注写箍筋类型号及箍筋肢数，在箍筋类型栏内注写。

2）注写柱箍筋，包括钢筋级别、直径与间距。

用斜线"/"区分柱端箍筋加密区与柱身非加密区长度范围内箍筋的不同间距。施工人员需根据标准构造详图的规定，在规定的几种长度值中取其最大者作为加密区长度。当框架节点核心区内箍筋与柱端箍筋设置不同时，应在括号中注明核心区箍筋直径及间距。

【例 2-1】 $\phi 10@100/200$，表示箍筋为 HPB300 级钢筋，直径 $\phi 10$，加密区间距为 100，非加密区间距为 200。

$\phi 10@100/200(\phi 12@100)$，表示柱中箍筋为 HPB300 级钢筋，直径 $\phi 10$，加密区间距为 100，非加密区间距为 200。框架节点核心区箍筋为 HPB300 级钢筋，直径 $\phi 12$，间距为 100。

当箍筋沿柱全高为一种间距时，则不使用"/"线。

【例 2-2】 $\phi 10@100$，表示沿柱全高范围内箍筋均为 HPB300 级钢筋，直径 $\phi 10$，间距为 100。

当圆柱采用螺旋箍筋时，需在箍筋前加"L"。

【例 2-3】 $L\phi 10@100/200$，表示采用螺旋箍筋，HPB300 级钢筋，直径 $\phi 10$，加密区间距为 100，非加密区间距为 200。

具体工程所涉及的各种箍筋类型图以及箍筋复合的具体方式，需画在表的上部或图中的适当位置，并在其上标注与表中相对应的 b、h 和类型号。

注：确定箍筋肢数时要满足对柱纵筋"隔一拉一"以及箍筋肢距的要求。

三、截面注写方式

1. 含义

截面注写方式是在柱平面布置图的柱截面上，分别在同一编号的柱中选择一个截面，以直接注写截面尺寸和配筋具体数值的方式来表达柱平法施工图，如图 2-2 所示。

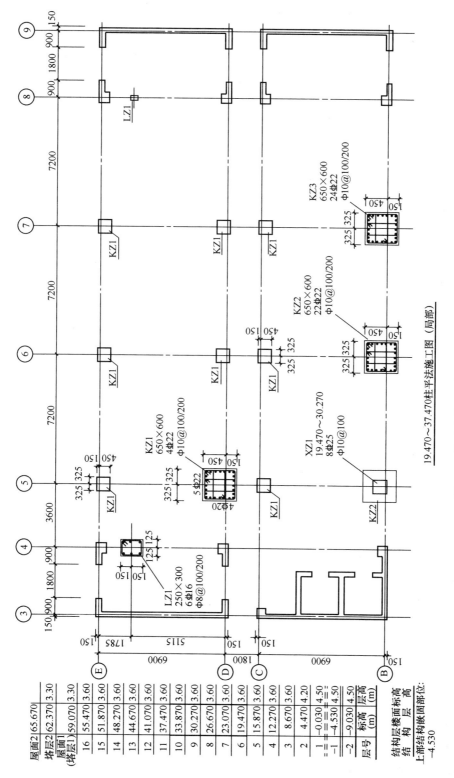

图 2-2　柱平法施工图截面注写方式示例

2. 表示方式

（1）对除芯柱之外的所有柱截面按表 2-1 的规定进行编号，从相同编号的柱中选择一个截面，按另一种比例原位放大绘制柱截面配筋图，并在各配筋图上在编号后再注写截面尺寸 $b×h$、角筋或全部纵筋（当纵筋采用一种直径且能够图示清楚时）、箍筋的具体数值，以及在柱截面配筋图上标注柱截面与轴线关系 b_1、b_2、h_1、h_2 的具体数值。

当纵筋采用两种直径时，需再注写截面各边中部筋的具体数值（对于采用对称配筋的矩形截面柱，可仅在一侧注写中部筋，对称边省略不注）。

当在某些框架柱的一定高度范围内，在其内部的中心部位设置芯柱时，首先按照表 2-1 的规定进行编号，继其编号之后注写芯柱的起止标高、全部纵筋及箍筋的具体数值，芯柱截面尺寸按构造确定，并按标准构造详图施工，设计不注。当设计者采用不同的做法时，应另行注明。芯柱定位随框架柱，不需要注写其与轴线的几何关系。

（2）在截面注写方式中，如柱的分段截面尺寸和配筋均相同，仅截面与轴线的关系不同时，可将其编为同一柱号。但此时应在未画配筋的柱截面上注写该柱截面与轴线关系的具体尺寸。

四、其他

当按本节"一、柱平法施工图的表示方法"第（2）条的规定绘制柱平面布置图时，如果局部区域发生重叠、过挤现象，可在该区域采用另外一种比例绘制予以消除。

第二节　柱标准构造详图识读

一、KZ 纵向钢筋连接构造图识读

平法柱的节点构造图中，16G101-1 图集第 63 页"KZ 纵向钢筋连接构造"是平法柱节点构造的核心。在图 2-3 中，画出了柱纵筋在不同楼层上的连接构造，适用于柱纵筋机械连接和焊接连接。

16G101-1 图集第 63 页除了给出柱纵筋的一般连接要求以外，还给出了几种特殊情况的连接要求，读者应注意掌握。

1. KZ 纵向钢筋的一般连接构造

16G101-1 图集第 63 页左面的三个图，讲的就是 KZ 纵向钢筋的一般连接构造（图 2-3）。

由于柱纵筋的绑扎搭接连接不适合在实际工程中使用，所以我们着重掌握柱纵筋的机械连接和焊接连接构造。

（1）非连接区是指柱纵筋不允许在这个区域之内进行连接。框架柱 KZ 纵向钢筋的一般连接构造应该遵守这项规定。

1）基础顶面以上有一个"非连接区"，其长度 $\geqslant H_n/3$（H_n 是从基础顶面到顶板梁底的柱的净高）。

2）楼层梁上下部位的范围形成一个"非连接区"，其长度由三部分组成：梁底以下部分、梁中部分和梁顶以上部分。这三个部分构成一个完整的"柱纵筋非连接区"。

① 梁底以下部分的非连接长度

为下面三个数的最大者：即所谓"三选一"

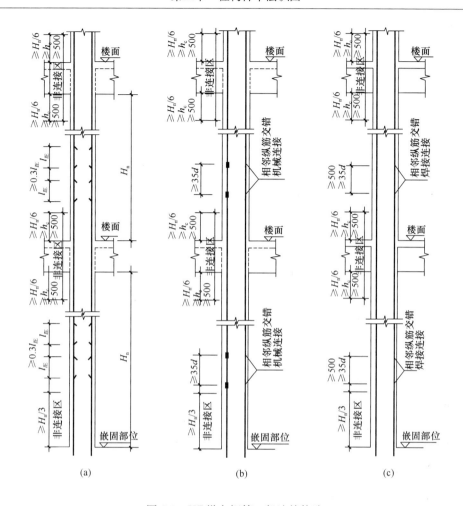

图 2-3 KZ 纵向钢筋一般连接构造

（a）绑扎搭接；（b）机械连接；（c）焊接连接

h_c—柱截面长边尺寸；H_n—所在楼层的柱净高；d—框架柱纵向钢筋直径；

l_{lE}—纵向受拉钢筋抗震绑扎搭接长度；l_{aE}—纵向受拉钢筋抗震锚固长度

$\geq H_n/6$（H_n 是当前楼层的柱净高）

$\geq h_c$　　（h_c 为柱截面长边尺寸，圆柱时为截面直径）

≥ 500

如果把上面的"$\geq$"号取成"$=$"号，则上述的"三选一"可以用下式表示：

$$\max(H_n/6, h_c, 500)$$

② 梁中部分的非连接区长度

就是梁的截面高度。

③ 梁顶以上部分的非连接区长度

为下面三个数的最大者：即所谓"三选一"

$\geq H_n/6$（H_n 是上一楼层的柱净高）

$\geq h_c$　　（h_c 为柱截面长边尺寸，圆柱时为截面直径）

≥ 500

如果把上面的"≥"号取成"="号，则上述的"三选一"可以用下式表示：

$$\max(H_n/6, h_c, 500)$$

注意：上面①和③的"三选一"的形式一样，但是内容却不一样。①中的 H_n 是当前楼层的柱净高，而③中的 H_n 是上一楼层的柱净高。

（2）由柱纵筋非连接区的范围，可知柱纵筋切断点的位置。这个"切断点"可以选定在非连接区的边缘。

切断柱纵筋是因为工程施工是分楼层进行的。在进行基础施工的时候，有柱纵筋的基础插筋。以后，在进行每一楼层施工的时候，楼面上都要伸出柱纵筋的插筋。柱纵筋的"切断点"就是下一楼层伸出的插筋与上一楼层柱纵筋的连接点。

（3）柱相邻纵向钢筋连接接头要相互错开。在同一截面内钢筋接头面积百分率不宜大于50%。柱纵向钢筋连接接头相互错开的距离如下：

1）绑扎搭接连接：接头错开距离 $\geq 0.3l_{lE}$

绑扎搭接连接应该算是三者之中最不可靠、最不安全、最不经济实用的连接了，当层高较小时，这种做法还不能使用。同时，许多施工单位对绑扎搭接连接还有其他具体的规定。

2）机械连接：接头错开距离 $\geq 35d$

框架柱 KZ1 的基础插筋伸出基础梁顶面以上的长度是 $H_n/3$，但是并不是 KZ1 所有的基础插筋都是伸出 $H_n/3$ 长度的，它们需要把接头错开。假如一个 KZ1 有 20 根基础插筋，其中有 10 根插筋伸出基础顶面 $H_n/3$，另外的 10 根插筋伸出基础顶面（$H_n/3+35d$）。柱插筋长短筋的这个差距向上一直维持，直到顶层。

在工程施工和预算时还要注意，柱纵筋的标注是按角筋、b 边中部筋和 h 边中部筋来分别标注的，这三种钢筋的直径可能不一样，所以，在考虑"接头错开距离"的时候，要按这三种钢筋分别设置长短钢筋。

3）焊接连接：接头错开距离 $\geq 35d$ 且 ≥ 500mm

电渣压力焊和闪光对焊是目前焊接连接较为常用的连接方式。当 $d=14$mm 时，$35d=35\times14=490$mm，这样，当柱纵筋直径大于 14mm 时，$35d$ 必定大于 500。框架柱的纵向钢筋直径一般都比较大，所以也可执行焊接连接：接头错开距离 $\geq 35d$ 即可。

（4）柱纵筋绑扎搭接长度要求见表 2-2、表 2-3。

表 2-2　纵向受拉钢筋搭接长度 l_l

钢筋种类及同一区段内搭接钢筋面积百分率		混凝土强度等级															
		C20		C25		C30		C35		C40		C45		C50		C55		C60
		$d\leq25$	$d>25$	$d\leq25$	$d>25$	$d\leq25$	$d>25$	$d\leq25$	$d>25$	$d\leq25$	$d>25$	$d\leq25$	$d>25$	$d\leq25$	$d>25$	$d\leq25$	$d>25$	$d\leq25$
HPB300	≤25%	$47d$	$41d$	—	$36d$	—	$34d$	—	$30d$	—	$29d$	—	$28d$	—	$26d$	—	$25d$	—
	50%	$55d$	$48d$	—	$42d$	—	$39d$	—	$35d$	—	$34d$	—	$32d$	—	$31d$	—	$29d$	—
	100%	$62d$	$54d$	—	$48d$	—	$45d$	—	$40d$	—	$38d$	—	$37d$	—	$35d$	—	$34d$	—

续表

钢筋种类及同一区段内搭接钢筋面积百分率		混凝土强度等级																
		C20	C25		C30		C35		C40		C45		C50		C55		C60	
		d≤25	d≤25	d>25	d≤25	d>25	d≤25	d>25	d≤25	d>25	d≤25	d>25	d≤25	d>25	d≤25	d>25	d≤25	d>25
HRB335	≤25%	46d	40d	—	35d	—	32d	—	30d	—	28d	—	26d	—	25d	—	25d	—
	50%	53d	46d	—	41d	—	38d	—	35d	—	32d	—	31d	—	29d	—	29d	—
	100%	61d	53d	—	46d	—	43d	—	40d	—	37d	—	35d	—	34d	—	34d	—
HRB400 HRBF400 RRB400	≤25%	—	48d	53d	42d	47d	38d	42d	35d	38d	34d	37d	32d	36d	31d	35d	30d	34d
	50%	—	56d	62d	49d	55d	45d	49d	41d	45d	39d	43d	38d	42d	36d	41d	35d	39d
	100%	—	64d	70d	56d	62d	51d	56d	46d	51d	45d	50d	43d	48d	42d	46d	40d	45d
HRB500 hRBF500	≤25%	—	58d	64d	52d	56d	47d	52d	43d	48d	41d	44d	38d	42d	37d	41d	36d	40d
	50%	—	67d	74d	60d	66d	55d	60d	50d	56d	48d	52d	45d	49d	43d	48d	42d	46d
	100%	—	77d	85d	69d	75d	62d	69d	58d	64d	54d	59d	51d	56d	50d	54d	48d	53d

注：1. 表中数值为纵向受拉钢筋绑扎搭接接头的搭接长度。

2. 两根不同直径钢筋搭接时，表中 d 取较细钢筋直径。

3. 当为环氧树脂涂层带肋钢筋时，表中数据尚应乘以 1.25。

4. 当纵向受拉钢筋在施工过程中易受扰动时，表中数据尚应乘以 1.1。

5. 当搭接长度范围内纵向受力钢筋周边保护层厚度为 $3d$、$5d$（d 为搭接钢筋的直径）时，表中数据尚可分别乘以 0.8、0.7；中间时按内插值。

6. 当上述修正系数（注3～注5）多于一项时，可按连乘计算。

7. 任何情况下，搭接长度不应小于 300。

8. 位于同一连接区段内的钢筋搭接接头面积百分率为表中数据中间值时，搭接长度可按内插取值。

9. HPB300 级钢筋末端应做 180°弯钩，做法详见 16G101-1 图集第 57 页。

表 2-3 纵向受拉钢筋抗震搭接长度 l_{lE}

钢筋种类及同一区段内搭接钢筋面积百分率			混凝土强度等级																
			C20	C25		C30		C35		C40		C45		C50		C55		C60	
			d≤25	d≤25	d>25	d≤25	d>25	d≤25	d>25	d≤25	d>25	d≤25	d>25	d≤25	d>25	d≤25	d>25	d≤25	d>25
一、二级抗震等级	HPB300	≤25%	54d	47d	—	42d	—	38d	—	35d	—	34d	—	31d	—	30d	—	29d	—
		50%	63	55d	—	49d	—	45d	—	41d	—	39d	—	36d	—	35d	—	34d	—
	HRB335	≤25%	53d	46d	—	40d	—	37d	—	35d	—	31d	—	30d	—	29d	—	29d	—
		50%	62d	53d	—	46d	—	43d	—	41d	—	36d	—	35d	—	34d	—	34d	—
	HRB400 HRBF400	≤25%	—	55d	61d	48d	54d	44d	48d	40d	44d	38d	43d	37d	42d	36d	40d	35d	38d
		50%	—	64d	71d	56d	63d	52d	56d	46d	52d	45d	50d	43d	49d	42d	46d	41d	45d
	HRB500 HRBF500	≤25%	—	66d	73d	59d	65d	54d	59d	49d	55d	47d	52d	44d	48d	43d	47d	42d	46d
		50%	—	77d	85d	69d	76d	63d	69d	57d	64d	55d	60d	52d	56d	50d	55d	49d	53d

续表

钢筋种类及同一区段内搭接钢筋面积百分率			混凝土强度等级																
			C20		C25		C30		C35		C40		C45		C50		C55		C60	
			d≤25	d>25	d≤25	d>25	d≤25	d>25	d≤25	d>25	d≤25	d>25	d≤25	d>25	d≤25	d>25	d≤25	d>25	d≤25	d>25
三级抗震等级	HPB300	≤25%	49d	—	43d	—	38d	—	35d	—	31d	—	30d	—	29d	—	28d	—	26d	—
		50%	57	—	50d	—	45d	—	41d	—	36d	—	35d	—	34d	—	32d	—	31d	—
	HRB335	≤25%	48d	—	42d	—	36d	—	34d	—	31d	—	29d	—	28d	—	26d	—	26d	—
		50%	56d	—	49d	—	42d	—	39d	—	36d	—	34d	—	32d	—	31d	—	31d	—
	HRB400 HRBF400	≤25%	—		50d	55d	44d	49d	41d	44d	36d	41d	35d	40d	34d	38d	32d	36d	31d	35d
		50%	—		59d	64d	52d	57d	48d	52d	42d	48d	41d	46d	39d	45d	38d	42d	36d	41d
	HRB500 HRBF500	≤25%	—		60d	67d	54d	59d	49d	54d	46d	50d	43d	47d	41d	44d	40d	43d	38d	42d
		50%	—		70d	78d	63d	69d	57d	63d	53d	59d	50d	55d	48d	52d	46d	50d	45d	49d

注：1. 表中数值为纵向受拉钢筋绑扎搭接接头的搭接长度。

2. 两根不同直径钢筋搭接时，表中 d 取较细钢筋直径。

3. 当为环氧树脂涂层带肋钢筋时，表中数据尚应乘以 1.25。

4. 当纵向受拉钢筋在施工过程中易受扰动时，表中数据尚应乘以 1.1。

5. 当搭接长度范围内纵向受力钢筋周边保护层厚度为 $3d$、$5d$（d 为搭接钢筋的直径）时，表中数据尚可分别乘以 0.8、0.7；中间时按内插值。

6. 当上述修正系数（注 3～注 5）多于一项时，可按连乘计算。

7. 任何情况下，搭接长度不应小于 300。

8. 四级抗震等级时，$l_{lE}=l_l$。

9. 当位于同一连接区段内的钢筋搭接接头面积百分率为 100% 时，$l_{lE}=1.6l_{aE}$。

10. 当位于同一连接区段内的钢筋搭接接头面积百分率为表中数据中间值时，搭接长度可按内插取值。

11. HPB300 级钢筋末端应做 180° 弯钩，做法详见 16G101-1 图集第 57 页。

（5）16G101-1 图集第 63 页在绑扎搭接构造图下方注写道："当某层连接区的高度小于纵筋分两批搭接所需的高度时，应改用机械连接或焊接连接。"

举例说明，一个地下室的框架柱净高 3600mm，即从基础主梁的顶面到地下室顶板梁的梁底面的高度 H_n 是 3600mm，根据 16G101-1 图集的规定：

从基础梁顶面以上的非连接区高度为 $H_n/3=3600/3=1200mm$

从这个非连接区顶部开始是第一个搭接区的起点，

则框架柱"短插筋"伸出基础梁的高度 $=H_n/3+l_{lE}=1200+1200=2400mm$

而框架柱插筋第二个搭接区与第一个搭接区之间间隔 $0.3l_{lE}$

则框架柱"长插筋"比短插筋高出 $l_{lE}+0.3l_{lE}=1.3l_{lE}$

即框架柱"短插筋"伸出基础梁的高度 $=2400+1.3×1200=3960mm$

这个长度已经超过了 3600mm（H_n），伸进了框架柱上部的非连接区之内，这是不允许的。所以，在这样的地下室框架柱上，对柱纵筋不能采用绑扎搭接连接。

2. KZ 纵向钢筋特殊连接构造

16G101-1 图集第 63 页给出了绑扎搭接连接形式下，KZ 纵向钢筋特殊连接的构造（图

2-4）。当然，也可采用机械连接和焊接连接。

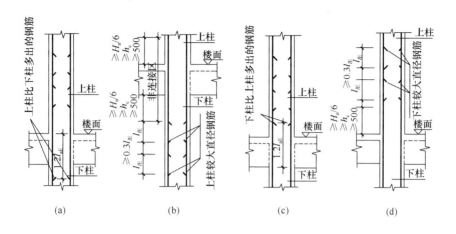

图 2-4　KZ 纵向钢筋特殊连接构造

（a）上柱钢筋比下柱多时；（b）上柱钢筋直径比下柱钢筋直径大时；
（c）下柱钢筋比上柱多时；（d）下柱钢筋直径比上柱钢筋直径大时

在施工图设计时，若出现"上柱纵筋直径比下柱大"的情形，便不能执行图 2-3 的做法，即上柱纵筋和下柱纵筋在楼面之上进行连接，不然会造成上柱柱根部位的柱纵筋直径小于柱中部的柱纵筋直径的不合理现象。

这是因为在水平地震力的作用下，上柱根部和下柱顶部这段范围是最容易被破坏的部位。设计师通常会把上柱纵筋直径设计得比较大，如果在施工中，把下柱直径较小的柱纵筋伸出上柱根部以上和上柱纵筋连接，这样，上柱根部就成为"细钢筋"了，这会明显削弱上柱根部的抗震能力，违背了设计师的意图。

所以，在遇到"上柱钢筋直径比下柱大"的时候，正确的做法是：把上柱纵筋伸到下柱之内来进行连接。但下柱的顶部有一个非连接区，其长度就是前面讲过的"三选一"，所以必须把上柱纵筋向下伸到这个非连接区的下方，才能与下柱纵筋进行连接。这样一来，下柱顶部的纵筋直径变大了，柱钢筋的用量变大了，不过，这对于加强下柱顶部的抗震能力也是十分必要的。

二、地下室 KZ 钢筋构造图识读

16G101-1 图集第 64 页给出了"地下室 KZ 纵向钢筋连接构造，地下室 KZ 箍筋加密区范围"。如图 2-5、图 2-6 和图 2-7 所示。

其中，图中字母所代表的含义为：

h_c——柱截面长边尺寸（圆柱与截面直径）；

H_n——所在楼层的柱净高；

d——框架柱纵向钢筋直径；

l_{lE}——纵向受拉钢筋抗震绑扎搭接长度；

l_{aE}——纵向受拉钢筋抗震锚固长度，见表 2-4～表 2-7；

l_{abE}——纵向受拉钢筋的抗震基本锚固长度，见表 2-4～表 2-7。

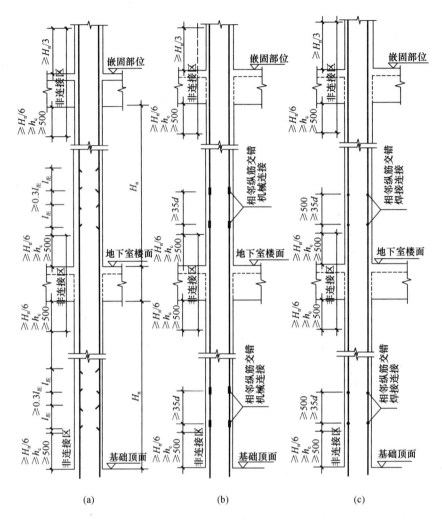

图 2-5　地下室 KZ 纵向钢筋连接结构

（a）绑扎搭接；（b）机械连接；（c）焊接连接

表 2-4　受拉钢筋基本锚固长度 l_{ab}

钢筋种类	混凝土强度等级								
	C20	C25	C30	C35	C40	C45	C50	C55	≥C60
HPB300	39d	34d	30d	28d	25d	24d	23d	22d	21d
HRB335	38d	33d	29d	27d	25d	23d	22d	21d	21d
HRB400、HRBF400、RRB400	—	40d	35d	32d	29d	28d	27d	26d	25d
HRB500、HRBF500	—	48d	43d	39d	36d	34d	32d	31d	30d

表 2-5　抗震设计时受拉钢筋基本锚固长度 l_{abE}

钢筋种类		混凝土强度等级								
		C20	C25	C30	C35	C40	C45	C50	C55	≥C60
HPB300	一、二级	45d	39d	35d	32d	29d	28d	26d	25d	24d
	三级	41d	36d	32d	29d	26d	25d	24d	23d	22d

续表

钢筋种类		混凝土强度等级								
		C20	C25	C30	C35	C40	C45	C50	C55	≥C60
HRB335	一、二级	44d	38d	33d	31d	29d	26d	25d	24d	24d
	三级	40d	35d	31d	28d	26d	24d	23d	22d	22d
HRB400 HRBF400	一、二级	—	46d	40d	37d	33d	32d	31d	30d	29d
	三级	—	42d	37d	34d	30d	29d	28d	27d	26d
GRB500 HRBF500	一、二级	—	55d	49d	45d	41d	39d	37d	36d	35d
	三级	—	50d	45d	41d	38d	36d	34d	33d	32d

注：1. 四级抗震时，$l_{abE}=l_{ab}$。

2. 当锚固钢筋的保护层厚度不大于 $5d$ 时，锚固钢筋长度范围内应设置横向构造钢筋，其直径不应小于 $d/4$（d 为锚固钢筋的最大直径）；对梁、柱等构件间距不应大于 $5d$，对板、墙等构件间距不应大于 $10d$，且均不应大于 $100mm$（d 为锚固钢筋的最小直径）。

表 2-6　受拉钢筋锚固长度 l_a

钢筋种类	混凝土强度等级																
	C20	C25		C30		C35		C40		C45		C50		C55		≥C60	
	d≤25	d≤25	d>25	d≤25	d>25	d≤25	d>25	d≤25	d>25	d≤25	d>25	d≤25	d>25	d≤25	d>25	d≤25	d>25
HPB300	39d	34d	—	30d	—	28d	—	25d	—	24d	—	23d	—	22d	—	21d	—
HRB335	38d	33d	—	29d	—	27d	—	25d	—	23d	—	22d		21d	—	21d	—
HRB400、HRBF400 RRB400	—	40d	44d	35d	39d	32d	35d	29d	32d	28d	31d	27d	30d	26d	29d	25d	28d
HRB500、HRBF500	—	48d	53d	43d	47d	39d	43d	36d	40d	34d	37d	32d	35d	31d	34d	30d	33d

表 2-7　受拉钢筋抗震锚固长度 l_{aE}

钢筋种类及 抗震等级		混凝土强度等级																
		C20	C25		C30		C35		C40		C45		C50		C55		≥C60	
		d≤25	d≤25	d>25	d≤25	d>25	d≤25	d>25	d≤25	d>25	d≤25	d>25	d≤25	d>25	d≤25	d>25	d≤25	d>25
HPB300	一、二级	45d	39d	—	35d	—	32d	—	29d	—	28d	—	26d	—	25d	—	24d	—
	三级	41d	36d	—	32d	—	29d	—	26d	—	25d	—	24d	—	23d	—	22d	—
HRB335	一、二级	44d	38d	—	33d	—	31d	—	29d	—	26d	—	25d	—	24d	—	24d	—
	三级	40d	35d	—	30d	—	28d	—	26d	—	24d	—	23d	—	22d	—	22d	—
HRB400 HRBF400	一、二级	—	46d	51d	40d	45d	37d	40d	33d	37d	32d	36d	31d	35d	30d	33d	29d	32d
	三级	—	42d	46d	37d	41d	34d	37d	30d	34d	29d	33d	28d	32d	27d	30d	26d	29d

续表

钢筋种类及抗震等级		混凝土强度等级															
		C20	C25		C30		C35		C40		C45		C50		C55		≥C60
		$d\leqslant25$	$d\leqslant25$	$d>25$	$d\leqslant25$	$d>25$	$d\leqslant25$	$d>25$	$d\leqslant25$	$d>25$	$d\leqslant25$	$d>25$	$d\leqslant25$	$d>25$	$d\leqslant25$	$d>25$	$d\leqslant25$	$d>25$
HRB500	一、二级	—	$55d$	$61d$	$49d$	$54d$	$45d$	$49d$	$41d$	$46d$	$39d$	$43d$	$37d$	$40d$	$36d$	$39d$	$35d$	$38d$
HRBF500	三级	—	$50d$	$56d$	$45d$	$49d$	$41d$	$45d$	$38d$	$42d$	$36d$	$39d$	$34d$	$37d$	$33d$	$36d$	$32d$	$35d$

注：1. 当为环氧树脂涂层带肋钢筋时，表中数据尚应乘以 1.25。
2. 当纵向受拉钢筋在施工过程中易受扰动时，表中数据尚应乘以 1.1。
3. 当锚固长度范围内纵向受力钢筋周边保护层厚度为 $3d$、$5d$（d 为锚固钢筋的直径）时，表中数据可分别乘以 0.8、0.7；中间时按内插值。
4. 当纵向受拉普通钢筋锚固长度修正系数（注1～注3）多于一项时，可按连乘计算。
5. 受拉钢筋的锚固长度 l_a、l_{aE} 计算值不应小于 200。
6. 四级抗震时，$l_{aE}=l_a$。
7. 当锚固钢筋的保护层厚度不大于 $5d$ 时，锚固钢筋长度范围内应设置横向构造钢筋，其直径不应小于 $d/4$（d 为锚固钢筋的最大直径）；对梁、柱等构件间距不应大于 $5d$，对板、墙等构件间距不应大于 $10d$，且均不应大于 100mm（d 为锚固钢筋的最小直径）。
8. HPB300 级钢筋末端应做 180°弯钩，做法详见 16G101-1 图集第 57 页。

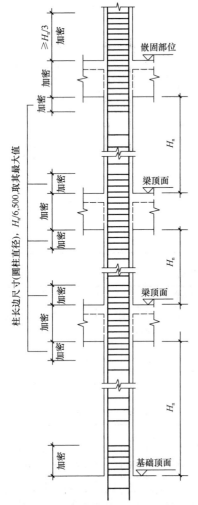

图 2-6 箍筋加密区范围

由图 2-5、图 2-6、图 2-7 我们能得知以下信息：

（1）图 2-5：

底部为"基础顶面"：非连接区为"三选一"，即 $\max(H_n/6, h_c, 500)$；

中间为"地下室楼面"；

最上层为"嵌固部位"：其上方的非连接区为"$H_n/3$"。

（2）图 2-6：其中的箍筋加密区范围就是图中的柱纵筋非连接区的范围。

（3）图 2-7：

伸至梁顶，且 $\geqslant0.5l_{aE}$ 时：弯锚（弯钩向内）；

伸至梁顶，且 $\geqslant l_{aE}$ 时：直锚。

注：仅用于按《建筑抗震设计规范》（GB 50011—2010）第 6.1.14 条在地下一层增加的钢筋。由设计指定，未指定时表示地下一层比上层柱多出的钢筋。

《建筑抗震设计规范》（GB 50011—2010）第 6.1.14 条规定，地下室顶板作为上部结构的嵌固部位时，应符合下列要求：

（1）地下室顶板应避免开设大洞口；地下室在地上结构相关范围的顶板应采用现浇梁板结构，相关范围以外的地下室顶板宜采用现浇梁板结构；其楼板厚度不宜小于 180mm，混凝土强度等级不宜小于 C30，应采用双层双向配筋，且每层每个方向的配筋率不宜小于 0.25%。

（2）结构地上一层的侧向刚度，不宜大于相关范围

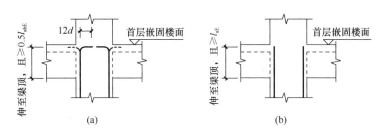

图 2-7　地下一层增加钢筋在嵌固部位的锚固构造

（a）弯锚；（b）直锚

地下一层侧向刚度的 0.5 倍；地下室周边宜有与其顶板相连的抗震墙。

（3）地下室顶板对应于地上框架柱的梁柱节点除应满足抗震计算要求外，尚应符合下列规定之一：

1）地下一层柱截面每侧纵向钢筋面积不应小于地上一层柱对应纵向钢筋面积的 1.1 倍，且地下一层柱上端和节点左右梁端和实配的抗震受弯承载力之和应大于地上一层柱下端实配的抗震受弯承载力的 1.3 倍。

2）地下一层梁刚度较大时，柱截面每侧的纵向钢筋面积，应大于地上一层对应柱每侧纵向钢筋面积的 1.1 倍；且梁端顶面和底面的纵向钢筋面积均应比计算增大 10% 以上。

（4）地下一层抗震墙墙肢端部边缘构件纵向钢筋的截面面积，不应少于地上一层对应墙肢端部边缘构件纵向钢筋的截面面积。

三、KZ 边柱和角柱柱顶纵向钢筋构造图识读

16G101-1 图集第 67 页给出了 KZ 边柱和角柱柱顶纵向钢筋构造，如图 2-8 所示。

节点④"不小于柱外侧纵筋面积的 65% 伸入梁内"的要求，在很多情况下并不能满足。

以 16G101-1 图集第 37 页的例子工程为例，KL3 的截面宽度是 250mm，而作为梁支座的 KZl 的宽度是 750mm，也就是说，充其量只能有 1/3 的柱纵筋有可能伸入梁内，并不能够做到"不小于柱外侧纵筋面积的 65% 伸入梁内"。

如果在实际工程中不能做到"不小于柱外侧纵筋面积的 65% 伸入梁内"，那么图 2-8 中"②节点"的做法可以解决这个问题，其做法就是：全部柱外侧纵筋伸入现浇梁及板内。这样就能保证：能够伸入现浇梁的柱外侧纵筋伸入梁内；不能伸入现浇梁的柱外侧纵筋就伸入现浇板内。

但是，当框架梁两侧不存在现浇板时，就只能采用节点④的做法；只有当框架梁侧存在现浇板时，才能考虑采用节点②的做法。

四、KZ 中柱柱顶纵向钢筋构造图识读

16G101-1 图集第 68 页给出了 KZ 中柱柱顶纵向钢筋构造，如图 2-9 所示。

节点①：当柱纵筋直锚长度 $<l_{aE}$ 时，柱纵筋伸至柱顶后向内弯折 12d，但必须保证柱纵筋伸入梁内的长度 $\geqslant 0.5l_{abE}$。

节点②：当柱纵筋直锚长度 $<l_{aE}$，且顶层为现浇混凝土板、其强度等级 $\geqslant$ C20、板厚 $\geqslant$

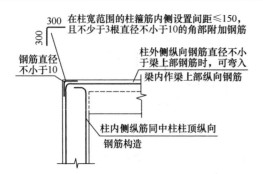

（柱筋作为梁上部钢筋使用）

①

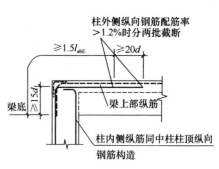

（从梁底算起1.5l_{abE}超过柱内侧边缘）

②

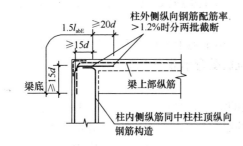

（从梁底算起1.5l_{abE}未超过柱内侧边缘）

③

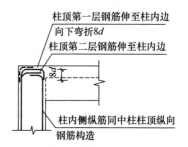

（用于①、②或③节点未伸入梁内的柱外侧钢筋锚固。当现浇板厚度不小于100mm时，也可按节点②方式伸入板内锚固，且伸入板内长度不宜小于15d）

④

（梁、柱纵向钢筋搭接接头沿节点外侧直线布置）

⑤

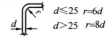

节点纵向钢筋弯折要求

$d \leqslant 25$ $r = 6d$

$d > 25$ $r = 8d$

图2-8 KZ边柱和角柱柱顶纵向钢筋构造示意图

d—框架柱纵向钢筋直径；r—纵向钢筋弯折半径；

l_{abE}—纵向受拉钢筋的抗震基本锚固长度

80mm时，柱纵筋伸至柱顶后向外弯折12d，但必须保证柱纵筋伸入梁内的长度$\geqslant 0.5l_{abE}$。

节点③：柱纵筋端头加锚头（锚板），技术要求同前，也是伸至柱顶，且$\geqslant 0.5l_{abE}$。

节点④：当柱纵筋直锚长度$\geqslant l_{aE}$时，可以直锚伸至柱顶。

说明，节点①和节点②的做法类似，只是一个是柱纵筋的弯钩朝内拐，一个是柱纵筋的弯钩朝外拐，显然，"弯钩朝外拐"的做法更有利些。这里，节点②的使用条件为：当柱顶

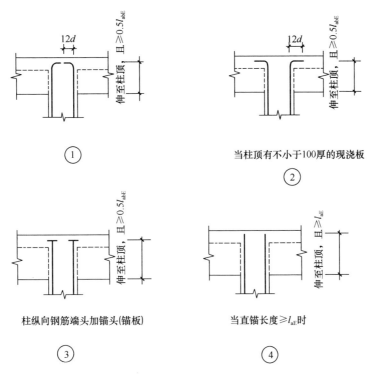

① ②

当柱顶有不小于100厚的现浇板

柱纵向钢筋端头加锚头(锚板)

③

当直锚长度≥l_{aE}时

④

图 2-9　KZ 中柱柱顶纵向钢筋构造

d—框架柱纵向钢筋直径；l_{aE}—纵向受拉钢筋的抗震锚固长度；

l_{abE}—纵向受拉钢筋的抗震基本锚固长度

有不小于 100 厚的现浇板时，一般工程都能适合。

五、KZ 柱变截面位置纵向钢筋构造图识读

在 16G101-1 图集第 68 页中，关于框架柱（KZ）变截面位置纵向钢筋构造画出了五个节点构造图，具体如图 2-10 所示。

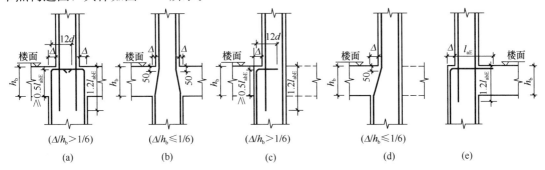

(a) ($\Delta/h_b>1/6$)　(b) ($\Delta/h_b\leqslant1/6$)　(c) ($\Delta/h_b>1/6$)　(d) ($\Delta/h_b\leqslant1/6$)　(e)

图 2-10　柱变截面位置纵向钢筋构造

d—框架柱纵向钢筋直径；h_b—框架梁的截面高度；

Δ—上下柱同向侧面错开的宽度；l_{aE}—纵向受拉钢筋抗震锚固长度；

l_{abE}—纵向受拉钢筋的抗震基本锚固长度

● 从图 2-10 中我们可以看出，"楼面以上部分"是描述上层柱纵筋与下柱纵筋的连接，

与"变截面"的关系不大，而变截面主要的变化在"楼面以下"。

● 通过对图形进行简化，描述"变截面"构造可以分为："$\Delta/h_b > 1/6$"情形下变截面的做法；"$\Delta/h_b \leqslant 1/6$"情形下变截面的做法。

1. 影响因素

影响框架柱在"变截面"处的纵筋做法的因素有很多，下面分别介绍。

（1）与"变截面的幅度"有关

"变截面"通常是上柱的截面尺寸比下柱小。以图 2-1 为例，在第五层的结构楼层上时，KZ1 下柱的截面尺寸为 750×700，上柱截面尺寸为 650×600；而在第十层的结构楼层上时，KZ1 下柱的截面尺寸为 650×600，上柱截面尺寸为 550×500。

如果上柱截面尺寸缩小的幅度越大，那"Δ"值也就越大，对于一定的"h_b"值来说，此时的"Δ/h_b"的比值也就越大，就有可能使 $\Delta/h_b > 1/6$，从而柱纵筋在"变截面"处就可能采用第二种做法。

（2）与框架柱平面布置的位置有关

从图 2-10（b）、图 2-10（c）可以看出，虽然上柱和下柱截面尺寸的相对比值没有改变，但是上柱与下柱的相对位置改变了：图 2-10（b）中，上柱轴心与下柱轴心是重合的，这时的"Δ"值就较小，以图 2-10 为例来说，"Δ"值也就只有 50mm；图 2-10（c）中，上柱轴心与下柱轴心是错位的，而上柱和下柱的外侧边线是重合的，这时的"Δ"值就较大。以前面说到的例子工程来说，"Δ"值就达到 100mm。

从以上内容我们得知，在一个结构平面图中，"中柱"和"边柱"在变截面处的纵筋做法是不同的：在变截面的结构楼层上，中柱采用图 2-10（b）的做法，而边柱采用图 2-10（c）的做法。于是，这就造成"同一编号的框架柱在同一楼层上出现两种不同的变截面做法"。

当我们对边柱采取不同于中柱的变截面做法时，我们还要注意到有两种"不同方向的边柱"，一种是"b 边靠边"的边柱，另一种是"h 边靠边"的边柱，这两种边柱对于变截面的做法是不同的：前者要对框架柱"b 边上的中部筋"进行弯折截断的做法，后者要对框架柱"h 边上的中部筋"进行弯折截断的做法。

最后，在处理框架柱变截面的时候，我们要特别关注"角柱"，因为角柱在两个不同的方向上都是"边柱"。

2. 新增加构造说明

图 2-10 中，（e）为新增加的柱变截面构造做法，讲述的是：端柱变截面，而且变截面的错台在外侧。

因为它的内侧有框架梁，所以称之为端柱。这个节点构造的特点是：

（1）下层的柱纵筋伸至梁顶后弯锚进入框架梁内，其弯折长度较长：

$$下层柱纵筋弯折长度 = \Delta + l_{aE} - 纵筋保护层$$

（2）上层柱纵筋锚入下柱 $1.2l_{aE}$。

如果"端柱变截面，但变截面的错台在内侧"时，可参照图 2-10（c）的节点构造做法。

六、剪力墙上柱 QZ 纵筋构造图识读

16G101-1 图集第 65 页，剪力墙上柱 QZ 与下层剪力墙有两种锚固构造（图 2-11）。

（1）剪力墙上柱 QZ 与下层剪力墙重叠一层

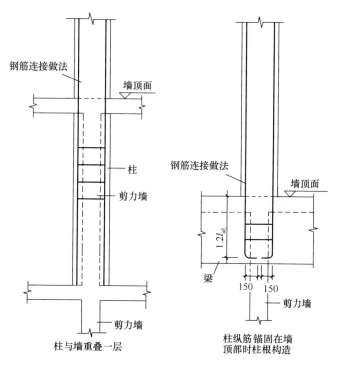

图 2-11 剪力墙上柱 QZ

剪力墙顶面以上的"墙上柱",其纵筋连接构造同框架柱一样(包括绑扎搭接连接、机械连接和焊接连接)。看此构造图时需要注意框架柱(即"墙上柱")的柱根是如何在剪力墙上进行锚固的。

"柱与墙重叠一层",把上层框架柱的全部柱纵筋向下伸至下层剪力墙的楼面上,即与下层剪力墙重叠整整一个楼层。从外形上看起来好像"附墙柱"一样。在墙顶面标高以下锚固范围内的柱箍筋按上柱非加密区箍筋要求设置。

(2)柱纵筋锚固在墙顶部

16G101-1 图集第 65 页给出:上柱纵筋锚入下一层的框架梁内,直锚长度 $1.2l_{aE}$,弯折段长度 150mm。

这种做法使施工更加方便,但是是有条件的,即:墙上起柱(柱纵筋锚固在墙顶部时),墙体的平面外方向应设梁,以平衡柱脚在该方向上的弯矩;当柱宽大于梁宽时,梁应设水平加腋。

七、梁上柱 LZ 纵筋构造图识读

16G101-1 图集第 65 页给出了梁上柱 LZ 纵筋构造,如图 2-12 所示。

之所以叫梁上柱,是由于某些原因,建筑物的底部没有柱子,到了某一层后又需要设置柱子,那么柱子只能从下一层的梁上生根柱了,16G101-1 图集中,把这种柱子称为"梁上柱",代号为 LZ。

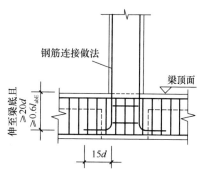

图 2-12 梁上柱 LZ 纵筋构造

梁上柱是以梁作为它的"基础",这就决定了"梁上柱在梁上的锚固"同"框架柱在基础上的锚固"类似。

梁上柱在梁上的锚固构造要点是:

梁上柱LZ纵筋"坐底"并弯直钩$15d$,要求锚固垂直段长度伸至梁底且$\geqslant 20d$,且$\geqslant 0.6 l_{abE}$。

柱插筋在梁内的部分只需设置两道柱箍筋。

其中,"坐底"是指柱纵筋的直钩"踩"在梁下部纵筋之上。

图2-12在柱脚的两侧有表示梁的虚线,16G101-1解释到:"梁上起柱时,梁的平面外方向应设梁,以平衡柱脚在该方向的弯矩;当柱宽度大于梁宽时,梁应设水平加腋。"

八、KZ、QZ、LZ箍筋加密区范围图识读

16G101-1图集第65页给出了KZ、QZ、LZ箍筋加密区范围的图示(图2-13)。

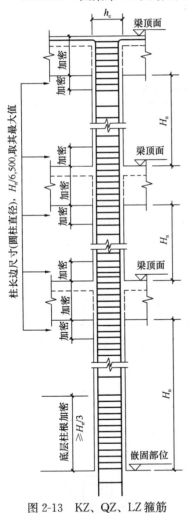

图2-13 KZ、QZ、LZ箍筋
加密区范围
h_c—柱截面长边尺寸(圆柱为直径);
H_n—所在楼层的柱净高

(1)"箍筋加密区"的理解:

1)底层柱根加密区$\geqslant H_n/3$(H_n是从基础顶面到顶板梁底的柱的净高)。

2)楼板梁上下部位的"箍筋加密区":

其长度由以下三部分组成:(构成一个完整的"箍筋加密区")

① 梁底以下部分:"三选一"

$\geqslant H_n/6$ (H_n是当前楼层的柱净高)

$\geqslant h_c$ (h_c为柱截面长边尺寸,圆柱时为截面直径)

$\geqslant 500$

② 楼板顶面以上部分:"三选一"

$\geqslant H_n/6$ (H_n是上一层的柱净高)

$\geqslant h_c$ (h_c为柱截面长边尺寸,圆柱时为截面直径)

$\geqslant 500$

③ 再加上一个梁截面高度。

3)箍筋加密区直到柱顶。

16G101-1图集第65页关于箍筋加密构造的注释有:

1)当柱纵筋采用搭接连接时,搭接区范围内箍筋构造应满足下列要求:

① 搭接区内箍筋直径不小于$d/4$(d为搭接钢筋最大直径),间距不应大于100mm及$5d$(d为搭接钢筋最小直径)。

② 当受压钢筋直径大于25mm时,尚应在搭接接头两个端面外100mm的范围内各设置两道箍筋。

2)当柱在某楼层各向均无梁且无板连接时,计算箍筋加密范围采用的H_n按该跃层柱的总净高取用。

(2)"底层刚性地面上下各加密500"的理解(图2-14):

1)刚性地面是指横向压缩变形小、竖向比较坚硬的

地面，例如岩板地面。

2）"抗震 KZ 在底层刚性地面上下各加密 500"只适用于没有地下室或架空层的建筑，因为若有地下室的话，底层就成了"楼面"，而不是"地面"了。

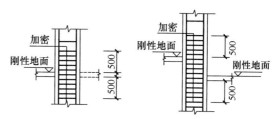

图 2-14　底层刚性地面上下各加密 500

3）要是"地面"的标高（±0.00）落在基础顶面 $H_n/3$ 的范围内，则这个上下 500 的加密区就与 $H_n/3$ 的加密区重合了，这两种箍筋加密区不必重复设置。

九、抗震框架和小墙肢箍筋加密区高度

为便于施工时确定柱箍筋加密区的高度，可参考表 2-8 查用。

表 2-8　抗震框架和小墙肢箍筋加密区高度选用表　　　单位：mm

柱净高 H_n (mm)	柱截面长边尺寸 h_c 或圆柱直径 D																		
	400	450	500	550	600	650	700	750	800	850	900	950	1000	1050	1100	1150	1200	1250	1300
1500																			
1800	500																		
2100	500	500	500					箍筋全高加密											
2400	500	500	500	550															
2700	500	500	500	550	600	650													
3000	500	500	500	550	600	650	700												
3300	550	550	550	550	600	650	700	750	800										
3600	600	600	600	600	600	650	700	750	800	850									
3900	650	650	650	650	650	650	700	750	800	850	900	950							
4200	700	700	700	700	700	700	700	750	800	850	900	950	1000						
4500	750	750	750	750	750	750	750	750	800	850	900	950	1000	1050	1100				
4800	800	800	800	800	800	800	800	800	800	850	900	950	1000	1050	1100	1150			
5100	850	850	850	850	850	850	850	850	850	850	900	950	1000	1050	1100	1150	1200	1250	
5400	900	900	900	900	900	900	900	900	900	900	900	950	1000	1050	1100	1150	1200	1250	1300
5700	950	950	950	950	950	950	950	950	950	950	950	950	1000	1050	1100	1150	1200	1250	1300
6000	1000	1000	1000	1000	1000	1000	1000	1000	1000	1000	1000	1000	1000	1050	1100	1150	1200	1250	1300
6300	1050	1050	1050	1050	1050	1050	1050	1050	1050	1050	1050	1050	1050	1050	1100	1150	1200	1250	1300
6600	1100	1100	1100	1100	1100	1100	1100	1100	1100	1100	1100	1100	1100	1100	1100	1150	1200	1250	1300
6900	1150	1150	1150	1150	1150	1150	1150	1150	1150	1150	1150	1150	1150	1150	1150	1150	1200	1250	1300
7200	1200	1200	1200	1200	1200	1200	1200	1200	1200	1200	1200	1200	1200	1200	1200	1200	1200	1250	1300

注：1. 表内数值未包括框架嵌固部位柱根部箍筋加密区范围。

2. 柱净高（包括因嵌砌填充墙等形成的柱净高）与柱截面长边尺寸（圆柱时为截面直径）的比值 $H_n/h_c \leq 4$ 时，箍筋沿柱全高加密。

3. 小墙肢即墙肢长度不大于墙厚 4 倍的剪力墙。矩形小墙肢的厚度不大于 300 时，箍筋全高加密。

（1）"柱净高（包括因嵌砌填充墙等形成的柱净高）与柱截面长边尺寸（圆柱为截面直径）的比值 $H_n/h_c \leqslant 4$ 时，箍筋沿柱全高加密。"可理解为"短柱"的箍筋沿柱全高加密，条件为 $H_n/h_c \leqslant 4$，在实际工程中，"短柱"出现较多的部位在地下室。当地下室的层高较小时，容易形成" $H_n/h_c \leqslant 4$ "的情况。

（2）表 2-8 使用方法举例：已知 $H_n = 3600$，$h_c = 750$，从表格的左列表头 H_n 中找到"3600"，从而找到"3600"这一行；从表格的上表头 h_c 中找到"750"这一列。则这一行和这一列的交叉点上的数值"750"就是所求的"箍筋加密区的高度"。

（3）这个表格中，采用阶梯状的粗黑线把表格划分成四个区域，分别是：

1）右上角的"空白区域"：箍筋沿柱全高加密——因为这是"短柱"（ $H_n/h_c \leqslant 4$ ）。

2）对角线的上半截：箍筋加密区的高度为 500——因为"三选一"的三个数当中，其他的两个数都比"500"小。

3）对角线的下半截：箍筋加密区的高度就是 h_c——因为"三选一"的三个数当中，其他的两个数都比" h_c "小。

4）左下角的区域：箍筋加密区的高度就是 $H_n/6$——因为"三选一"的三个数当中，其他的两个数都比" $H_n/6$ "小。

注：表 2-8 内数值未包括框架嵌固部位柱根部箍筋加密区范围。

十、芯柱 XZ 配筋构造图识读

16G101-1 图集第 70 页给出了芯柱 XZ 配筋构造。如图 2-15 所示。芯柱截面尺寸长和宽一般为 max（$b/3$，250mm）和 max（$h/3$，250mm）。芯柱配置的纵筋和箍筋按设计标注，芯柱纵筋的连接与根部锚固同框架柱，向上直通至芯柱顶标高。

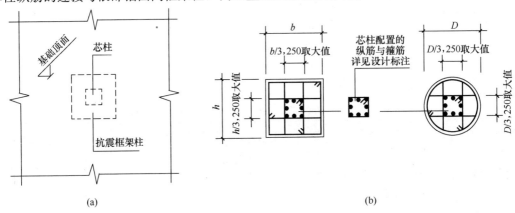

(a)　　　　　　　　　　　　　　　　(b)

图 2-15　芯柱截面尺寸及配筋构造

（a）芯柱的设置位置；（b）芯柱的截面尺寸与配筋

b—框架柱截面宽度；h—框架柱截面高度；D—圆柱直径

十一、矩形箍筋复合方式图识读

16G101-1 图集第 70 页给出了矩形箍筋复合方式，如图 2-16 所示。

矩形箍筋复合的基本方式可为：

（1）沿复合箍周边，箍筋局部重叠不宜多于两层，以复合箍筋最外围的封闭箍筋为基

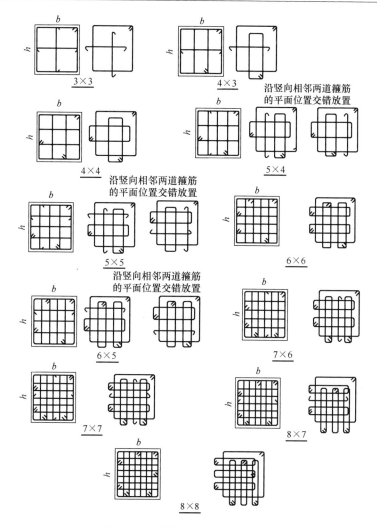

图 2-16 非焊接矩形箍筋复合方式

准，柱内的横向箍筋紧贴其设置在下（或在上），柱内纵向箍筋紧贴其设置在上（或在下）。

（2）若在同一组内复合箍筋各肢位置不能满足对称性要求时，沿柱竖向相邻两组箍筋应交错放置。

（3）矩形箍筋复合方式同样适用于芯柱。

第三节　柱构件识图实例精解

【实例一】　某钢筋混凝土柱结构详图识读

某钢筋混凝土柱结构详图如图 2-17 所示。

从图 2-17 中可以看出：

图 2-17 是现浇钢筋混凝土柱的立面图和断面图。该柱从柱基起直通四层楼面。底层柱为正方形断面（350mm×350mm）。受力筋为 4 Φ 22（见 3-3 断面），下端与柱基插铁搭接，

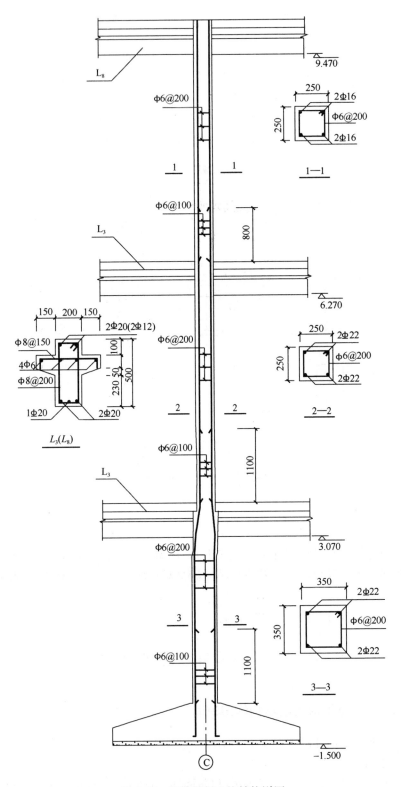

图 2-17　钢筋混凝土柱结构详图

搭接长度为 1100mm，上端伸出二层楼面 1100mm，以便与二层柱受力筋 4 Φ 22（见 2-2 断面）搭接。二、三层柱为正方形断面（250mm×250mm）。二层柱的受力筋上端伸出三层楼面 800mm 与三层柱的受力筋 4 Φ 16（见 1-1 断面）搭接。受力筋搭接区的箍筋间距需适当加密为 Φ 6@100；其余箍筋均为 Φ 6@200。

在柱的立面图中还画出了柱连接的二、三层楼面梁 L_3 和四层楼面梁 L_8 的局部（外形）立面。因搁置预制楼板的需要，同时也为了提高室内梁下净空高度，把楼面梁断面做成十字形（俗称花篮梁），其断面形状和配筋如图 2-17 中 L_3（L_8）断面所示。

【实例二】某构造柱与墙体连接详图识读

某构造柱与墙体连接详图如图 2-18 所示。

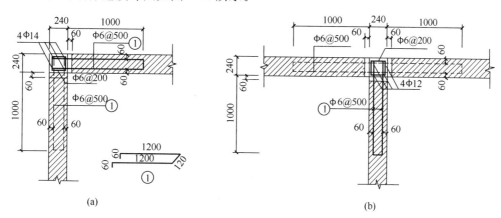

图 2-18　构造柱与墙体连接结构详图

(a) 外墙角柱；(b) 外（内）墙中柱

从图 2-18 中可以看出：

构造柱与墙连接处沿墙高每隔 500mm 设 2 Φ 6 拉结钢筋，每边伸入墙内不宜小于1000mm。图 2-18（a）为外墙角柱与墙体连接图，图 2-18（b）为外（内）墙中柱与墙体连接图。构造柱与墙体连接处的墙体宜砌成马牙槎，在施工时先砌墙，后浇构造柱的混凝土。在墙体砌筑时应根据马牙槎的尺寸要求，从柱角开始，先退后进，以保证柱脚为大截面。

【实例三】柱拼接连接详图（双盖板拼接）识读

柱拼接连接详图（双盖板拼接）如图 2-19 所示。

从图 2-19 中可以看出：

（1）此柱采用的是全螺栓等截面连接方式。

（2）钢柱为热轧宽翼缘 H 型钢（用"HW"表示），规格为 452×417（截面高度为452mm，宽度为 417mm）。

（3）螺栓孔用"◆"表示，说明此连接处采用高强度螺栓摩擦型连接。18M20 表示腹板上排列了 18 个直径为 20mm 的螺栓，24M20 表示每块翼板上排列了 24 个直径为 20mm 的螺栓。

（4）从立面图和平面图可以看出，此节点处需用 8 块盖板进行上下柱间的连接。腹板上的2 块盖板规格为－260×12，长度为 540mm；翼缘板外侧的 2 块盖板宽与柱翼板相同，规格为

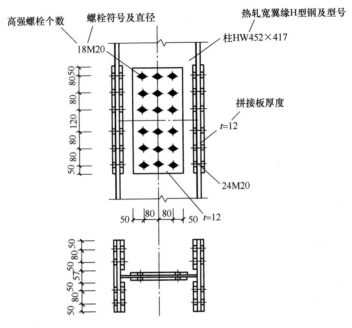

图 2-19　柱拼接连接详图（双盖板拼接）

—417×12，长度为 540mm；翼缘板内侧的 4 块盖板规格为—180×12，长度为 540mm。

（5）腹板和翼板上孔距及盖板上的孔距均可通过平面图和立面图读出。

（6）作为钢柱的连接，在节点连接处要能传递弯矩、扭矩、剪力和轴力，所以柱的连接必须为刚性连接。

【实例四】埋入式刚性柱脚详图识读

埋入式刚性柱脚详图如图 2-20 所示。

从图 2-20 中可以看出：

（1）该图的钢柱为热轧宽翼缘 H 型钢（用"HW"表示），规格为 500×450（截面高为

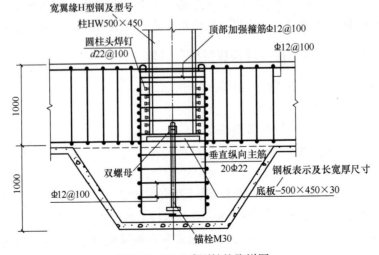

图 2-20　埋入式刚性柱脚详图

500mm，宽度为 450mm）。

（2）柱底直接埋入基础中，并在埋入部分柱翼缘上设置直径为 22mm 的圆柱头焊钉，间距为 100mm。

（3）柱底板规格为－500×450×30，即长度为 500mm，宽度为 450mm，厚度为 30mm，锚栓埋入深度为 1000mm，钢柱柱脚外围埋入部分的外围配置 20 根竖向二级钢筋，直径为 22mm。箍筋也为二级钢筋，直径为 12mm，间距为 100mm。

【实例五】铰接柱脚详图识读

铰接柱脚详图如图 2-21 所示。

从图 2-21 中可以看出：

（1）该图的钢柱为热轧中翼缘 H 型钢（用"HM"表示），规格为 400×300（截面高为 400mm，宽度为 300mm），关于型钢的截面特性可查阅《热轧 H 型钢和部分 T 型钢》（GB/T 11263—2010）。

（2）钢柱底板规格为－500×400×26，即长度为 500mm，宽度为 400mm，厚度为 26mm。基础与底板采用 2 根直径为 30mm 的锚栓进行连接，锚栓的间距为 200mm。

（3）安装螺栓与底板间需加 10mm 厚垫片。

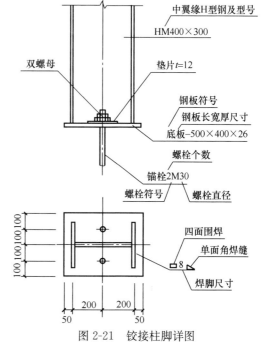

图 2-21 铰接柱脚详图

（4）柱与底板要求四面围焊连接，焊脚高度为 8mm 的角焊缝。

【实例六】柱间支撑的布置图识读

柱间支撑的布置图如图 2-22～图 2-24 所示。

图 2-22 一道下段柱柱间支撑的布置

从图 2-22～图 2-24 中可以看出：

（1）应尽可能与屋盖横向水平支撑布置相协调，并配套形成上、下整体共同工作的空间桁架体系。

（2）厂房每一单元中的每一柱列，都应设置柱间支撑，边柱与中柱柱列的柱间支撑应尽可能在同一开间设置。

（3）柱间支撑一般宜设置在厂房单元中央区段，并设置上柱和下柱支撑。

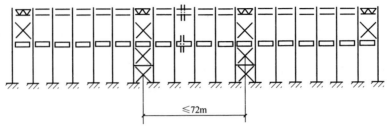

图 2-23　两道下段柱柱间支撑的布置

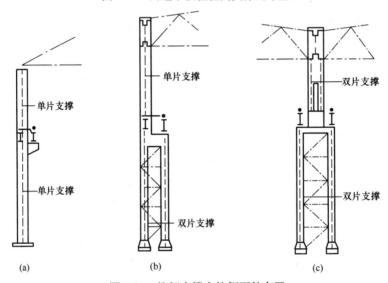

图 2-24　柱间支撑在柱侧面的布置

(a) 高度≤800mm 的等截面柱；(b) 阶形柱（上柱截面高度≤800mm）；(c) 阶形柱的下段柱

（4）当厂房内设有桥式起重机或设防烈度为 8 度、9 度时，尚宜在厂房单元两端开间设置上柱支撑，如图 2-22 和图 2-23 所示。

（5）当厂房区段的长度大于 150m 时，或抗震设防烈度为 8 度Ⅲ、Ⅳ类场地和 9 度时，可采用设置两道下段柱柱间支撑的方案，支撑可布置在厂房单元长度的 1/3 区段处，为了避免产生过大温度应力，两道支撑的中心距离不宜大于 72m，如图 2-23 所示。

（6）厂房各列柱的柱顶，均应设置通长的水平压杆，其位置宜在屋架的支座点处；在屋架端高度范围内的柱段，当其高度≥900mm 时，应在端跨及柱间支撑的跨间设置竖向支撑（屋架端部垂直支撑）或其他具有纵向传力功能构件；若屋架支座处已有通长压杆或墙架结构设有通长水平压杆时则两者可合并处理。

（7）高度≤800mm 的等截面柱其柱间支撑，一般可沿柱的中心线设置单片支撑，如图 2-24（a）所示。

阶形柱当上柱截面高度≤800mm 时，一般采用单片支撑；当上柱截面高度＞800mm 或设有通行人孔时，在沿柱两翼缘内侧设置双片支撑，如图 2-24（b）所示。

阶形柱的下段柱，一般沿两柱肢设置双片支撑，如图 2-24（c）所示。

【实例七】柱平面布置图识读

柱平面布置图如图 2-25 所示。

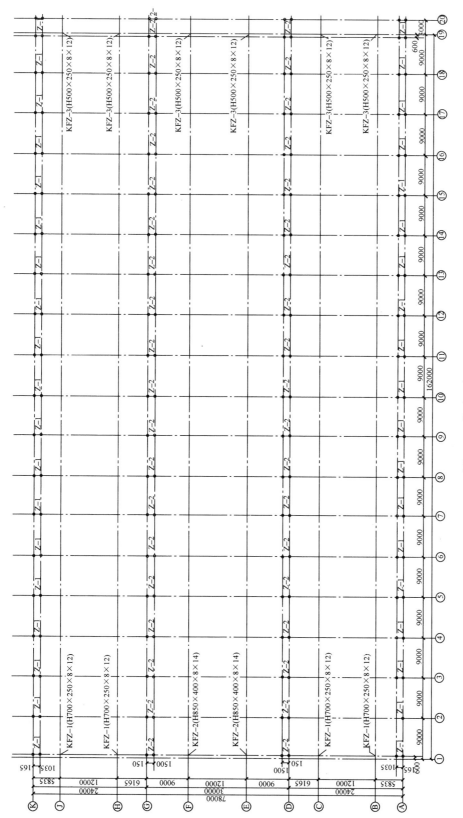

图 2-25 柱平面布置图

55

从图 2-25 中可以看出：

（1）柱子的类型以及名称，如图 2-25 中有 Z-1、Z-2、Z-3、KFZ-1、KFZ-2 等。

（2）标明柱子中心在水平面上相对于轴网的尺寸，以便于施工人员对柱子在平面位置上进行定位，如⑥轴与①轴上 Z-2 的定位尺寸是圆柱中心相对于⑥轴偏离 150mm，水平方向柱 Z-1 的中心线相对于①轴偏离 600mm。

【实例八】 某住宅楼钢筋混凝土柱模板、配筋图识读

住宅楼钢筋混凝土柱模板、配筋图如图 2-26、图 2-27 所示。

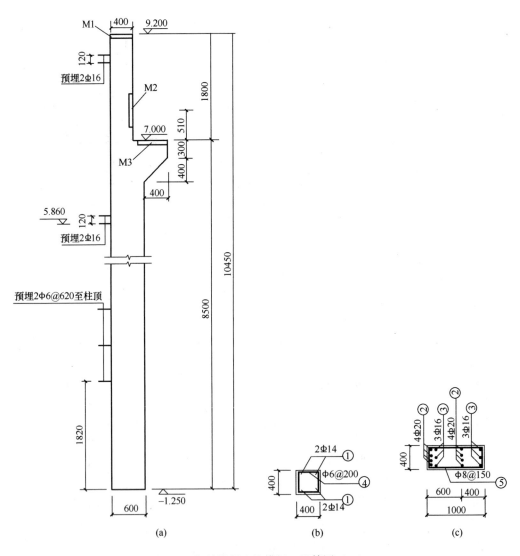

图 2-26 钢筋混凝土柱模板、配筋图（一）

（a）YZ 模板图；（b）1—1 剖面图；（c）2—2 剖面图

从图 2-26、图 2-27 中可以看出：

（1）该柱子高度为 10450mm（由于柱子较长，中间用断裂符断开），下柱宽 600mm，上柱宽 400mm。

（2）该柱设置 3 块预埋件，分别为上柱顶部的预埋件 M1，在上柱右侧的预埋件 M2，在牛腿顶面的预埋件 M3。

（3）牛腿处的配筋是两部分，其中②号钢筋是由下柱伸上来的，③号钢筋弯成牛腿形状，⑤号钢筋为 $\phi 8$ 间距为 150mm 的箍筋，箍筋的大小根据牛腿形状而改变。

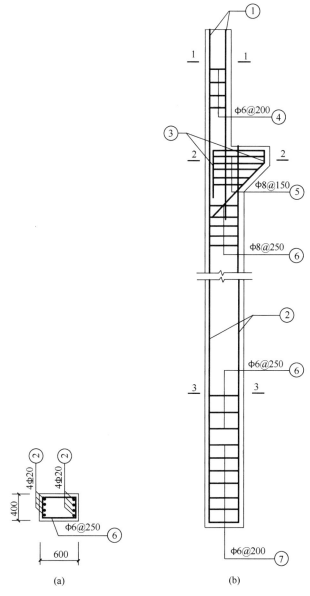

图 2-27　钢筋混凝土柱模板、配筋图（二）

（a）3-3 剖面图；（b）YZ 配筋图

【实例九】　柱平法施工图识读

柱平法施工图如图 2-28、图 2-29 所示。

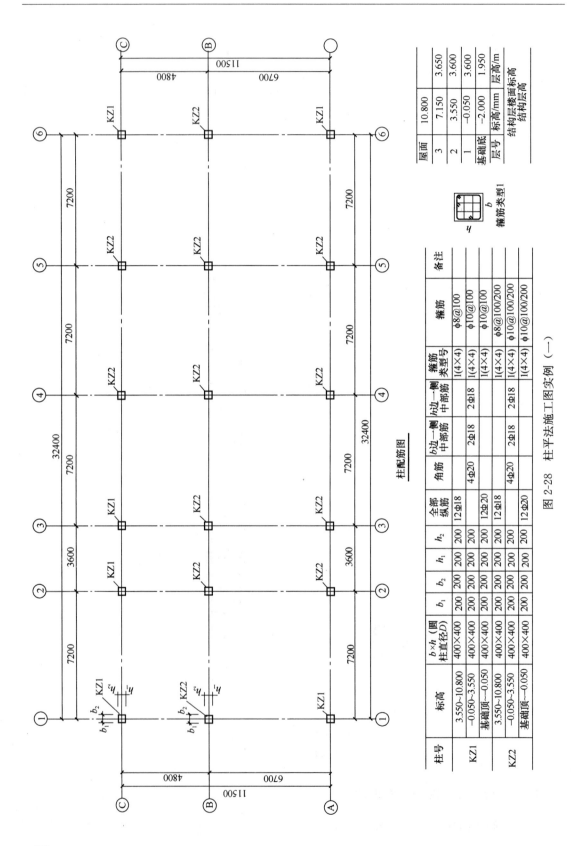

图 2-28 柱平法施工图实例（一）

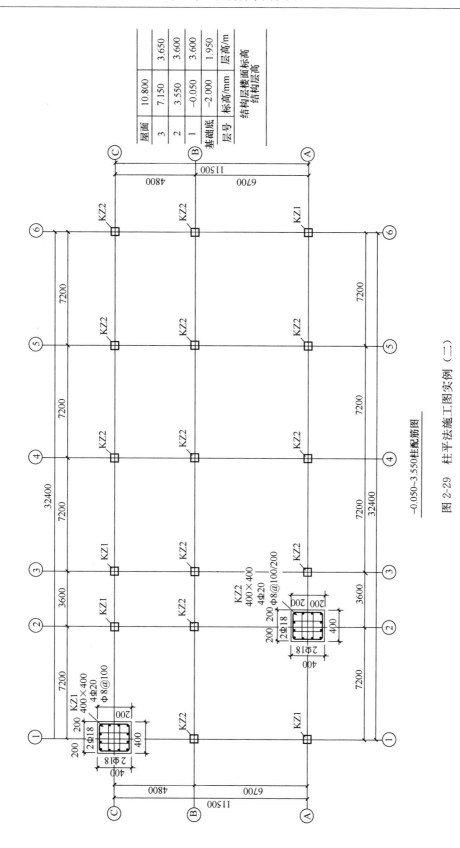

-0.050~3.550柱配筋图

图 2-29　柱平法施工图实例（二）

层号	标高/m	层高/m
屋面	10.800	
3	7.150	3.650
2	3.550	3.600
1	-0.050	3.600
基础底	-2.000	1.950
	结构层楼面标高 结构层高	

从图 2-28、图 2-29 中可以看出：

（1）图 2-28 是采用列表方式表示的物业楼框架柱平法施工图。此物业楼框架柱共有两种：KZ1 和 KZ2，而且 KZ1 与 KZ2 的纵筋相同，箍筋不同。它们的纵筋均分为三段，第一段从基础顶至标高 −0.050m，纵筋直径都是 12 Φ 20；第二段从标高 −0.050m 至 3.550m，作为第一层的框架柱，纵筋为角筋 4 Φ 20，每边中部 2 Φ 18；第三段从标高 3.550m 至 10.800m，作为二、三层框架柱，纵筋为 12 Φ 18。它们的箍筋不同，KZ1 箍筋为：标高 3.550m 以下是用Φ 10@100，标高 3.550m 以上是Φ 8@100。KZ2 箍筋为：标高 3.550m 以下是用Φ 10@100/200，标高 3.550m 以上是Φ 8@100/200。它们的箍筋形式都是类型 1，箍筋肢数为 4×4。

（2）如图 2-29 所示，为采用断面注写方式柱配筋图。该图表示的是从标高 −0.050m 至 3.550m 的框架柱配筋图，即一层的柱配筋图。该层框架结构共有两种框架柱，KZ1 与 KZ2，它们的断面尺寸相同，都是 400mm×400mm，它们与定位轴线的关系都是轴线居中。它们的纵筋相同，角筋都是 4 Φ 20，每边中部钢筋都是 2 Φ 18，KZ1 箍筋用Φ 8@100，KZ2 箍筋用Φ 8@100/200。

思考题：

1. 列表注写方式中，柱表的注写内容有哪些？
2. 柱平法截面注写的表示方式有何要求？
3. KZ 纵向钢筋连接构造如何识读？
4. KZ 边柱和角柱柱顶纵向钢筋构造如何识读？
5. KZ 中柱柱顶纵向钢筋构造如何识读？
6. KZ 变截面位置纵向钢筋构造如何识读？
7. 剪力墙上柱 QZ 纵筋构造如何识读？
8. KZ、QZ、LZ 箍筋加密区范围构造如何识读？
9. 芯柱 XZ 配筋构造如何识读？
10. 非焊接矩形箍筋复合方式有哪些？

第三章　剪力墙构件平法识图

重点提示：

1. 了解剪力墙平法施工图的表示方法、剪力墙编号规定、列表注写方式、截面注写方式、剪力墙洞口的表示方法、地下室外墙的表示方法等

2. 熟悉剪力墙标准构造详图的内容，包括墙身竖向分布钢筋在基础中的锚固构造、剪力墙身水平钢筋构造、剪力墙身竖向钢筋构造、约束边缘构件 YBZ 构造等

3. 通过实例学习，能够识读剪力墙构件平法施工图

第一节　剪力墙平法施工图制图规则

一、剪力墙平法施工图的表示方法

剪力墙平法施工图是指在剪力墙平面布置图上采用列表注写方式或截面注写方式表达的施工图。

剪力墙平面布置图主要包含两部分：剪力墙平面布置图、剪力墙各类构造和节点构造详图。

1. 剪力墙各类构件

在平法施工图中将剪力墙分为剪力墙柱、剪力墙身和剪力墙梁。

剪力墙柱（简称墙柱）包含纵向钢筋和横向箍筋，其连接方式与柱相同。

剪力墙梁（简称墙梁）可分为剪力墙连梁、剪力墙暗梁和剪力墙边框梁三类，其由纵向钢筋和横向箍筋组成，绑扎方式与梁基本相同。

剪力墙身（简称墙身）包含竖向钢筋、横向钢筋和拉筋。

2. 边缘构件

根据《建筑抗震设计规范》（GB 50011—2010）要求，剪力墙两端和洞口两侧应设置边缘构件。边缘构件包括：暗柱、端柱和翼墙。

对于剪力墙结构，底层墙肢底截面的轴压比不大于抗震规范要求的最大轴压比的一、二、三级剪力墙和四级抗震墙，墙肢两端可设置构造边缘构件。

对于剪力墙结构，底层墙肢底截面的轴压比大于抗震规范要求的最大轴压比的一、二、三级抗震等级剪力墙，以及部分框支剪力墙结构的抗震墙，应在底部加强部位及相邻的上一层设置约束边缘构件，在以上的部位可设置构造边缘构件。

3. 剪力墙的定位

通常，轴线位于剪力墙中央，当轴线未居中布置时，应在剪力墙平面布置图上直接标注偏心尺寸。由于剪力墙暗柱与短肢剪力墙的宽度与剪力墙身同厚，因此，剪力墙偏心情况定

位时，暗柱及小墙肢位置也随之确定。

二、剪力墙编号规定

剪力墙按墙柱、墙身、墙梁三类构件分别编号。

（1）墙柱编号，由墙柱类型代号和序号组成，表达形式应符合表 3-1 的规定。

表 3-1　墙柱编号

墙柱类型	代　号	序　号
约束边缘构件	YBZ	××
构造边缘构件	GBZ	××
非边缘暗柱	AZ	××
扶壁柱	FBZ	××

注：约束边缘构件包括约束边缘暗柱、约束边缘端柱、约束边缘翼墙、约束边缘转角墙四种，如图 3-1 所示。构造边缘构件包括构造边缘暗柱、构造边缘端柱、构造边缘翼墙、构造边缘转角墙四种，如图 3-2 所示。

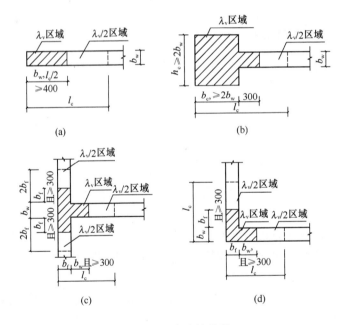

图 3-1　约束边缘构件

（a）约束边缘暗柱；（b）约束边缘端柱；（c）约束边缘翼墙；（d）约束边缘转角墙

λ_v—剪力墙约束边缘构件配箍特征值；l_c—剪力墙约束边缘构件沿墙肢的长度；

b_f—剪力墙水平方向的厚度；b_c—剪力墙约束边缘端柱垂直方向的长度；

b_w—剪力墙垂直方向的厚度

（2）墙身编号，由墙身代号、序号以及墙身所配置的水平与竖向分布钢筋的排数组成，其中，排数注写在括号内。表达形式为：

Q××（×排）

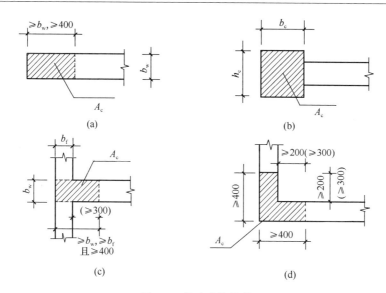

图 3-2 构造边缘构件

（a）构造边缘暗柱；（b）构造边缘端柱；（c）构造边缘翼墙；（d）构造边缘转角墙

b_f—剪力墙水平方向的厚度；b_c—剪力墙约束边缘端柱垂直方向的长度；

b_w—剪力墙垂直方向的厚度；A_c—剪力墙的构造边缘构件区

注：1. 在编号中：如若干墙柱的截面尺寸与配筋均相同，仅截面与轴线的关系不同时，可将其编为同一墙柱号；又如若干墙身的厚度尺寸和配筋均相同，仅墙厚与轴线的关系不同或墙身长度不同时，也可将其编为同一墙身号，但应在图中注明与轴线的几何关系。

2. 当墙身所设置的水平与竖向分布钢筋的排数为 2 时可不注。

3. 对于分布钢筋网的排数规定。当剪力墙厚度不大于 400 时，应配置双排；当剪力墙厚度大于 400，但不大于 700 时，宜配置三排；当剪力墙厚度大于 700 时，宜配置四排。各排水平分布钢筋和竖向分布钢筋的直径与间距宜保持一致。当剪力墙配置的分布钢筋多于两排时，剪力墙拉筋两端应同时勾住外排水平纵筋和竖向纵筋，还应与剪力墙内排水平纵筋和竖向纵筋绑扎在一起。

（3）墙梁编号，由墙梁类型代号和序号组成，表达形式应符合表 3-2 的规定。

表 3-2 墙梁编号

墙梁类型	代　号	序　号
连梁	LL	××
连梁（对角暗撑配筋）	LL（JC）	××
连梁（交叉斜筋配筋）	LL（JX）	××
连梁（集中对角斜筋配筋）	LL（DX）	××
连梁（跨高比不小于 5）	LLk	××
暗梁	AL	××
边框梁	BKL	××

注：1. 在具体工程中，当某些墙身需设置暗梁或边框梁时，宜在剪力墙平法施工图中绘制暗梁或边框梁的平面布置图并编号，以明确其具体位置。

2. 跨高比不小于 5 的连梁按框架梁设计时，代号为 LLk。

三、列表注写方式

列表注写方式是分别在剪力墙柱表、剪力墙身表和剪力墙梁表中，对应剪力墙平面布置图上的编号，用绘制截面配筋图并注写几何尺寸与配筋具体数值的方式，来表达剪力墙平法施工图。

1. 剪力墙柱表

剪力墙柱表主要包括以下内容：

(1) 注写墙柱编号（表 3-1），绘制该墙柱的截面配筋图，标注墙柱几何尺寸。

1) 约束边缘构件（图 3-1）需注明阴影部分尺寸。

注：剪力墙平面布置图中应注明约束边缘构件沿墙肢长度 l_c（约束边缘翼墙中沿墙肢长度尺寸为 $2b_f$ 时可不注）。

2) 构造边缘构件（图 3-2）需注明阴影部分尺寸。

3) 扶壁柱及非边缘暗柱需标注几何尺寸。

(2) 注写各段墙柱的起止标高，自墙柱根部往上以变截面位置或截面未变但是配筋改变处为界分段注写。墙柱根部标高一般指基础顶面标高（部分框支剪力墙结构则为框支梁顶面标高）。

(3) 注写各段墙柱的纵向钢筋和箍筋，注写值应与在表中绘制的截面配筋图对应一致。纵向钢筋注总配筋值；墙柱箍筋的注写方式与柱箍筋相同。

设计施工时应注意：

(1) 在剪力墙平面布置图中需注写约束边缘构件非阴影区内布置的拉筋或箍筋直径，与阴影区箍筋直径相同时，可不注。

(2) 当约束边缘构件体积配箍率计算中计入墙身水平分布钢筋时，设计者应注明。施工时，墙身水平分布钢筋应注意采用相应的构造做法。

(3) 16G101-1 图集约束边缘构件非阴影区拉筋是沿剪力墙竖向分布钢筋逐根设置。施工时应注意，非阴影区外圈设置箍筋时，箍筋应包住阴影区内第二列竖向纵筋。当设计采用与构造详图不同的做法时，应另行注明。

(4) 当非底部加强部位构造边缘构件不设置外圈封闭箍筋时，设计者应注明。施工时，墙身水平分布钢筋应注意采用相应的构造做法。

2. 剪力墙身表

剪力墙身表主要包括以下内容：

(1) 注写墙身编号（含水平与竖向分布钢筋的排数）。

(2) 注写各段墙身起止标高，自墙身根部往上以变截面位置或截面未变但配筋改变处为界分段注写。墙身根部标高一般指基础顶面标高（部分框支剪力墙结构则为框支梁的顶面标高）。

(3) 注写水平分布钢筋、竖向分布钢筋和拉筋的具体数值。注写数值为一排水平分布钢筋和竖向分布钢筋的规格与间距，具体设置几排在墙身编号后面表达。

拉筋应注明布置方式，如"矩形"或"梅花"，用于剪力墙分布钢筋的拉结，如图 3-3 所示。

3. 剪力墙梁表

剪力墙梁表主要内容如下：

(1) 注写墙梁编号，见表 3-2。

(2) 注写墙梁所在楼层号。

(3) 注写墙梁顶面标高高差，是指相对于墙梁所在结构层楼面标高的高差值。高于者为正值，低于者为负值，当无高差时不注。

(4) 注写墙梁截面尺寸 $b \times h$，上部纵筋，下部纵筋和箍筋的具体数值。

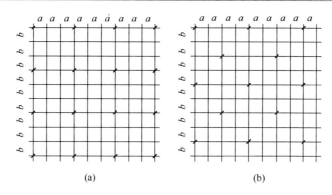

图 3-3　拉结筋布置示意

（a）拉结筋@3a3b 矩形（$a \leqslant 200$、$b \leqslant 200$）；（b）拉结筋@4a4b 梅花（$a \leqslant 150$、$b \leqslant 150$）

a—竖向分布钢筋间距；b—水平分布钢筋间距

（5）当连梁设有对角暗撑时，注写暗撑的截面尺寸（箍筋外皮尺寸）；注写一根暗撑的全部纵筋，并标注×2 表明有两根暗撑相互交叉；注写暗撑箍筋的具体数值。

（6）当连梁设有交叉斜筋时，注写连梁一侧对角斜筋的配筋值，并标注×2 表明对称设置；注写对角斜筋在连梁端部设置的拉筋根数、强度级别及直径，并标注×4 表示四个角都设置；注写连梁一侧折线筋配筋值，并标注×2 表明对称设置。

（7）当连梁设有集中对角斜筋时，注写一条对角线上的对角斜筋，并标注×2 表明对称设置。

（8）跨高比不小于 5 的连梁，按框架梁设计时，采用平面注写方式，注写规则同框架梁，可采用适当比例单独绘制，也可与剪力墙平法施工图合并绘制。

墙梁侧面纵筋的配置，当墙身水平分布钢筋满足连梁、暗梁及边框梁的梁侧面纵向构造钢筋的要求时，该筋配置同墙身水平分布钢筋，表中不注，施工按标准构造详图的要求即可。当墙身水平分布钢筋不满足连梁、暗梁及边框梁的梁侧面纵向构造钢筋的要求时，应在表中补充注明梁侧面纵筋的具体数值；当为 LLk 时，平面注写方式以大写字母"N"打头。梁侧面纵向钢筋在支座内锚固要求同连梁中受力钢筋。

4. 施工图示例

采用列表注写方式分别表达剪力墙墙梁、墙身和墙柱的平法施工图示例，如图 3-4 所示。

四、截面注写方式

（1）截面注写方式，是在分标准层绘制的剪力墙平面布置图上，以直接在墙柱、墙身、墙梁上注写截面尺寸和配筋具体数值的方式来表达剪力墙平法施工图。

（2）选用适当比例原位放大绘制剪力墙平面布置图，其中对墙柱绘制配筋截面图；对所有墙柱、墙身、墙梁分别按本节"二、剪力墙编号规定"进行编号，并分别在相同编号的墙柱、墙身、墙梁中选择一根墙柱、一道墙身、一根墙梁进行注写，其注写方式按以下规定进行。

1）从相同编号的墙柱中选择一个截面，注明几何尺寸，标注全部纵筋及箍筋的具体数值。

注：约束边缘构件（图 3-1）除需注明阴影部分具体尺寸外，尚需注明约束边缘构件沿墙肢长度 l_c，约束边缘翼墙中沿墙肢长度尺寸为 $2b_f$ 时可不注。

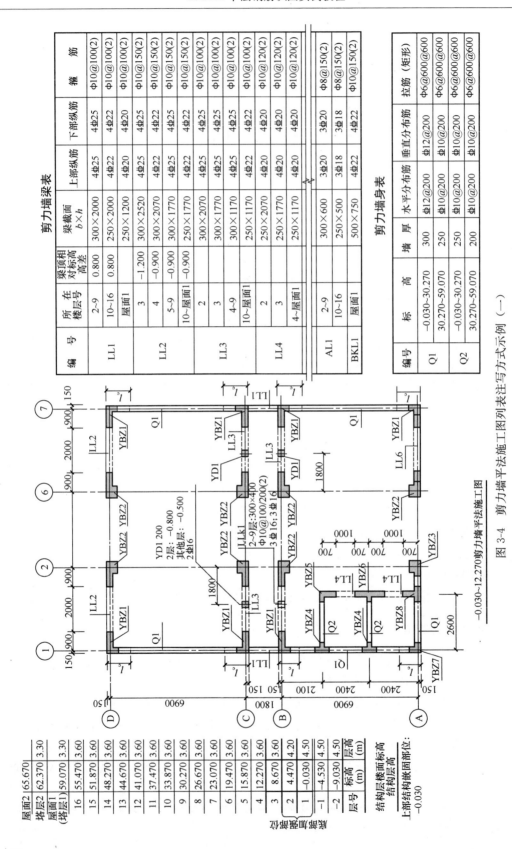

剪力墙梁表

编号	所在楼层号	梁顶相对标高高差	梁截面 $b×h$	上部纵筋	下部纵筋	箍 筋
LL1	2~9	0.800	300×2000	4Φ25	4Φ25	Φ10@100(2)
	10~16	0.800	250×2000	4Φ22	4Φ22	Φ10@100(2)
	屋面1		250×1200	4Φ20	4Φ20	Φ10@100(2)
LL2	3	−1.200	300×2520	4Φ25	4Φ25	Φ10@150(2)
	4	−0.900	300×2070	4Φ22	4Φ22	Φ10@150(2)
	5~9	−0.900	300×1770	4Φ25	4Φ25	Φ10@150(2)
	10~屋面1	−0.900	250×1770	4Φ22	4Φ22	Φ10@100(2)
LL3	2		300×2070	4Φ25	4Φ25	Φ10@100(2)
	3		300×1770	4Φ25	4Φ25	Φ10@100(2)
	4~9		300×1170	4Φ22	4Φ22	Φ10@100(2)
	10~屋面1		250×1170	4Φ20	4Φ20	Φ10@120(2)
LL4	2		250×2070	4Φ20	4Φ20	Φ10@120(2)
	3		250×1770	4Φ20	4Φ20	Φ10@120(2)
	4~屋面1		250×1170	4Φ22	4Φ22	Φ10@150(2)

编号	所在楼层号	梁顶相对标高高差	梁截面 $b×h$	上部纵筋	下部纵筋	箍 筋
AL1	2~9		300×600	3Φ20	3Φ20	Φ8@150(2)
	10~16		250×500	3Φ18	3Φ18	Φ8@150(2)
BKL1	屋面1		500×750	4Φ22	4Φ22	Φ10@150(2)

剪力墙身表

编号	标 高	墙 厚	水平分布筋	垂直分布筋	拉筋（矩形）
Q1	−0.030~30.270	300	Φ12@200	Φ12@200	Φ6@600@600
	30.270~59.070	250	Φ10@200	Φ10@200	Φ6@600@600
Q2	−0.030~30.270	250	Φ10@200	Φ10@200	Φ6@600@600
	30.270~59.070	200	Φ10@200	Φ10@200	Φ6@600@600

−0.030~12.270剪力墙平法施工图

图3-4 剪力墙平法施工图列表注写方式示例（一）

66

剪力墙柱

截面 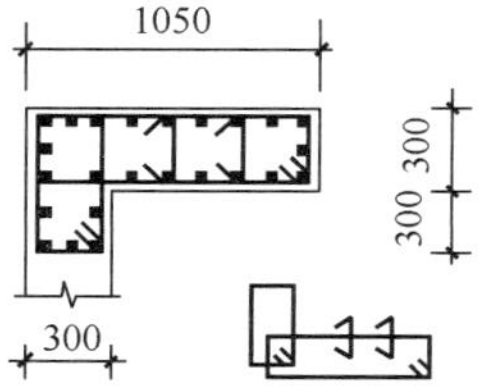 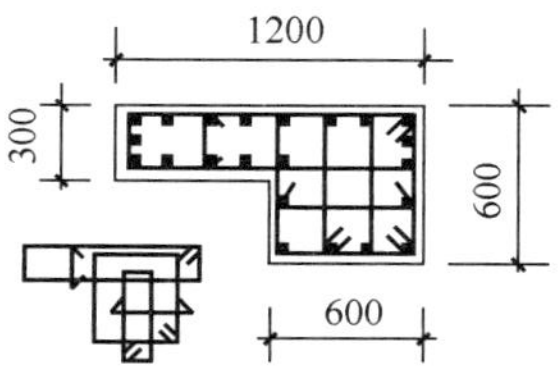 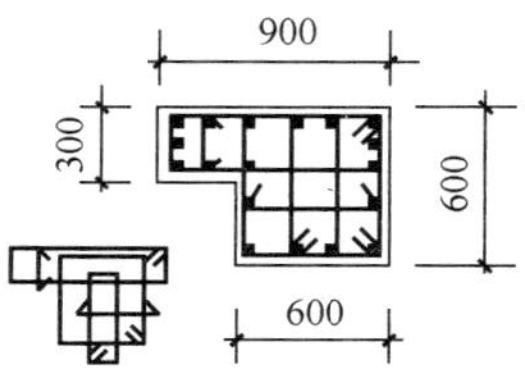 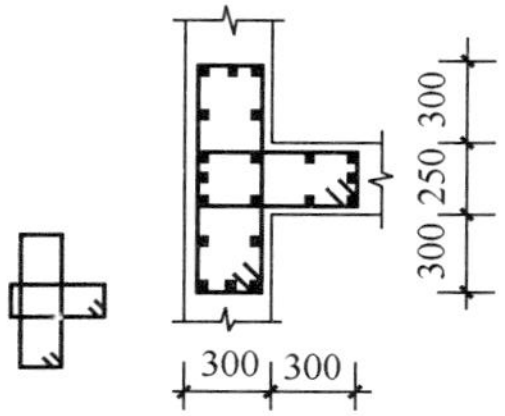			
编号	YBZ1	YBZ2	YBZ3	YBZ4
标高	-0.030~12.270	-0.030~12.270	-0.030~12.270	-0.030~12.270
纵筋	24Φ20	22Φ20	18Φ22	20Φ20
箍筋	Φ10@100	Φ10@100	Φ10@100	Φ10@100

截面	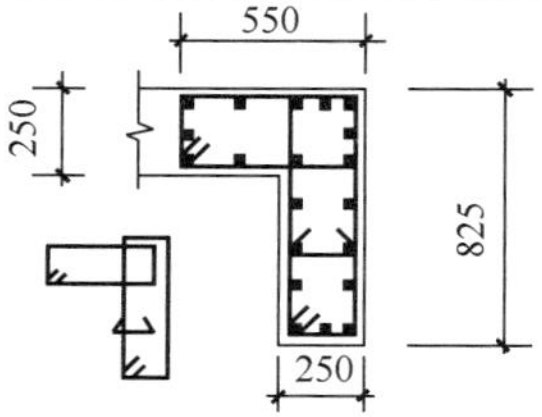	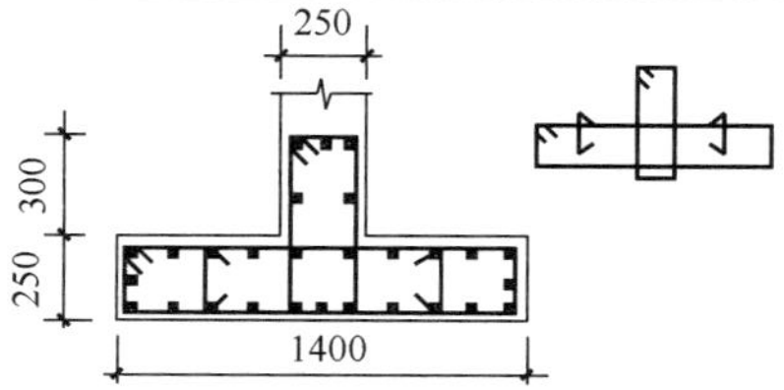	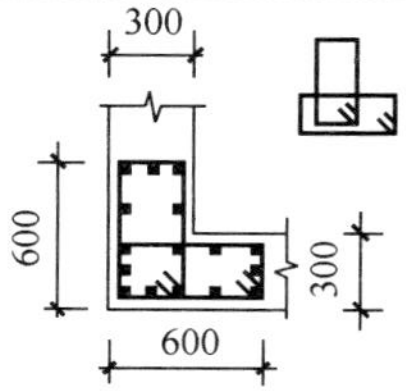
编号	YBZ5	YBZ6	YBZ7
标高	-0.030~12.270	-0.030~12.270	-0.030~12.270
纵筋	20Φ20	28Φ20	16Φ20
箍筋	Φ10@100	Φ10@100	Φ10@100

图 3-4　剪力墙平法施工图列表注写方式示例（二）

注：1. 可在结构层楼面标高、结构层高简表中加设混凝土强度等级等栏目。
　　2. 图中 l_c 为约束边缘构件沿墙肢的伸出长度（实际工程中应注明具体值）。

2）从相同编号的墙身中选择一道墙身，按顺序引注的内容为：墙身编号（应包括注写在括号内墙身所配置的水平与竖向分布钢筋的排数）、墙厚尺寸，水平分布钢筋、竖向分布钢筋和拉筋的具体数值。

3）从相同编号的墙梁中选择一根墙梁，按顺序引注的内容为：

①注写墙梁编号、墙梁截面尺寸 $b×h$、墙梁箍筋、上部纵筋、下部纵筋和墙梁顶面标高高差的具体数值。其中，墙梁顶面标高高差的注写规定同本节"三、列表注写方式"第 3 条中的第（3）条。

②当连梁设有对角暗撑时，注写规定同本节"三、列表注写方式"第 3 条中的第（5）条。

③当连梁设有交叉斜筋时，注写规定同本节"三、列表注写方式"第 3 条中的第（6）条。

④当连梁设有集中对角斜筋时，注写规定同本节"三、列表注写方式"第 3 条中的第（7）条。

⑤ 跨高比不小于 5 的连梁、按框架梁设计时，注写规定同本节"三、列表注写方式"第 3 条中的第（8）条。

当墙身水平分布钢筋不能满足连梁、暗梁及边框梁的梁侧面纵向构造钢筋的要求时，应补充注明梁侧面纵筋的具体数值；注写时，以大写字母 N 打头，接续注写直径与间距。其在支座内的锚固要求同连梁中受力钢筋。

【例 3-1】 NΦ10@150，表示墙梁两个侧面纵筋对称配置为：HRB400 级钢筋，直径 ϕ10，间距为 150。

（3）采用截面注写方式表达的剪力墙平法施工图示例见图 3-5。

五、剪力墙洞口的表示方法

（1）无论采用列表注写方式还是截面注写方式，剪力墙上的洞口均可在剪力墙平面布置图上原位表达。

（2）洞口的具体表示方法：

1）在剪力墙平面布置图上绘制洞口示意，并标注洞口中心的平面定位尺寸。

2）在洞口中心位置引注以下内容：

① 洞口编号：矩形洞口为 JD×× （×× 为序号）；

　　　　　　圆形洞口为 YD×× （×× 为序号）。

② 洞口几何尺寸：矩形洞口为洞宽×洞高（$b×h$）；

　　　　　　圆形洞口为洞口直径 D。

③ 洞口中心相对标高是相对于结构层楼（地）面标高的洞口中心高度。当其高于结构层楼面时为正值，低于结构层楼面时为负值。

④ 洞口每边补强钢筋，分为以下几种不同情况：

a. 当矩形洞口的洞宽、洞高均不大于 800 时，此项注写为洞口每边补强钢筋的具体数值。当洞宽、洞高方向补强钢筋不一致时，分别注写洞宽方向、洞高方向补强钢筋，以"/"分隔。

【例 3-2】 JD 2　400×300＋3.100　3Φ14，表示 2 号矩形洞口，洞宽 400，洞高300，洞口中心距本结构层楼面 3100，洞口每边补强钢筋为 3Φ14。

【例 3-3】 JD 3　400×300＋3.100，表示 3 号矩形洞口，洞宽 400，洞高 300，洞口中心距本结构层楼面 3100，洞口每边补强钢筋按构造配置。

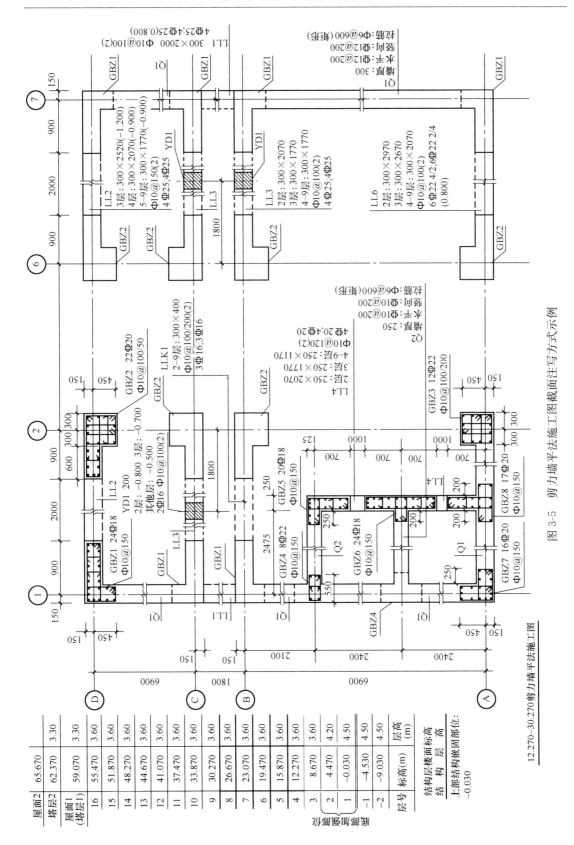

图 3-5 剪力墙平法施工图截面注写方式示例

【例3-4】　JD 4　800×300+3.100　3 ϕ 18/3 ϕ 14，表示4号矩形洞口，洞宽800，洞高300，洞口中心距本结构层楼面3100，洞宽方向补强钢筋为3 ϕ 18，洞高方向补强钢筋为3 ϕ 14。

b. 当矩形或圆形洞口的洞宽或直径大于800时，在洞口的上、下需设置补强暗梁，此项注写为洞口上、下每边暗梁的纵筋与箍筋的具体数值（在标准构造详图中，补强暗梁梁高一律定为400，施工时按标准构造详图取值，设计不注。当设计者采用与该构造详图不同的做法时，应另行注明），圆形洞口时尚需注明环向加强钢筋的具体数值；当洞口上、下边为剪力墙连梁时，此项免注；洞口竖向两侧设置边缘构件时，也不在此项表达（当洞口两侧不设置边缘构件时，设计者应给出具体做法）。

【例3-5】　JD 5　1000×900+1.400　6 ϕ 20　ϕ 8@150，表示5号矩形洞口，洞宽1000，洞高900，洞口中心距本结构层楼面1400，洞口上下设补强暗梁，每边暗梁纵筋为6 ϕ 20，箍筋为 ϕ 8@150。

【例3-6】　YD 5　1000+1.800　6 ϕ 20　ϕ 8@150　2 ϕ 16，表示5号圆形洞口，直径1000，洞口中心距本结构层楼面1800，洞口上下设补强暗梁，每边暗梁纵筋为6 ϕ 20，箍筋为 ϕ 8@150，环向加强钢筋2 ϕ 16。

c. 当圆形洞口设置在连梁中部1/3范围（且圆洞直径不应大于1/3梁高）时，需注写圆洞上下水平设置的每边补强纵筋与箍筋。

d. 当圆形洞口设置在墙身或暗梁、边框梁位置，而且洞口直径不大于300时，此项注写为洞口上下左右每边布置的补强纵筋的具体数值。

e. 当圆形洞口直径大于300，但是不大于800时，此项注写为洞口上下左右每边布置的补强纵筋的具体数值，以及环向加强钢筋的具体数值。

六、地下室外墙的表示方法

（1）地下室外墙仅适用于起挡土作用的地下室外围护墙。地下室外墙中墙柱、连梁及洞口等的表示方法同地上剪力墙。

（2）地下室外墙编号，由墙身代号、序号组成。表达如下：

$$DWQ\times\times$$

（3）地下室外墙平法注写方式，包括集中标注墙体编号、厚度、贯通筋、拉筋等和原位标注附加非贯通筋等两部分内容。当仅设置贯通筋，未设置附加非贯通筋时，则仅做集中标注。

（4）地下室外墙的集中标注，规定如下：

1）注写地下室外墙编号，包括代号、序号、墙身长度（注为××～××轴）。

2）注写地下室外墙厚度 $b_w=\times\times\times$ 。

3）注写地下室外墙的外侧、内侧贯通筋和拉筋。

① 以OS代表外墙外侧贯通筋。其中，外侧水平贯通筋以H打头注写，外侧竖向贯通筋以V打头注写。

② 以IS代表外墙内侧贯通筋。其中，内侧水平贯通筋以H打头注写，内侧竖向贯通筋以V打头注写。

③ 以tb打头注写拉筋直径、强度等级及间距，并注明"矩形"或"梅花"。

【例3-7】　DWQ2（①～⑥），$b_w=300$

OS：HΦ18@200，VΦ20@200

IS：HΦ16@200，VΦ18@200

tbΦ6@400@400 矩形

表示2号外墙，长度范围为①～⑥之间，墙厚为300；外侧水平贯通筋为Φ18@200，竖向贯通筋为Φ20@200；内侧水平贯通筋为Φ16@200，竖向贯通筋为Φ18@200；拉结筋为Φ6，矩形布置，水平间距为400，竖向间距为400。

（5）地下室外墙的原位标注，主要表示在外墙外侧配置的水平非贯通筋或竖向非贯通筋。

当配置水平非贯通筋时，在地下室墙体平面图上原位标注。在地下室外墙外侧绘制粗实线段代表水平非贯通筋，在其上注写钢筋编号并以H打头注写钢筋强度等级、直径、分布间距，以及自支座中线向两边跨内的伸出长度值。当自支座中线向两侧对称伸出时，可仅在单侧标注跨内伸出长度，另一侧不注，此种情况下非贯通筋总长度为标注长度的2倍。边支座处非贯通钢筋的伸出长度值从支座外边缘算起。

地下室外墙外侧非贯通筋通常采用"隔一布一"方式与集中标注的贯通筋间隔布置，其标注间距应与贯通筋相同，两者组合后的实际分布间距为各自标注间距的1/2。

当在地下室外墙外侧底部、顶部、中层楼板位置配置竖向非贯通筋时，应补充绘制地下室外墙竖向剖面图并在其上原位标注。表示方法为在地下室外墙竖向剖面图外侧绘制粗实线段代表竖向非贯通筋，在其上注写钢筋编号并以V打头注写钢筋强度等级、直径、分布间距，以及向上（下）层的伸出长度值，并在外墙竖向剖面图名下注明分布范围（××～××轴）。

注：竖向非贯通筋向层内的伸出长度值注写方式：

1. 地下室外墙底部非贯通钢筋向层内的伸出长度值从基础底板顶面算起。

2. 地下室外墙顶部非贯通钢筋向层内的伸出长度值从顶板底面算起。

3. 中层楼板处非贯通钢筋向层内的伸出长度值从板中间算起，当上下两侧伸出长度值相同时可仅注写一侧。

地下室外墙外侧水平、竖向非贯通钢筋配置相同者，可仅选择一处注写，其他可仅注写编号。

当在地下室外墙顶部设置水平通长加强钢筋时应注明。

设计时应注意：

1）设计者应按具体情况判定扶壁柱或内墙是否作为墙身水平方向支座，以选择合理的配筋方式。

2）在"顶板作为外墙的简支支承"、"顶板作为外墙的弹性嵌固支承（墙外侧竖向钢筋与板上部纵向受力钢筋搭接连接）"两种做法中，设计者应指定选用何种做法。

（6）采用平面注写方式表达的地下室剪力墙平法施工图示例如图3-6所示。

七、其他

（1）在剪力墙平法施工图中应注明底部加强部位高度范围，以便使施工人员明确在该范围内应按照加强部位的构造要求进行施工。

（2）当剪力墙中有偏心受拉墙肢时，无论采用何种直径的竖向钢筋，均应采用机械连接或焊接接长，设计者应在剪力墙平法施工图中加以注明。

（3）抗震等级为一级的剪力墙，水平施工缝处需设置附加竖向插筋时，设计应注明构件位置，并注写附加竖向插筋规格、数量及间距。竖向插筋沿墙身均匀布置。

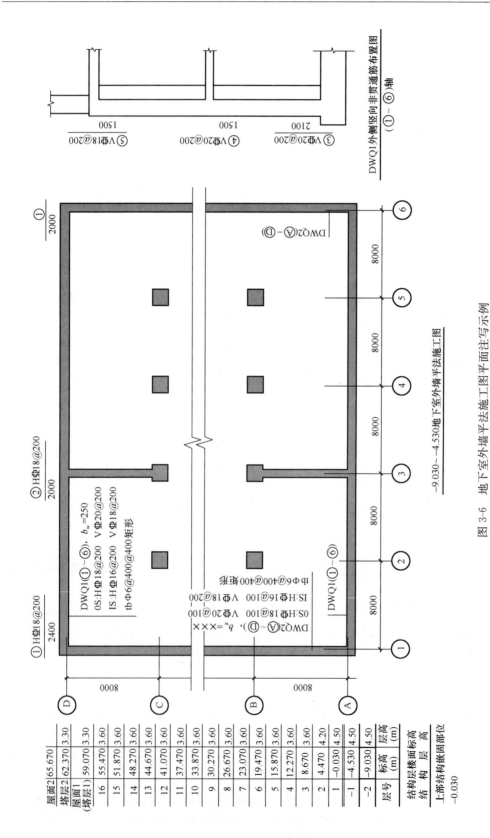

图 3-6 地下室外墙平法施工图平面注写示例

第二节　剪力墙标准构造详图识读

一、墙身竖向分布钢筋在基础中的锚固构造图识读

16G101-3 第 64 页"墙身竖向分布钢筋在基础中构造"给出了三个剪力墙身竖向分布钢筋在基础中的锚固构造如图 3-7 所示。

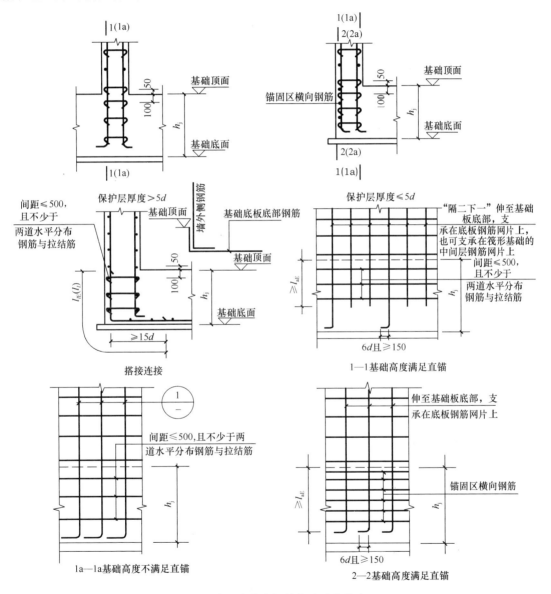

图 3-7　墙身竖向分布钢筋在基础中构造（一）

h_j—基础底面至基础顶面的高度，墙下有基础梁时，h_j 为梁底面至顶面的高度；

d—墙身竖向分布钢筋直径；l_{abE}—受拉钢筋的抗震基本锚固长度；

l_{aE}—受拉钢筋抗震锚固长度；l_{lE}—受拉钢筋抗震绑扎搭接长度

73

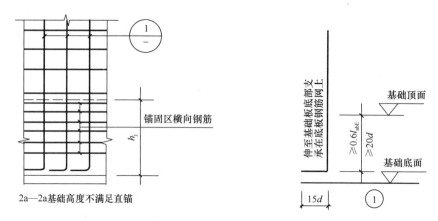

图 3-7　墙身竖向分布钢筋在基础中构造（二）

注：1. 锚固区横向钢筋应满足直径≥$d/4$（d 为纵筋最大直径），间距≤$10d$（d 为纵筋最小直径）且≤100mm 的要求。

2. 当墙身竖向分布钢筋在基础中保护层厚度不一致情况下（如分布筋部分位于梁中，部分位于板内），保护层厚度不大于 $5d$ 的部位应设置锚固区横向钢筋。

3. 当选用"墙身竖向分布钢筋在基础中构造"中的搭接连接时，设计人员应在图纸中注明。

4. 1-1 剖面，当施工采取有效措施保证钢筋定位时，墙身竖向分布钢筋伸入基础长度满足直锚即可。

二、剪力墙身水平钢筋构造图识读

1. 剪力墙多排配筋的构造

16G101-1 图集第 71 页的下方给出了剪力墙布置两排配筋、三排配筋和四排配筋时的构造图，如图 3-8 所示。

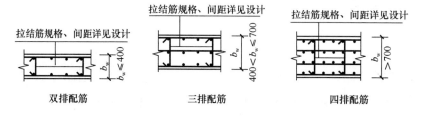

图 3-8　剪力墙多排配筋

（1）剪力墙布置两排配筋、三排配筋和四排配筋的条件为：

当墙厚度≤400mm 时，设置两排钢筋网；

当 400mm<墙厚度≤700mm 时，设置三排钢筋网；

当墙厚度>700mm 时，设置四排钢筋网。

（2）剪力墙身的各排钢筋网设置水平分布筋和垂直分布筋。布置钢筋时，把水平分布筋放在外侧，垂直分布筋放在水平分布筋的内侧。因此，剪力墙的保护层是针对水平分布筋来说的。

（3）拉筋要求拉住两个方向上的钢筋，即同时钩住水平分布筋和垂直分布筋。由于剪力墙身的水平分布筋放在最外面，所以拉筋连接外侧钢筋网和内侧钢筋网，也就是把拉筋钩在水平分布筋的外侧。这样一来，16G101-1 图集第 71 页的图有一个缺点，即拉筋的弯钩与水平分布筋是"一平"的，给人一种感觉即拉筋仅仅钩住垂直分布筋——正确的画图应该把拉筋"钩"在水平分布筋的外面。这就容易让人担心拉筋保护层的问题，实际上有这样的规定：混凝土保护层保护一个"面"或一条"线"，但难以做到保护每一个"点"，因此，局部钢筋"点"的保护层厚度不够属正常现象。所以，便不存在这样的顾虑。

2. 剪力墙水平钢筋的搭接构造

剪力墙水平钢筋的搭接长度≥$1.2l_{aE}$，沿高度每隔一根错开搭接，相邻两个搭接区之间错开的净距离≥500mm，如图 3-9 所示。

3. 端部无暗柱时剪力墙水平钢筋端部做法

16G101-1 图集第 71 页给出了端部无暗柱时剪力墙水平分布钢筋端部做法，如图 3-10 所示。

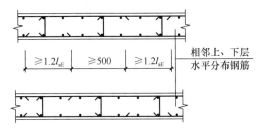

图 3-9　剪力墙水平分布钢筋交错搭接

每道水平分布钢筋均设双列拉筋

图 3-10　端部无暗柱时剪力墙水平分布钢筋端部做法

墙身两侧水平钢筋伸至墙端弯钩 $10d$，墙端部设置双列拉筋。

实际工程中，剪力墙墙肢的端部一般都设置边缘构件（暗柱或端柱），墙肢端部无暗柱的情况应该是差不多的。

4. 剪力墙水平分布筋在暗柱墙中的构造

16G101-1 图集第 71 页给出了两种剪力墙水平分布筋在端部暗柱墙中的构造，如图 3-11 所示。

剪力墙的水平分布筋从暗柱纵筋的外侧插入暗柱，伸到暗柱端部纵筋的内侧，然后弯 $10d$ 的直钩。"剪力墙的水平分布筋从暗柱纵筋的外侧插入暗柱"是说剪力墙水平分布筋的位置在墙身的外侧，伸入暗柱之后也不例外，这样就形成剪力墙水平分布筋在暗柱的外侧与暗柱的箍筋平行，而且与暗柱箍筋处于同一垂直层面，即在暗柱箍筋之间插空通过暗柱。

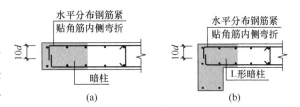

图 3-11　剪力墙水平分布筋在端部暗柱墙中的构造
(a) 端部有暗柱时剪力墙水平分布钢筋端部做法；
(b) 端部有 L 形暗柱时剪力墙水平分布钢筋端部做法

5. 剪力墙水平钢筋在转角墙柱中的构造

16G101-1 第 71 页"剪力墙水平钢筋构造"给出了 3 种转角墙构造，如图 3-12 所示：

（1）剪力墙外侧水平分布筋连续通过转角，在转角的单侧进行搭接：

图 3-12 转角墙（一）剪力墙的外侧水平分布筋从暗柱纵筋的外侧通过暗柱，绕出暗柱

的另一侧以后同另一侧的水平分布筋搭接≥$1.2l_{aE}$，上下相邻两排水平筋交错搭接，错开距离≥500mm。

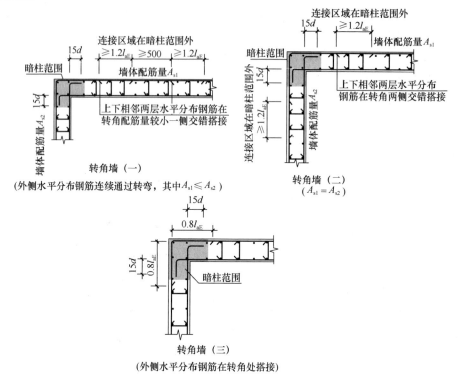

图 3-12　剪力墙水平钢筋在转角墙柱中的构造

对于剪力墙水平分布筋在转角墙柱的连接，有以下事项需要注意：

1）剪力墙转角墙柱两侧水平分布筋直径不同时，要转到直径较小一侧搭接，以保证直径较大一侧的水平抗剪能力不减弱。

2）当剪力墙转角墙柱的另外一侧不是墙身而是连梁的时候，墙身的外侧水平分布筋不能拐到连梁外侧进行搭接，而应该把连梁的外侧水平分布筋拐过转角墙柱，与墙身的水平分布筋进行搭接。之所以这样做，是因为：连梁的上方和下方都是门窗洞口，所以连梁这种构件比墙身薄弱，如果连梁的侧面纵筋发生截断和搭接的话，就会使本来薄弱的构件更加薄弱，这是不可取的。

剪力墙的内侧水平分布筋伸至转角墙对边纵筋内侧后弯钩 $15d$。

当剪力墙为三排、四排配筋时，中间各排水平分布筋构造同剪力墙内侧钢筋。

（2）剪力墙外侧水平分布筋连续通过转角，轮流在转角的两侧进行搭接：

特点是：剪力墙外侧水平分布筋分层在转角的两侧轮流搭接［图 3-12 转角墙（二）］。例如，图中某一层水平分布筋从某侧（水平墙）连续通过转角，伸至另一侧（垂直墙）进行搭接≥$1.2l_{aE}$；而下一层的水平分布筋则从垂直墙连续通过转角，伸至水平墙进行搭接≥$1.2l_{aE}$；再下一层的水平分布筋又从水平墙连续通过转角，伸至垂直墙进行搭接；再下一层的水平分布筋又从垂直墙连续通过转角，伸至水平墙进行搭接……

剪力墙内侧水平分布筋伸至转角墙对边纵筋内侧后弯钩 $15d$。

（3）剪力墙外侧水平分布筋在转角处搭接［图 3-12 转角墙（三）］：

特点是：剪力墙外侧水平分布筋不是连续通过转角，而就在转角处进行搭接，搭接长度 $0.8l_{aE}$。

剪力墙内侧水平分布筋伸至转角墙对边纵筋内侧后弯钩 $15d$。

以上介绍了 16G101-1 给出的 3 种转角墙构造，具体工程到底采用哪一种构造，要看该工程的设计师在施工图中给出的明确指示。

6. 剪力墙水平钢筋在端柱中的构造

16G101-1 第 72 页给出了 3 种"端柱转角墙"的构造。其中的要点是：剪力墙外侧水平分布筋从端柱纵筋的外侧伸入端柱，伸至端柱对边（即伸至端柱角部纵筋的内侧），然后弯 $15d$ 的直钩；同时保证水平分布筋的弯锚平直段长度 $\geqslant 0.6l_{abE}$（这是一个验算条件）。如图 3-13 所示。

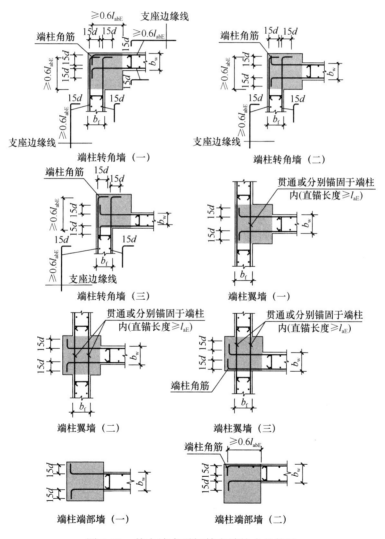

图 3-13 剪力墙水平钢筋在端柱中的构造

位于端柱纵向钢筋内侧的墙水平分布钢筋（端柱节点中黑色墙体水平分布钢筋）伸入端柱的长度 $\leqslant l_{aE}$ 时，可直锚。其他情况，剪力墙水平分布钢筋应伸至端柱对边紧贴角筋弯折。

7. 剪力墙水平钢筋在翼墙中的构造

16G101-1 第 72 页给出了 3 种剪力墙水平分布钢筋在翼墙中的构造，如图 3-14 所示。

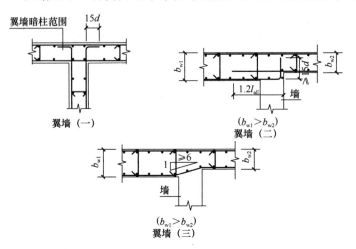

图 3-14　剪力墙水平分布钢筋在翼墙中的构造

三、剪力墙身竖向钢筋构造图识读

1. 剪力墙身竖向分布钢筋连接构造

16G101-1 图集第 73 页，剪力墙竖向分布钢筋通常采用搭接、机械连接、焊接连接三种连接方式，如图 3-15 所示。

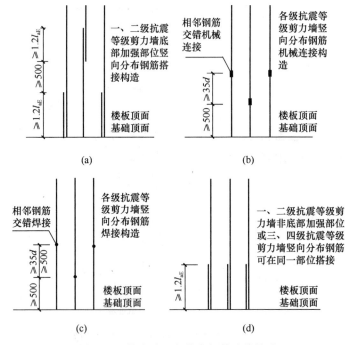

图 3-15　剪力墙竖向分布钢筋连接构造

(a) 绑扎连接（一）；(b) 机械连接；(c) 焊接连接；(d) 绑扎连接（二）

l_{aE}—受拉钢筋抗震锚固长度；d—受拉钢筋直径

（1）搭接构造

1）一、二级抗震剪力墙底部加强部位竖向分布钢筋搭接构造：

剪力墙身竖向分布筋的搭接长度$\geq 1.2 l_{aE}$，相邻竖向分布筋错开500mm进行搭接。

2）一、二级抗震剪力墙底部非加强部位，或三、四级抗震等级，或非抗震剪力墙竖向分布钢筋搭接构造：

剪力墙身竖向分布筋的搭接长度$\geq 1.2 l_{aE}$，可在同一部位进行搭接。

（2）机械连接构造

剪力墙身竖向分布筋可在楼板顶面或基础顶面≥ 500mm处进行机械连接，相邻竖向分布筋的连接点错开$35d$的距离。

剪力墙边缘构件纵向钢筋机械连接构造要求与剪力墙身竖向分布筋相同。

（3）焊接构造

剪力墙身竖向分布筋的焊接构造要求与机械连接类似，只是相邻竖向分布筋的连接点错开距离的要求，除了$35d$以外，还要求≥ 500mm。

2. 剪力墙竖向钢筋多排配筋

16G101-1图集第73页左部给出了剪力墙布置两排配筋、三排配筋和四排配筋时的构造图，参见图3-16。

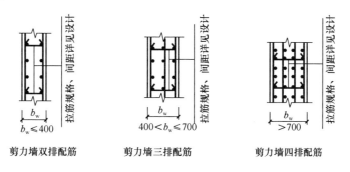

| 剪力墙双排配筋 | 剪力墙三排配筋 | 剪力墙四排配筋 |

图3-16 剪力墙竖向钢筋多排配筋

在暗柱内部（指暗柱阴影区）不布置剪力墙竖向分布钢筋。第一根竖向分布钢筋距暗柱主筋中心1/2竖向分布钢筋间距的位置绑扎。

3. 剪力墙竖向钢筋顶部构造

16G101-1图集第74页给出了剪力墙竖向钢筋顶部构造图，如图3-17所示。

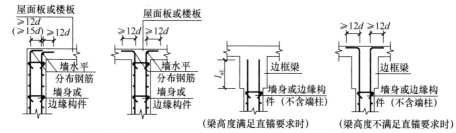

（梁高度满足直锚要求时） （梁高度不满足直锚要求时）

（括号内数值是考虑屋面板上部钢筋与剪力墙外侧竖向钢筋搭接传力时的做法）

图3-17 剪力墙竖向钢筋顶部构造

（括号内数值是考虑屋面板上部钢筋与剪力墙外侧竖向钢筋搭接传力时的做法）

l_{aE}—受拉钢筋抗震锚固长度；d—受拉钢筋直径

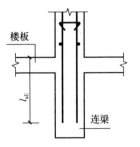

图 3-18 剪力墙竖向分布钢
筋锚入连梁构造

4. 剪力墙竖向分布钢筋锚入连梁构造

16G101-1 图集第 74 页给出了剪力墙竖向分布钢筋锚入连梁构造，如图 3-18 所示。

5. 剪力墙变截面处竖向分布钢筋构造

16G101-1 图集第 74 页给出了剪力墙变截面处竖向钢筋构造，如图 3-19 所示。

（1）边墙的竖向钢筋变截面构造

图 3-19（a）、图 3-19（d）为边墙的竖向钢筋变截面构造；边墙外侧的竖向钢筋垂直地通到上一楼层，这符合"能通则通"的原则。

边墙内侧的竖向钢筋伸到楼板顶部以下然后弯折≥12d，上一层的墙柱和墙身竖向钢筋插入当前楼层 1.2l_{aE}。

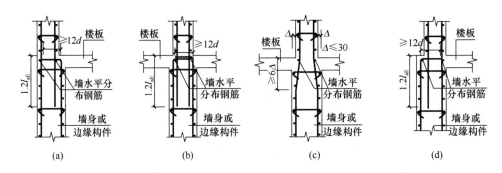

（a）　　　　　（b）　　　　　（c）　　　　　（d）

图 3-19　剪力墙变截面处竖向分布钢筋构造

l_{aE}—受拉钢筋抗震锚固长度；d—受拉钢筋直径；Δ—上下柱同向侧面错开的宽度

（2）中墙的竖向钢筋变截面构造

图 3-19（b）、图 3-19（c）是中墙的竖向钢筋变截面构造，这两幅图的钢筋构造做法分别为：图 3-19（b）的构造做法为当前楼层墙身的竖向钢筋伸到楼板顶部以下然后弯折到对边切断，上一层的墙身竖向钢筋插入当前楼层 1.2l_{aE}；图 3-19（c）的做法是当前楼层墙身的竖向钢筋不切断，而是以 1/6 钢筋斜率的方式弯曲伸到上一楼层。

（3）上下楼层竖向钢筋规格发生变化时的处理

上下楼层的竖向钢筋规格发生变化，此时的构造做法可以选用图 3-19（b）、图 3-19（c）的做法：当前楼层墙身的竖向钢筋伸到楼板顶部以下然后弯折≥12d，上一层的墙身竖向钢筋插入当前楼层 1.2l_{aE}。

四、约束边缘构件 YBZ 构造图识读

16G101-1 图集第 75 页给出了约束边缘构件 YBZ 构造，如图 3-20 所示。

其中，字母所代表的含义如下：

b_w——剪力墙垂直方向的厚度；

l_c——剪力墙约束边缘构件沿墙肢的长度；

h_c——柱截面长边尺寸（圆柱为直径）；

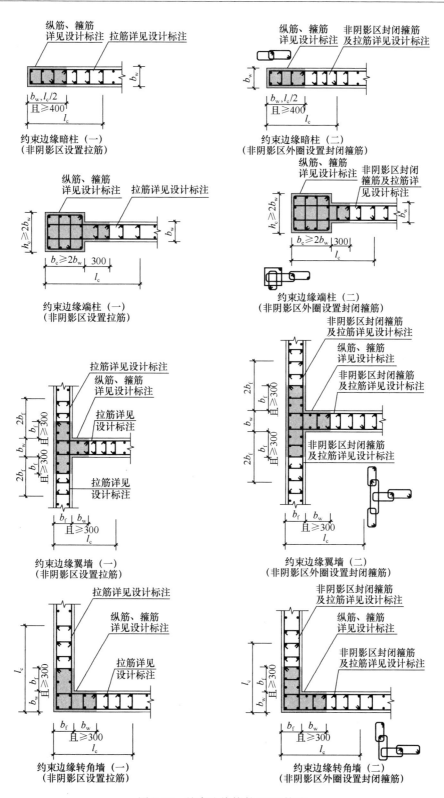

图 3-20　约束边缘构件 YBZ 构造

b_c——剪力墙约束边缘端柱垂直方向的长度;

b_f——剪力墙水平方向的厚度。

还需注意以下两点内容:

(1) 图上所示的拉筋、箍筋由设计人员标注。

(2) 几何尺寸 l_c 见具体工程设计,非阴影区箍筋、拉筋竖向间距同阴影区。

(3) 当约束边缘构件内箍筋、拉筋位置标高与墙体水平分布筋相同时可采用图(一)或图(二),不同时应采用图(二)。

五、剪力墙水平钢筋计入约束边缘构件体积配筋率的构造图识读

16G101-1 图集第 76 页给出了剪力墙水平钢筋计入约束边缘构件体积配筋率的构造做法,如图 3-21 所示。

其中,字母所代表的含义如下:

b_w——剪力墙垂直方向的厚度;

l_c——剪力墙约束边缘构件沿墙肢的长度;

l_{lE}——受拉钢筋抗震绑扎搭接长度;

b_f——剪力墙水平方向的厚度。

此外,还需注意以下内容:

(1) 计入的墙水平分布钢筋的体积配箍率不应大于总体积配箍率的 30%。

(2) 约束边缘端柱水平分布钢筋的构造做法参照约束边缘暗柱。

(3) 详图(一)中墙体水平分布筋宜在 l_c 范围外错开搭接,连接做法详见 16G101-1 图集第 71 页。

(4) 构造做法应由设计者指定后使用。

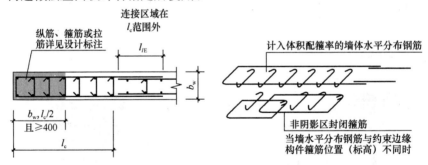

约束边缘暗柱(一)

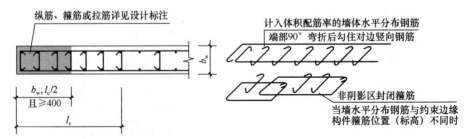

约束边缘暗柱(二)

图 3-21 剪力墙水平钢筋计入约束边缘构件体积配筋率的构造(一)

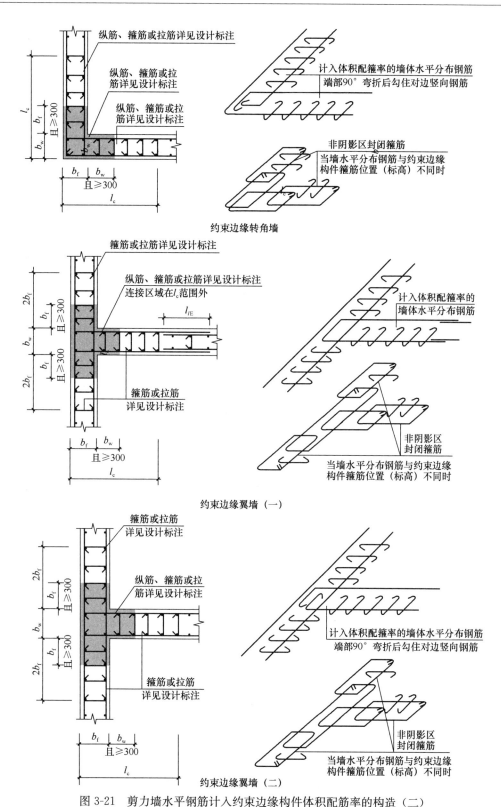

图 3-21 剪力墙水平钢筋计入约束边缘构件体积配筋率的构造（二）

六、构造边缘构件 GBZ、扶壁柱 FBZ、非边缘暗柱 AZ 构造图识读

16G101-1 图集第 77 页给出了构造边缘构件 GBZ、扶壁柱 FBZ、非边缘暗柱 AZ 构造，如图 3-22 所示。

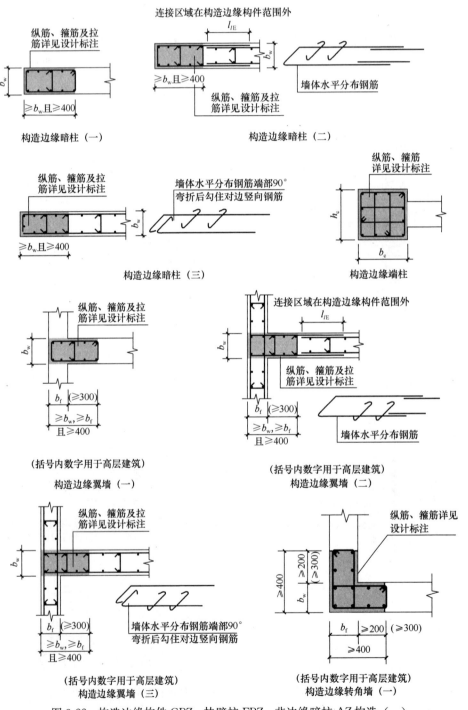

图 3-22　构造边缘构件 GBZ、扶壁柱 FBZ、非边缘暗柱 AZ 构造（一）

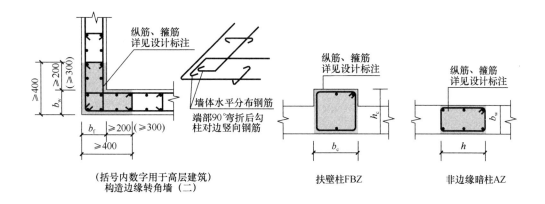

图 3-22　构造边缘构件 GBZ、扶壁柱 FBZ、非边缘暗柱 AZ 构造（二）

其中，字母所代表的含义如下：

b_w——剪力墙垂直方向的厚度；

b_c——柱截面短边尺寸；

h_c——柱截面长边尺寸（圆柱为直径）；

b_f——剪力墙水平方向的厚度；

h——暗柱截面长边尺寸；

l_{lE}——受拉钢筋抗震绑扎搭接长度。

此外，应注意以下两点内容：

（1）构造边缘构件（二）、（三）用于非底部加强部位，当构造边缘构件内箍筋、拉筋位置（标高）与墙体水平分布筋相同时采用，此构造做法应由设计者指定后使用。

（2）构造边缘暗柱（二）、构造边缘翼墙（二）中墙体水平分布筋宜在构造边缘构件范围外错开搭接。

七、剪力墙边缘构件纵向钢筋连接构造图识读

16G101-1 图集第 73 页给出了剪力墙边缘构件纵向钢筋连接构造，适用于约束边缘构件阴影部分和构造边缘构件的纵向钢筋，如图 3-23 所示。

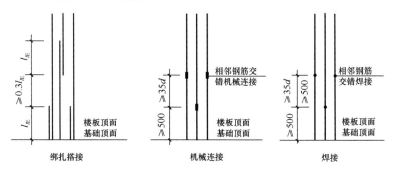

图 3-23　剪力墙边缘构件纵向钢筋连接构造

l_{lE}—抗震设计时受拉钢筋绑扎搭接长度；

d—受拉钢筋直径

八、剪力墙上起边缘构件纵筋构造图识读

16G101-1 图集第 74 页给出了剪力墙上起边缘构件纵筋构造，如图 3-24 所示。

九、剪力墙 LL、AL、BKL 配筋构造图识读

1. 剪力墙连梁配筋构造

剪力墙连梁的钢筋种类包括：纵向钢筋、箍筋、拉筋、墙身水平钢筋。

剪力墙连梁配筋构造如图 3-25 所示。

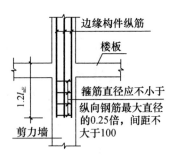

图 3-24 剪力墙上起边缘
构件纵筋构造
l_{aE}—抗震设计时受拉钢筋锚固长度

（1）连梁的纵筋。相对于整个剪力墙（含墙柱、墙身、墙梁）而言，基础是其支座；但是相对于连梁而言，其支座就是墙柱和墙身。所以，连梁的钢筋设置（包括连梁的纵筋和箍筋的设置），具备"有支座"构件的某些特点，与"梁构件"有些类似。

连梁以暗柱或端柱为支座，连梁主筋锚固起点应当从暗柱或端柱的边缘算起。

（2）剪力墙水平分布筋与连梁的关系。连梁是一种特殊的墙身，它是上下楼层窗洞口之间的那部分水平的窗间墙。所以，剪力墙身水平分布筋从暗梁的外侧通过连梁，如图 3-26 所示。

（3）连梁的拉筋。拉筋的直径和间距为：当梁宽≤350mm 时为 6mm，梁宽＞350mm 时为 8mm，拉筋间距为 2 倍箍筋间距，竖向沿侧面水平筋"隔一拉一。"

2. 剪力墙暗梁配筋构造

剪力墙暗梁的钢筋种类包括：纵向钢筋、箍筋、拉筋、暗梁侧面的水平分布筋。

16G101-1 图集关于剪力墙暗梁（AL）钢筋构造只有在图集第 78 页的一个断面图，所以，我们也可以认为暗梁的纵筋是沿墙肢方向贯通布置，而暗梁的箍筋也是沿墙肢方向全长布置，而且是均匀布置，不存在箍筋加密区和非加密区。

剪力墙暗梁配筋构造如图 3-27 所示。

（1）暗梁是剪力墙的一部分，对剪力墙有阻止开裂的作用，是剪力墙的一道水平线性加强带。暗梁一般设置在剪力墙靠近楼板底部的位置，就像砖混结构的圈梁那样。

（2）墙身水平分布筋按其间距在暗梁箍筋的外侧布置。从图 3-27 可以看出，在暗梁上部纵筋和下部纵筋的位置上不需要布置水平分布筋。但是，整个墙身的水平分布筋按其间距布置到暗梁下部纵筋时，可能不正好是一个水平分布筋间距，此时的墙身水平分布筋是否还按其间距继续向上布置，可依从施工人员安排。

（3）剪力墙的暗梁不是剪力墙身的支座，暗梁本身是剪力墙的加强带。所以，当每个楼层的剪力墙顶部设置有暗梁时，剪力墙竖向钢筋不能锚入暗梁；若当前层是中间楼层，则剪力墙竖向钢筋穿越暗梁径直伸入上一层；若当前层是顶层，则剪力墙竖向钢筋应该穿越暗梁锚入现浇板内。

（4）暗梁的拉筋。拉筋的直径和间距同剪力墙连梁。

（5）暗梁的纵筋。暗梁纵筋是布置在剪力墙身上的水平钢筋，因此，可以参考 16G101-1 图集第 71～72 页剪力墙身水平钢筋构造。

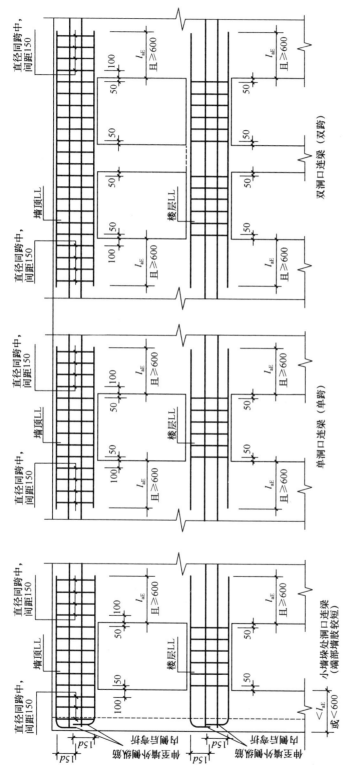

图 3-25　剪力墙连梁配筋构造

注：1. 当端部洞口连梁的纵向钢筋在端支座的直锚长度≥l_{aE}且≥600 时，可不必往上（下）弯折。
　　2. 洞口范围内的连梁箍筋详见具体工程设计。
　　3. 连梁设有交叉斜筋、对角暗撑及集中对角斜筋的做法，具体见本节第十一条。

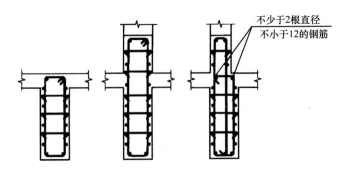

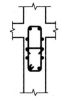

图 3-26　剪力墙连梁配筋构造　　　　　　　图 3-27　剪力墙暗梁配筋构造

3. 剪力墙边框梁配筋构造

剪力墙边框梁的钢筋种类包括：纵向钢筋、箍筋、拉筋、边框梁侧面的水平分布筋。

16G101-1 图集关于剪力墙边框梁（BKL）钢筋构造只有在图集第 78 页的一个断面图，所以，我们可以认为边框梁的纵筋是沿墙肢方向贯通布置，而边框梁的箍筋也是沿墙肢方向全长布置，而且是均匀布置，不存在箍筋加密区和非加密区。

剪力墙边框梁配筋构造如图 3-28 所示。

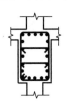

（1）墙身水平分布筋按其间距在边框梁箍筋的内侧通过。因此，边框梁侧面纵筋的拉筋是同时钩住边框梁的箍筋和水平分布筋。

（2）墙身垂直分布筋穿越边框梁。剪力墙的边框梁不是剪力墙的支座，边框梁本身也是剪力墙的加强带。所以，当剪力墙顶部设置有边框梁时，剪力墙竖向钢筋不能锚入边框梁：若当前层是中间楼层，则剪力墙竖向钢筋穿越边框梁径直伸入上一层；若当前层是顶层，则剪力墙竖向钢筋应该穿越边框梁锚入现浇板内。

图 3-28　剪力墙边框梁配筋构造

（3）边框梁的拉筋。拉筋的直径和间距同剪力墙连梁。

（4）边框梁的纵筋。

1）边框梁一般都与端柱发生联系，而端柱的竖向钢筋与箍筋构造与框架柱相同，所以，边框梁纵筋与端柱纵筋之间的关系也可以参考框架梁纵筋与框架柱纵筋的关系。即边框梁纵筋在端柱纵筋之内伸入端柱。

2）边框梁纵筋伸入端柱的长度不同于框架梁纵筋在框架柱的锚固构造，因为端柱不是边框梁的支座，它们都是剪力墙的组成部分。因此，边框梁纵筋在端柱的锚固构造可以参考 16G101-1 图集第 71～72 页剪力墙身水平钢筋构造。

十、剪力墙 BKL 或 AL 与 LL 重叠时配筋构造图识读

16G101-1 图集第 79 页给出了剪力墙边框梁或暗梁与连梁重叠时配筋构造，如图 3-29 所示。

从"1-1"断面图可以看出，重叠部分的梁上部纵筋：

第一排上部纵筋为 BKL 或 AL 的上部纵筋。

第二排上部纵筋为"LL 上部附加纵筋，当连梁上部纵筋计算面积大于边框梁或暗梁时需设置"。

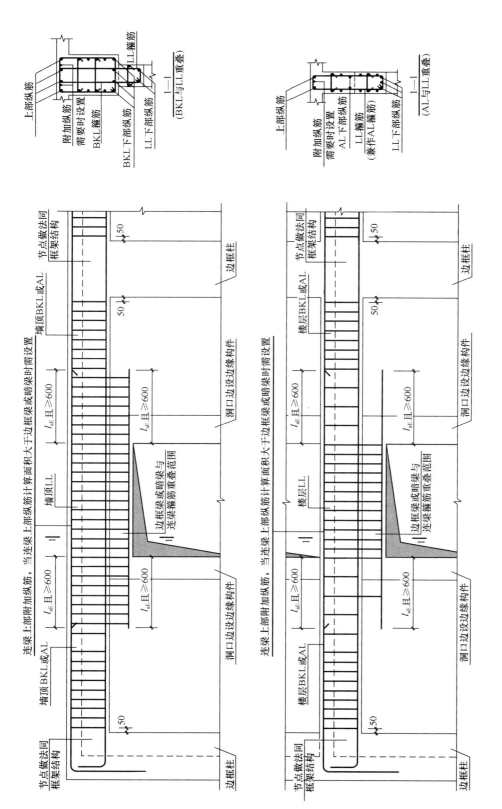

图 3-29　剪力墙边框梁或暗梁与连梁重叠时配筋构造

89

LL 上部附加纵筋、LL 下部纵筋的直锚长度为"l_{aE}且≥600"。

以上是 BKL 或 AL 的纵筋与 LL 纵筋的构造。至于它们的箍筋：

由于 LL 的截面宽度与 AL 相同（LL 的截面高度大于 AL），所以重叠部分的 LL 箍筋兼做 AL 箍筋。但是 BKL 就不同，BKL 的截面宽度大于 LL，所以 BKL 与 LL 的箍筋是各布各的，互不相干。

十一、连梁交叉斜筋配筋 LL（JX）、连梁集中对角斜筋配筋 LL（DX）、连梁对角暗撑配筋 LL（JC）构造图识读

1. 连梁交叉斜筋配筋构造

16G101-1 图集规定：

（1）当洞口连梁截面宽度不小于 250mm 时，可采用交叉斜筋配筋；当连梁截面宽度不小于 400mm 时，可采用集中对角斜筋配筋或对角暗撑配筋。

（2）交叉斜筋配筋连梁的对角斜筋在梁端部位应设置拉筋，具体数值见设计标注。

16G101-1 图集第 81 页给出了连梁交叉斜筋配筋构造。如图 3-30 所示。

由图 3-30 得知，连梁交叉斜筋配筋构造是由"折线筋"和"对角斜筋"组成。锚固长度均为"≥l_{aE}且≥600"。

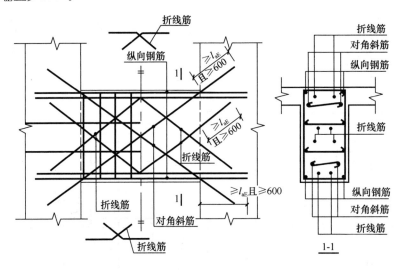

图 3-30　连梁交叉斜筋配筋构造

2. 连梁集中对角斜筋配筋构造

16G101-1 图集规定：集中对角斜筋配筋连梁应在梁截面内沿水平方向及竖直方向设置双向拉筋，拉筋应勾住外侧纵向钢筋，间距不应大于 200mm，直径不应小于 8mm。

16G101-1 图集第 81 页给出了连梁集中对角斜筋配筋构造。如图 3-31 所示。

由图 3-31 可以看出，仅有"对角斜筋"。锚固长度为"≥l_{aE}且≥600"。连梁集中对角斜筋的纵筋长度可参照对角斜筋的算法进行计算。

3. 连梁对角暗撑配筋构造

16G101-1 图集规定：对角暗撑配筋连梁中暗撑箍筋的外缘沿梁截面宽度方向不宜小于梁宽的一半，另一方向不宜小于梁宽的 1/5；对角暗撑约束箍筋肢距不应大于 350mm。

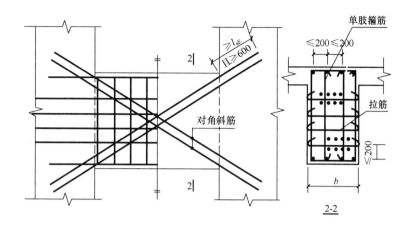

图 3-31　连梁集中对角斜筋配筋构造

16G101-1 图集第 81 页给出了连梁对角暗撑配筋构造。如图 3-32 所示。

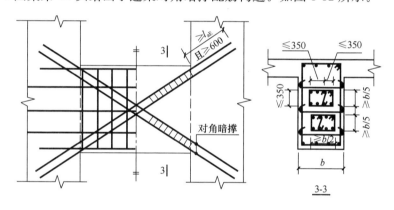

图 3-32　连梁对角暗撑配筋构造

（用于筒中筒结构时，l_{aE} 均取为 $1.15l_a$）

每根暗撑由纵筋、箍筋和拉筋组成。

纵筋锚固长度为"$\geqslant l_{aE}$ 且 $\geqslant 600$"。对角暗撑的纵筋长度可参照对角斜筋的算法进行计算。

对角暗撑配筋连梁的水平钢筋及箍筋形成的钢筋网之间应采用拉筋拉结，拉筋直径不宜小于 6mm，间距不宜大于 400mm。

十二、剪力墙洞口补强构造图识读

16G101-1 图集第 83 页给出了剪力墙洞口补强构造。

这里所说的"洞口"是剪力墙身上面开的小洞，它不应该是众多的门窗洞口，后者在剪力墙结构中以连梁和暗柱所构成。

剪力墙洞口钢筋种类包括：补强钢筋或补强暗梁纵向钢筋、箍筋、拉筋。同时，还有引起剪力墙纵横钢筋的截断或连梁箍筋的截断。

剪力墙洞口补强构造见图 3-33。

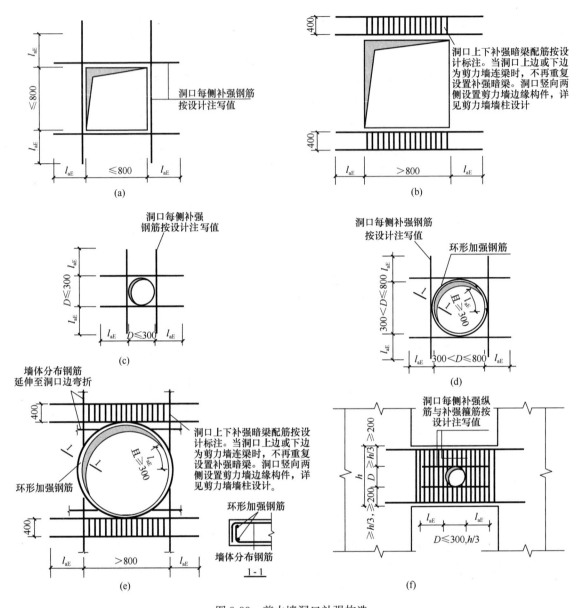

图 3-33　剪力墙洞口补强构造

（a）矩形洞宽和洞高均不大于 800 时洞口补强纵筋构造；（b）矩形洞宽和洞高均大于 800 时洞口补强暗梁构造；
（c）剪力墙圆形洞口直径不大于 300 时补强纵筋构造；（d）剪力墙圆形洞口直径大于 300 但不大于 800 时补强
纵筋构造；（e）剪力墙圆形洞口直径大于 800 时补强纵筋构造；（f）连梁中部圆形洞口补强钢筋构造（圆形
洞口预埋钢套管）

l_{aE}—受拉钢筋抗震锚固长度；D—圆形洞口直径；h—梁宽

十三、连梁 LLk 纵向钢筋、箍筋加密区构造

16G101-1 图集第 80 页给出了剪力墙连梁 LLk 纵向钢筋、箍筋加密区构造，如图 3-34、
图 3-35 所示。

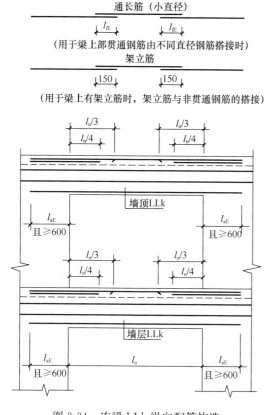

图 3-34　连梁 LLk 纵向配筋构造

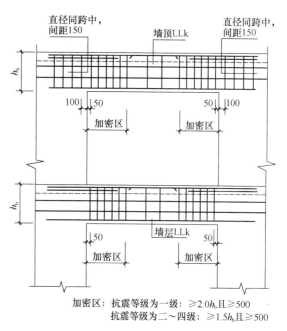

图 3-35　连梁 LLk 箍筋加密区范围

16G101-1 图集规定：

（1）梁上部通长钢筋与非贯通钢筋直径相同时，连接位置宜位于跨中 $l_n/3$ 范围内；梁下部钢筋连接位置宜位于支座 $l_n/3$ 范围内；且在同一连接区段内钢筋接头面积百分率不宜大于 50％。

（2）钢筋连接要求见 16G101-1 图集第 59 页。

（3）当梁纵筋（不包括架立筋）采用绑扎搭接接长时，搭接区内箍筋直径及间距要求见 16G101-1 图集第 59 页。

（4）梁侧面构造钢筋做法同连梁。

第三节　剪力墙构件识图实例精解

【实例一】地下室外墙水平钢筋图识读

地下室外墙水平钢筋构造如图 3-36 所示。

从图 3-36 中可以看出：

（1）地下室外墙水平钢筋分为：外侧水平贯通筋、外侧水平非贯通筋、内侧水平贯通筋。

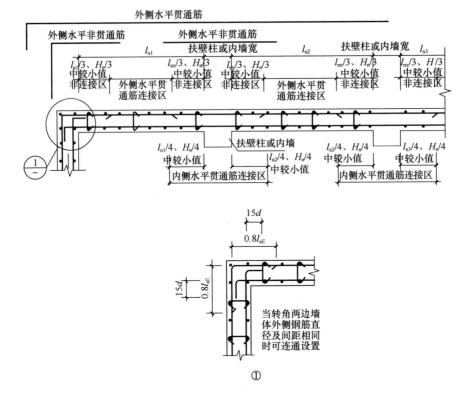

图 3-36 地下室外墙水平钢筋构造

（2）角部节点构造（"①"节点）：地下室外墙外侧水平筋在角部搭接，搭接长度"$0.8l_{aE}$"——"当转角两边墙体外侧钢筋直径及间距相同时可连通设置"；地下室外墙内侧水平筋伸至对边后弯 $15d$ 的直钩。

（3）外侧水平贯通筋非连接区：端部节点"$l_{n1}/3$，$H_n/3$ 中较小值"，中间节点"$l_{nx}/3$，$H_n/3$ 中较小值"；外侧水平贯通筋连接区为相邻"非连接区"之间的部分。（"l_{nx} 为相邻水平跨的较大净跨值，H_n 为本层层高"）

关于水平贯通筋的注意事项：

1）是否设置水平非贯通筋由设计人员根据计算确定，非贯通筋的直径、间距及长度由设计人员在设计图纸中标注。

2）上述"$l_{n1}/3$，$H_n/3$"、"$l_{nx}/3$，$H_n/3$"的起算点为扶壁柱或内墙的中线。扶壁柱、内墙是否作为地下室外墙的平面外支承应由设计人员根据工程具体情况确定，并在设计文件中明确。当扶壁柱、内墙不作为地下室外墙的平面外支承时，水平贯通筋的连接区域不受限制。

【实例二】地下室外墙竖向钢筋图识读

地下室外墙竖向钢筋构造如图 3-37 所示。

从图 3-37 中可以看出：

（1）地下室外墙竖向钢筋分为：外侧竖向贯通筋、外侧竖向非贯通筋、内侧竖向贯通筋，还有"墙顶通长加强筋"（按具体设计）。

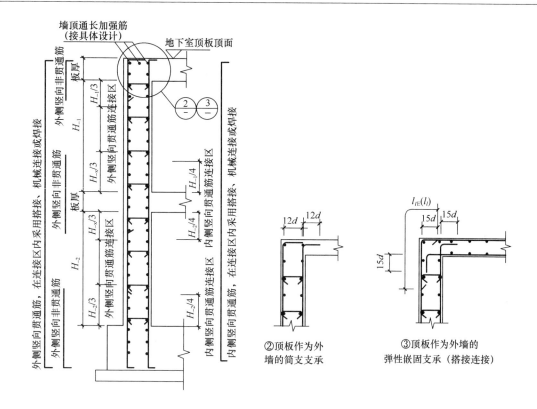

图 3-37　地下室外墙竖向钢筋构造

按照 16G101-1 第 82 页的"地下室外墙竖向钢筋构造",外墙外侧竖向贯通筋设置在外侧,水平贯通筋设置在竖向贯通筋之内。当具体工程的钢筋排布与图集不同时(如将水平筋设置在外层),应按设计要求进行施工。

（2）角部节点构造：

"②"节点（顶板作为外墙的简支支承）：地下室外墙外侧和内侧竖向钢筋伸至顶板上部弯 $12d$ 的直钩。

"③"节点（顶板作为外墙的弹性嵌固支承）：地下室外墙外侧竖向钢筋与顶板上部纵筋搭接"l_{lE}（l_l）";顶板下部纵筋伸至墙外侧后弯 $15d$ 的直钩;地下室外墙内侧竖向钢筋伸至顶板上部弯 $15d$ 的直钩。

外墙和顶板的连接节点做法②、③的选用由设计人员在图纸中注明。

（3）外侧竖向贯通筋非连接区：底部节点"$H_{-2}/3$",中间节点为两个"$H_{-x}/3$",顶部节点"$H_{-1}/3$";外侧竖向贯通筋连接区为相邻"非连接区"之间的部分。（"H_{-x} 为 H_{-1} 和 H_{-2} 的较大值"）

内侧竖向贯通筋连接区：底部节点"$H_{-2}/4$",中间节点：楼板之下部分"$H_{-2}/4$",楼板之上部分"$H_{-1}/4$"。

地下室外墙与基础的连接见 16G101-3 图集。

【实例三】某剪力墙平法施工图识读

某剪力墙平法施工图如图 3-38 所示。

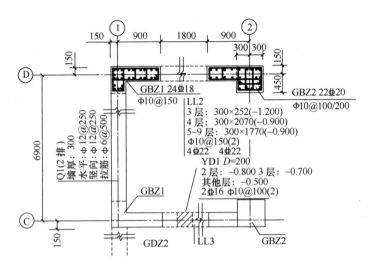

图 3-38　剪力墙平法施工图

从图 3-38 中可以看出：

（1）构造边缘端柱 2。纵筋全部为 22 根直径为 20mm 的 HRB400 级钢筋；箍筋为 HPB300 级钢筋，直径 10mm，加密区间距 100mm、非加密区间距 200mm 布置；X 向截面定位尺寸，自轴线向左 900mm；凸出墙部位，X 向截面定位尺寸，自轴线向两侧各 300mm；凸出墙部位，Y 向截面定位尺寸，自轴线向上 150mm，向下 450mm。

（2）剪力墙身 1 号（设置 2 排钢筋）。墙身厚度 300mm；水平分布筋用 HPB300 级钢筋，直径 12mm，间距 250mm；竖向分布筋用 HPB300 级钢筋，直径 12mm，间距 250mm；墙身拉筋是 HPB300 级钢筋，直径 6mm，间距 250mm（图纸说明中会注明布置方式）。

（3）连梁 2。3 层连梁截面宽为 300mm，高为 2520mm，梁顶低于 3 层结构层标高 1.200m；4 层连梁截面宽为 300mm，高为 2070mm，梁顶低于 4 层结构层标高 0.900m；5 ～9 层连梁截面宽为 300mm，高为 1770mm，梁顶低于对应结构层标高 0.900m；箍筋是 HPB300 级钢筋，直径 10mm，间距 150mm（2 肢箍）；梁上部纵筋使用 4 根 HRB400 级钢筋，直径 22mm；下部纵筋用 4 根 HRB400 级钢筋，直径 22mm。

【实例四】某洞口平法施工图识读

某洞口平法施工图如图 3-39 所示。

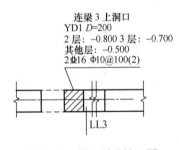

图 3-39　洞口平法施工图

从图 3-39 中可以看出：

（1）圆形洞口 1 号。

（2）洞口直径是 200mm。

（3）在 2 层，此洞口中心比 2 层楼面结构标高低 0.800m。

（4）在 3 层，此洞口中心比 3 层楼面结构标高低 0.700m。

（5）在其他层，此洞口中心比对应层楼面结构标高低 0.500m。

（6）洞口上下两边设置补强钢筋，补强纵筋为 HRB400 级钢筋，直径 16mm。

（7）补强箍筋为 HPB300 级钢筋，直径 10mm，间距 100mm，全部为两肢箍。

思考题：

1. 平法施工图中，剪力墙可分为哪些构件？

2. 剪力墙如何进行定位？

3. 剪力墙柱表、墙身表、墙梁表分别包含哪些内容？

4. 简述剪力墙洞口的表示方法。

5. 墙身竖向分布钢筋在基础中构造如何识读？

6. 端部无暗柱时剪力墙水平钢筋端部做法有哪些？

7. 剪力墙水平钢筋在端柱中的构造如何识读？

8. 剪力墙竖向钢筋顶部构造如何识读？

9. 约束边缘构件 YBZ 构造如何识读？

10. 构造边缘构件 GBZ、扶壁柱 FBZ、非边缘暗柱 AZ 构造如何识读？

11. 连梁交叉斜筋配筋、连梁集中对角斜筋配筋、连梁对角暗撑配筋构造如何识读？

12. 剪力墙洞口补强构造如何识读？

第四章 梁构件平法识图

重点提示:

1. 了解梁平法施工图的表示方法、平面注写方式、截面注写方式、梁支座上部纵筋的长度规定等

2. 熟悉梁标准构造详图的内容,包括楼层框架梁 KL 纵向钢筋构造、屋面框架梁 WKL 纵向钢筋构造、框架梁水平、竖向加腋构造等

3. 通过实例学习,能够识读梁构件平法施工图

第一节 梁平法施工图制图规则

一、梁平法施工图的表示方法

(1) 梁平法施工图是指在梁平面布置图上采用平面注写方式或截面注写方式表达的施工图。

(2) 梁平面布置图,应分别按梁的不同结构层(标准层),将全部梁及其相关联的柱、墙、板一起采用适当比例绘制。

(3) 在梁平法施工图中,应当用表格或其他方式注明各结构层的顶面标高及相应的结构层号。

(4) 对于轴线未居中的梁,应标注其偏心定位尺寸(贴柱边的梁可不注)。

二、平面注写方式

示例如图 4-1 所示。

(1) 平面注写方式是在梁平面布置图上,分别在不同编号的梁中各选一根梁,在其上注写截面尺寸和配筋具体数值的方式来表达梁平法施工图。

平面注写包括集中标注与原位标注,集中标注表达梁的通用数值,原位标注表达梁的特殊数值。当集中标注中的某项数值不适用于梁的某部位时,则将该项数值原位标注,施工时,原位标注取值优先,如图 4-1 所示。

(2) 梁编号由梁类型代号、序号、跨数及有无悬挑代号几项组成,并应符合表 4-1 的规定。

表 4-1 梁编号

梁类型	代号	序号	跨数及是否带有悬挑
楼层框架梁	KL	××	(××)、(××A) 或 (××B)
楼层框架扁梁	KBL	××	(××)、(××A) 或 (××B)
屋面框架梁	WKL	××	(××)、(××A) 或 (××B)
框支梁	KZL	××	(××)、(××A) 或 (××B)
托柱转换梁	TZL	××	(××)、(××A) 或 (××B)
非框架梁	L	××	(××)、(××A) 或 (××B)
悬挑梁	XL	××	(××)、(××A) 或 (××B)
井字梁	JZL	××	(××)、(××A) 或 (××B)

注:1. (××A) 为一端有悬挑,(××B) 为两端有悬挑,悬挑不计入跨数。
　　2. 楼层框架扁梁节点核心区代号 KBH。
　　3. 表中非框架梁 L、井字梁 JZL 表示端支座为铰接;当非框架梁 L、井字梁 JZL 端支座上部纵筋为充分利用钢筋的抗拉强度时,在梁代号后加 "g"。

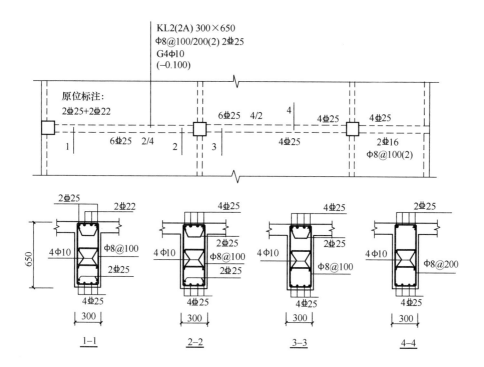

图 4-1 平面注写方式示例

注：图中四个梁截面是采用传统表示方法绘制的，用于对比按平面注写方式表达的同样内容。实际
采用平面注写方式表达时，不需绘制梁截面配筋图和图中的相应截面号。

【例 4-1】 KL7（5A）表示第 7 号框架梁，5 跨，一端有悬挑；

L9（7B）表示第 9 号非框架梁，7 跨，两端有悬挑。

（3）梁集中标注的内容，有五项必注值及一项选注值（集中标注可以从梁的任意一跨引出），规定如下：

1）梁编号，见表 4-1，该项为必注值。

2）梁截面尺寸，该项为必注值。

当为等截面梁时，用 $b \times h$ 表示；

当为竖向加腋梁时，用 $b \times h$　Y$c_1 \times c_2$ 表示，其中 c_1 为腋长，c_2 为腋高，如图 4-2 所示；

当为水平加腋梁时，一侧加腋时用 $b \times h$　PY$c_1 \times c_2$ 表示，其中 c_1 为腋长，c_2 为腋宽，加腋部位应在平面图中绘制，如图 4-3 所示；

当有悬挑梁并且根部和端部的高度不同时，用斜线分隔根部与端部的高度值，即为 $b \times h_1/h_2$，如图 4-4 所示。

3）梁箍筋，包括钢筋级别、直径、加密区与非加密区间距及肢数，该项为必注值。箍

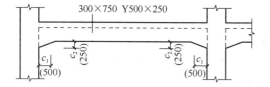

图 4-2 竖向加腋截面注写示意

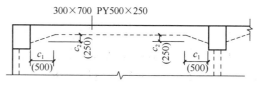

图 4-3 水平加腋截面注写示意

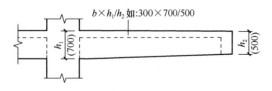

图 4-4　悬挑梁不等高截面注写示意

筋加密区与非加密区的不同间距及肢数需用斜线"/"分隔；当梁箍筋为同一种间距及肢数时，则不需用斜线；当加密区与非加密区的箍筋肢数相同时，则将肢数注写一次；箍筋肢数应写在括号内。加密区范围见相应抗震等级的标准构造详图。

【例 4-2】 Φ10@100/200（4），表示箍筋为 HPB300 钢筋，直径Φ10，加密区间距为100，非加密区间距为200，均为四肢箍。

Φ8@100（4）/150（2），表示箍筋为 HPB300 钢筋，直径Φ8，加密区间距为100，四肢箍；非加密区间距为150，两肢箍。

非框架梁、悬挑梁、井字梁采用不同的箍筋间距及肢数时，也用斜线"/"将其分隔开来。注写时，先注写梁支座端部的箍筋（包括箍筋的箍数、钢筋级别、直径、间距及肢数），在斜线后注写梁跨中部的箍筋间距及肢数。

【例 4-3】 13Φ10@150/200（4），表示箍筋为 HPB300 钢筋，直径Φ10；梁的两端各有 13 个四肢箍，间距为150；梁跨中部间距为200，四肢箍。

18Φ12@150（4）/200（2），表示箍筋为 HPB300 钢筋，直径Φ12；梁的两端各有 18 个四肢箍，间距为150；梁跨中部间距为200，双肢箍。

4）梁上部通长筋或架立筋配置（通长筋可为相同或不同直径采用搭接连接、机械连接或焊接的钢筋），该项为必注值。所注规格与根数应根据结构受力要求及箍筋肢数等构造要求而定。当同排纵筋中既有通长筋又有架立筋时，应用加号"＋"将通长筋和架立筋相连。注写时需将角部纵筋写在加号的前面，架立筋写在加号后面的括号内，以表示不同直径及与通长筋的区别。当全部采用架立筋时，则将其写入括号内。

【例 4-4】 2Φ22 用于双肢箍；2Φ22＋（4Φ12）用于六肢箍，其中 2Φ22 为通长筋，4Φ12 为架立筋。

当梁的上部纵筋和下部纵筋为全跨相同，而且多数跨配筋相同时，此项可加注下部纵筋的配筋值，用分号";"将上部与下部纵筋的配筋值分隔开来，少数跨不同者，按上述第（1）条的规定处理。

【例 4-5】 3Φ22；3Φ20 表示梁的上部配置 3Φ22 的通长筋，梁的下部配置 3Φ20 的通长筋。

5）梁侧面纵向构造钢筋或受扭钢筋配置，该项为必注值。

当梁腹板高度 $h_w \geqslant 450mm$ 时，需配置纵向构造钢筋，所注规格与根数应符合规范规定。此项注写值以大写字母 G 打头，接续注写设置在梁两个侧面的总配筋值上，并且对称配置。

【例 4-6】 G4Φ12，表示梁的两个侧面共配置 4Φ12 的纵向构造钢筋，每侧各配置 2Φ12。

当梁侧面需配置受扭纵向钢筋时，此项注写值以大写字母 N 打头，接续注写配置在梁两个侧面的总配筋值，并且对称配置。受扭纵向钢筋应满足梁侧面纵向构造钢筋的间距要求，而且不再重复配置纵向构造钢筋。

【例 4-7】 N6Φ22，表示梁的两个侧面共配置 6Φ22 的受扭纵向钢筋，每侧各配置 3

Φ 22。

注：1. 当为梁侧面构造钢筋时，其搭接与锚固长度可取为 $15d$。

2. 当为梁侧面受扭纵向钢筋时，其搭接长度为 l_1 或 l_{IE}（抗震），锚固长度为 l_a 或 l_{aE}；其锚固方式同框架梁下部纵筋。

6）梁顶面标高高差，该项为选注值。

梁顶面标高高差是指相对于结构层楼面标高的高差值，对于位于结构夹层的梁，则指相对于结构夹层楼面标高的高差。有高差时，需将其写入括号内，无高差时不注。

注：当某梁的顶面高于所在结构层的楼面标高时，其标高高差为正值，反之为负值。

【例 4-8】　某结构标准层的楼面标高为 44.950m 和 48.250m，当某梁的梁顶面标高高差注写为（−0.050）时，即表明该梁顶面标高分别相对于 44.950m 和 48.250m 低 0.05m。

（4）梁原位标注的内容规定如下：

1）梁支座上部纵筋，该部位含通长筋在内的所有纵筋：

① 当上部纵筋多于一排时，用斜线"/"将各排纵筋自上而下分开。

【例 4-9】　梁支座上部纵筋注写为 6Φ25 4/2，则表示上一排纵筋为 4Φ25，下一排纵筋为 2Φ25。

② 当同排纵筋有两种直径时，用加号"+"将两种直径的纵筋相连，注写时将角部纵筋写在前面。

【例 4-10】　梁支座上部有四根纵筋，2Φ25 放在角部，2Φ22 放在中部，在梁支座上部应注写为 2Φ25+2Φ22。

③ 当梁中间支座两边的上部纵筋不同时，须在支座两边分别标注；当梁中间支座两边的上部纵筋相同时，可仅在支座的一边标注配筋值，另一边省去不注（图 4-5）。

设计时应注意：

a. 对于支座两边不同配筋值的上部纵筋，宜尽可能选用相同直径（不同根数），使其贯穿支座，避免支座两边不同直径的上部纵筋均在支座内锚固。

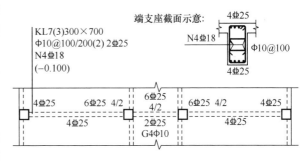

图 4-5　大小跨梁的注写示意

b. 对于以边柱、角柱为端支座的屋面框架梁，当能够满足配筋截面面积要求时，其梁的上部钢筋应尽可能只配置一层，以避免梁柱纵筋在柱顶处因层数过多、密度过大导致不方便施工和影响混凝土浇筑质量。

2）梁下部纵筋：

① 当下部纵筋多于一排时，用斜线"/"将各排纵筋自上而下分开。

【例 4-11】　梁下部纵筋注写为 6Φ25 2/4，则表示上一排纵筋为 2Φ25，下一排纵筋为 4Φ25，全部伸入支座。

② 当同排纵筋有两种直径时，用加号"+"将两种直径的纵筋相连，注写时角筋写在前面。

③ 当梁下部纵筋不全部伸入支座时，将梁支座下部纵筋减少的数量写在括号内。

【例4-12】 梁下部纵筋注写为6Φ25 2（－2）/4，则表示上排纵筋为2Φ25，且不伸入支座；下一排纵筋为4Φ25，全部伸入支座。

梁下部纵筋注写为2Φ25＋3Φ22（－3）/5Φ25，表示上排纵筋为2Φ25和3Φ22，其中3Φ22不伸入支座；下一排纵筋为5Φ25，全部伸入支座。

④ 当梁的集中标注中已按上述第（3）条第4）款的规定分别注写了梁上部和下部均为通长的纵筋值时，则不需在梁下部重复做原位标注。

⑤ 当梁设置竖向加腋时，加腋部位下部斜纵筋应在支座下部以 Y 打头注写在括号内，如图4-6所示。16G101-1 图集中框架梁竖向加腋构造适用于加腋部位参与框架梁计算，其他情况设计者应另行给出构造。当梁设置水平加腋时，水平加腋内上、下部斜纵筋应在加腋支座上部以 Y 打头注写在括号内，上下部斜纵筋之间用"/"分隔，如图4-7所示。

3）当在梁上集中标注的内容（即梁截面尺寸、箍筋、上部通长筋或架立筋，梁侧面纵向构造钢筋或受扭纵向钢筋，以及梁顶面标高高差中的某一项或几项数值）不适用于某跨或某悬挑部分时，则将其不同数值原位标注在该跨或该悬挑部位，施工时应按原位标注数值取用。

当在多跨梁的集中标注中已注明加腋，而该梁某跨的根部却不需要加腋时，则应在该跨原位标注等截面的 $b\times h$，以修正集中标注中的加腋信息，如图4-6所示。

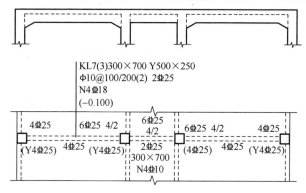

图4-6 梁竖向加腋平面注写方式表达示例

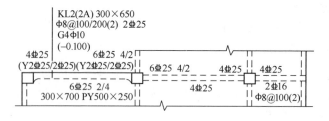

图4-7 梁水平加腋平面注写方式表达示例

4）附加箍筋或吊筋，将其直接画在平面图中的主梁上，用线引注总配筋值（附加箍筋的肢数注在括号内），如图4-8所示。当多数附加箍筋或吊筋相同时，可在梁平法施工图上统一注明，少数与统一注明值不同时，再原位引注。

施工时应注意：附加箍筋或吊筋的几何尺寸应按照标准构造详图，结合其所在位置的主梁和次梁的截面尺寸而定。

（5）框架扁梁注写规则同框架梁，对于上部纵筋和下部纵筋，尚需注明未穿过柱截面

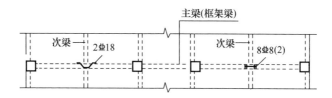

图 4-8 附加箍筋和吊筋的画法示例

的纵向受力钢筋根数，如图 4-9 所示。

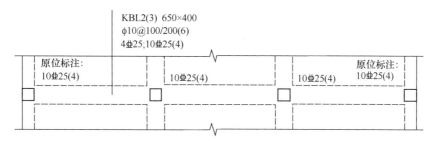

图 4-9 平面注写方式示例

【例 4-13】 10 Φ 25（4）表示框架扁梁有 4 根纵向受力钢筋未穿过柱截面，柱两侧各 2 根，施工时，应注意采用相应的构造做法。

（6）框架扁梁节点核心区代号为 KBH，包括柱内核心区和柱外核心区两部分。框架扁梁节点核心区钢筋注写包括柱外核心区竖向拉筋及节点核心区附加纵向钢筋，端支座节点核心区尚需注写附加 U 形箍筋。

柱内核心区箍筋见框架柱箍筋。

柱外核心区竖向拉筋，注写其钢筋级别与直径；端支座柱外核心区尚需注写附加 U 形箍筋的钢筋级别、直径及根数。

框架扁梁节点核心区附加纵向钢筋以大写字母"F"打头，注写其设置方向（X 向或 Y 向）、层数、每层的钢筋根数、钢筋级别、直径及未穿过柱截面的纵向受力钢筋根数。

【例 4-14】 KBH1 Φ 10，F X & Y 2×7 Φ 14（4），表示框架扁梁中间支座节点核心区：柱外核心区竖向拉筋 Φ 10；沿梁 X 向（Y 向）配置两层 7 Φ 14 附加纵向钢筋，每层有 4 根纵向受力钢筋未穿过柱截面，柱两侧各 2 根；附加纵向钢筋沿梁高度范围均匀布置。如图 4-10（a）所示。

【例 4-15】 KBH2 Φ 10，4 Φ 10，F X 2×7 Φ 14（4），表示框架扁梁端支座节点核心区：柱外核心区竖向拉筋 Φ 10；附加 U 形箍筋共 4 道，柱两侧各 2 道；沿框架扁梁 X 向配置两层 7 Φ 14 附加纵向钢筋，有 4 根纵向受力钢筋未穿过柱截面，柱两侧各 2 根；附加纵向钢筋沿梁高度范围均匀布置。如图 4-10（b）所示。

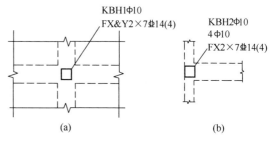

图 4-10 框架扁梁节点核心区附加钢筋注写示意

设计、施工时应注意：

1）柱外核心区竖向拉筋在梁纵向钢筋

两向交叉位置均布置，当布置方式与图集要求不一致时，设计应另行绘制详图。

2）框架扁梁端支座节点，柱外核心区设置U形箍筋及竖向拉筋时，在U形箍筋与位于柱外的梁纵向钢筋交叉位置均布置竖向拉筋。当布置方式与图集要求不一致时，设计应另行绘制详图。

3）附加纵向钢筋应与竖向拉筋相互绑扎。

（7）井字梁一般由非框架梁构成，并且以框架梁为支座（特殊情况下以专门设置的非框架大梁为支座）。在此情况下，为明确区分井字梁与作为井字梁支座的梁，井字梁用单粗虚线表示（当井字梁顶面高出板面时可用单粗实线表示），作为井字梁支座的梁用双细虚线表示（当梁顶面高出板面时可用双细实线表示）。

井字梁是指在同一矩形平面内相互正交所组成的结构构件，井字梁所分布范围称为"矩形平面网格区域"（简称"网格区域"）。当在结构平面布置中仅有由四根框架梁框起的一片网格区域时，所有在该区域相互正交的井字梁均为单跨；当有多片网格区域相连时，贯通多片网格区域的井字梁为多跨，而且相邻两片网格区域分界处即为该井字梁的中间支座。对某根井字梁编号时，其跨数为其总支座数减1；在该梁的任意两个支座之间，无论有几根同类梁与其相交，均不作为支座（图4-11）。

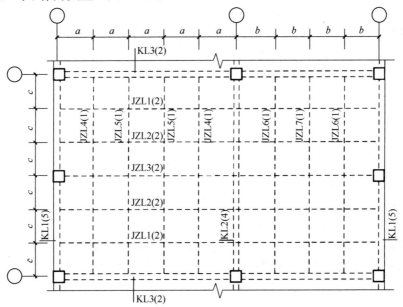

图4-11 井字梁矩形平面网格区域示意

井字梁的注写规则符合上述第（1）～（4）条规定。除此之外，设计者应注明纵横两个方向梁相交处同一层面钢筋的上下交错关系（指梁上部或下部的同层面交错钢筋哪根梁在上哪根梁在下），以及在该相交处两方向梁箍筋的布置要求。

（8）井字梁的端部支座和中间支座上部纵筋的伸出长度值 a_0，应由设计者在原位加注具体数值予以注明。

当采用平面注写方式时，则在原位标注的支座上部纵筋后面括号内加注具体伸出长度值，如图4-12所示。

【例4-16】 贯通两片网格区域采用平面注写方式的某井字梁，其中间支座上部纵筋注

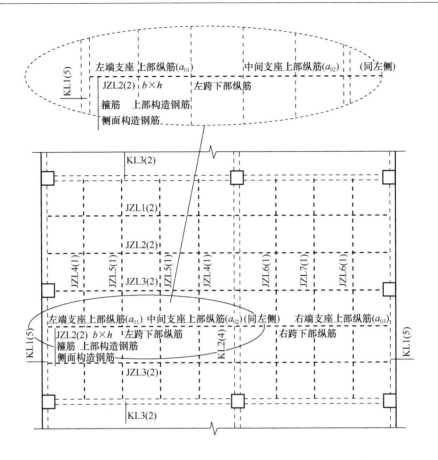

图 4-12 井字梁平面注写方式示例

注：图中仅示意井字梁的注写方法，未注明截面几何尺寸 $b \times h$，支座上部纵筋伸出长度 $a_{01} \sim a_{03}$，以及纵筋与箍筋的具体数值。

写为 6 Φ 25 4/2（3200/2400），表示该位置上部纵筋设置两排，上一排纵筋为 4 Φ 25，自支座边缘向跨内伸出长度 3200；下一排纵筋为 2 Φ 25，自支座边缘向跨内伸出长度为 2400。

若采用截面注写方式，应在梁端截面配筋图上注写的上部纵筋后面括号内加注具体的伸出长度值，如图 4-13 所示。

设计时应注意：

1）当井字梁连续设置在两排或多排网格区域时，才具有井字梁中间支座。

2）当某根井字梁端支座与其所在网格区域之外的非框架梁相连时，该位置上部钢筋的连续布置方式需由设计者注明。

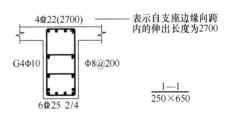

图 4-13 井字梁截面注写方式示例

（9）在梁平法施工图中，当局部梁的布置过密时，可将过密区用虚线框出，适当放大比例后再用平面注写方式表示。

（10）采用平面注写方式表达的梁平法施工图示例，如图 4-14 所示。

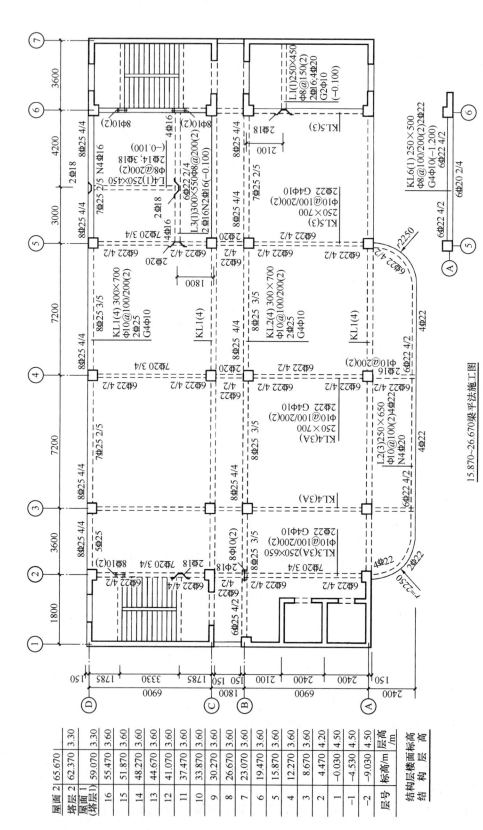

15.870~26.670梁平法施工图

梁平法施工图平面注写方式示例

图 4-14 15.870~26.670梁平法施工图平面注写方式示例

层号	标高/m	层高/m
屋面2	65.670	3.30
塔层2	62.370	3.30
屋面1（塔层1）	59.070	3.60
16	55.470	3.60
15	51.870	3.60
14	48.270	3.60
13	44.670	3.60
12	41.070	3.60
11	37.470	3.60
10	33.870	3.60
9	30.270	3.60
8	26.670	3.60
7	23.070	3.60
6	19.470	3.60
5	15.870	3.60
4	12.270	3.60
3	8.670	3.60
2	4.470	4.20
1	-0.030	4.50
-1	-4.530	4.50
-2	-9.030	4.50
层号	结构层楼面标高	层高
结构层楼面标高 结构层高		

106

三、截面注写方式

（1）截面注写方式是在分标准层绘制的梁平面布置图上，分别在不同编号的梁中各选择一根梁用剖面号引出配筋图，并在其上注写截面尺寸和配筋具体数值的方式来表达梁平法施工图。

（2）对所有梁按表 4-1 的规定进行编号，从相同编号的梁中选择一根梁，先将"单边截面号"画在该梁上，再将截面配筋详图画在图中或其他图上。当某梁的顶面标高与结构层的楼面标高不同时，尚应在其梁编号后注写梁顶面标高高差（注写规定与平面注写方式相同）。

（3）在截面配筋详图上注写截面尺寸 $b×h$、上部筋、下部筋、侧面构造筋或受扭筋以及箍筋的具体数值时，其表达形式与平面注写方式相同。

（4）对于框架扁梁尚需在截面详图上注写未穿过柱截面的纵向受力筋根数。对于框架扁梁节点核心区附加钢筋，需采用平、剖面图表达节点核心区附加纵向钢筋、柱外核心区全部竖向拉筋以及端支座附加 U 形箍筋，注写其具体数值。

（5）截面注写方式既可以单独使用，也可与平面注写方式结合使用。

注：在梁平法施工图的平面图中，当局部区域的梁布置过密时，除了采用截面注写方式表达外，也可采用本节"二、平面注写方式"第（9）条的措施来表达。当表达异形截面梁的尺寸与配筋时，用截面注写方式相对比较方便。

（6）应用截面注写方式表达的梁平法施工图示例，如图 4-15 所示。

四、梁支座上部纵筋的长度规定

（1）为方便施工，凡框架梁的所有支座和非框架梁（不包括井字梁）的中间支座上部纵筋的伸出长度 a_0 值在标准构造详图中统一取值为：第一排非通长筋及与跨中直径不同的通长筋从柱（梁）边起伸出至 $l_n/3$ 位置；第二排非通长筋伸出至 $l_n/4$ 位置。l_n 的取值规定为：对于端支座，l_n 为本跨的净跨值；对于中间支座，l_n 为支座两边较大一跨的净跨值。

（2）悬挑梁（包括其他类型梁的悬挑部分）上部第一排纵筋伸出至梁端头并下弯，第二排伸出至 $3l/4$ 位置，l 为自柱（梁）边算起的悬挑净长。当具体工程需要将悬挑梁中的部分上部钢筋从悬挑梁根部开始斜向弯下时，应由设计者另加注明。

（3）设计者在执行上述第（1）、（2）条关于梁支座端上部纵筋伸出长度的统一取值规定时，特别是在大小跨相邻和端跨外为长悬臂的情况下，还应注意按《混凝土结构设计规范》（GB 50010—2010）的相关规定进行校核，若不满足时应根据规范规定进行变更。

五、不伸入支座的梁下部纵筋长度规定

（1）当梁（不包括框支梁）下部纵筋不全部伸入支座时，不伸入支座的梁下部纵筋截断点距支座边的距离，在标准构造详图中统一取为 $0.1l_{ni}$（l_{ni} 为本跨梁的净跨值）。

（2）当按上述第（1）条规定确定不伸入支座的梁下部纵筋的数量时，应符合《混凝土结构设计规范》（GB 50010—2010）的有关规定。

六、其他

（1）非框架梁、井字梁的上部纵向钢筋在端支座的锚固要求，16G101-1 图集标准构造详图中规定：当设计按铰接时，平直段伸至端支座对边后弯折，并且平直段长度 $\geqslant 0.35l_{ab}$，弯

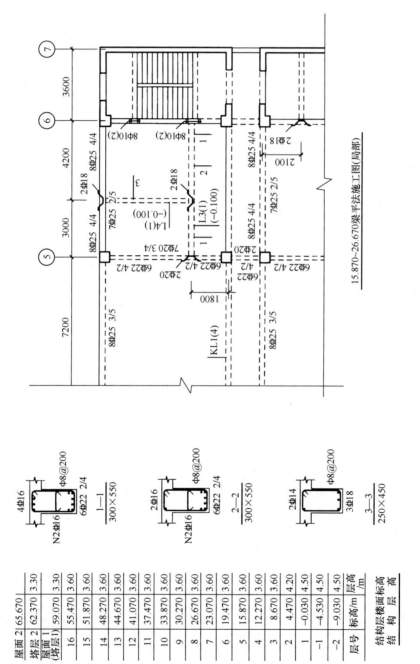

图 4-15　梁平法施工图截面注写方式示例

折段投影长度为 $15d$（d 为纵向钢筋直径）；当充分利用钢筋的抗拉强度时，直段伸至端支座对边后弯折，并且平直段长度 $\geqslant 0.6l_{ab}$，弯折段投影长度为 $15d$。

（2）非框架梁的下部纵向钢筋在中间支座和端支座的锚固长度，在 16G101-1 图集的构造详图中规定，对于带肋钢筋为 $12d$；对于光面钢筋为 $15d$（d 为纵向钢筋直径）。端支座直锚长度不足时，可采取弯钩锚固形式措施。当计算中需要充分利用下部纵向钢筋的抗压强度或抗拉强度，或具体工程有特殊要求时，其锚固长度应由设计者按照《混凝土结构设计规范》（GB 50010—2010）的相关规定进行变更。

（3）当非框架梁配有受扭纵向钢筋时，梁纵筋锚入支座的长度为 l_a，在端支座直锚长度不足时可伸至端支座对边后弯折，并且平直段长度 $\geqslant 0.6l_{ab}$，弯折段投影长度为 $15d$。设计者应在图中注明。

（4）当梁纵筋兼做温度应力钢筋时，其锚入支座的长度由设计确定。

（5）当两楼层之间设有层间梁时（如结构夹层位置处的梁），应将设置该部分梁的区域划出另行绘制梁结构布置图，然后在其上表达梁平法施工图。

第二节　梁标准构造详图识读

一、楼层框架梁 KL 纵向钢筋构造图识读

楼层框架梁纵向钢筋构造如图 4-16 所示。其他构造示意图如图 4-17～图 4-19 所示。

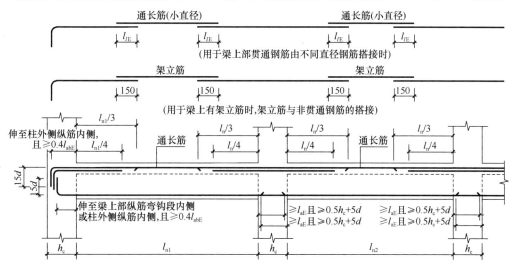

图 4-16　楼层框架梁 KL 纵向钢筋构造

l_{lE}—纵向受拉钢筋抗震绑扎搭接长度；l_{abE}—纵向受拉钢筋的抗震基本锚固长度；l_{aE}—纵向受拉钢筋抗震锚固长度；l_{n1}—左跨的净跨值；l_{n2}—右跨的净跨值；l_n—左跨 l_{ni} 和右跨 $l_{ni}+1$ 之较大值，其中 $i=1,2,3\cdots$；d—纵向钢筋直径；h_c—柱截面沿框架方向的高度

需要注意以下几点内容：

（1）梁上部通长钢筋与非贯通钢筋直径相同时，连接位置宜位于跨中 $l_{ni}/3$ 范围内；梁下部钢筋连接位置宜位于支座 $l_{ni}/3$ 范围内，且在同一连接区段内钢筋接头面积百分率不宜大于 50%。

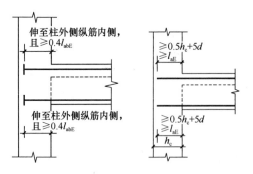
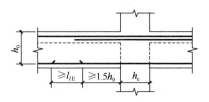

图 4-17 端支座加锚头　　图 4-18 端支座直锚　　图 4-19 中间层中间节点梁下部筋

（锚板）锚固　　　　　　　　　　　　　　　　　　　在节点外搭接

（梁下部钢筋不能在柱内锚固时，可在节点外搭接。相邻

跨钢筋直径不同时，搭接位置位于较小直径一跨）

h_0—梁截面高度

（2）钢筋连接要求见 16G101-1 图集第 59 页。

（3）当梁纵筋（不包括侧面 G 打头的构造筋及架立筋）采用绑扎搭接接长时，搭接区内箍筋直径及间距要求见 16G101-1 图集第 59 页。

（4）梁侧面构造钢筋要求见 16G101-1 图集第 90 页。

（5）当上柱截面尺寸小于下柱截面尺寸时，梁上部钢筋的锚固长度起算位置应为上柱内边缘，梁下纵筋的锚固长度起算位置为下柱内边缘。

二、屋面框架梁 WKL 纵向钢筋构造图识读

16G101-1 图集第 85 页给出了屋面框架梁纵向钢筋构造，如图 4-20 所示。其他构造示意图如图 4-21～图 4-23 所示。

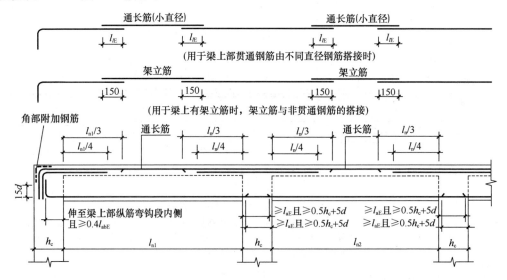

图 4-20 屋面框架梁 WKL 纵向钢筋构造

l_{lE}—纵向受拉钢筋抗震绑扎搭接长度；l_{abE}—纵向受拉钢筋的抗震基本锚固长度；l_{aE}—纵向受拉钢筋抗震锚固长度；
l_{n1}—左跨的净跨值；l_{n2}—右跨的净跨值；l_n—左跨 l_{ni} 和右跨 $l_{ni}+1$ 之较大值，其中 $i=1，2，3\cdots$；d—纵向钢筋直径；
h_c—柱截面沿框架方向的高度

需要注意以下几点：

（1）梁上部通长钢筋与非贯通钢筋直径相同时，连接位置宜位于跨中 $l_{ni}/3$ 范围内；梁下部钢筋连接位置宜位于支座 $l_{ni}/3$ 范围内，且在同一连接区段内钢筋接头面积百分率不宜大于 50%。

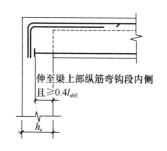

图 4-21　顶层端节点梁下部钢筋
端头加锚头（锚板）锚固

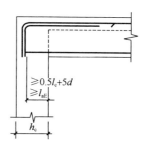

图 4-22　顶层端支座梁下部
钢筋直锚

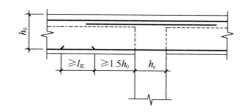

图 4-23　顶层中间节点梁下部筋在节点外搭接（梁下部钢筋不能在柱内锚固时，可在节点外
搭接。相邻跨钢筋直径不同时，搭接位置位于较小直径一跨）

h_0—梁截面高度

（2）钢筋连接要求见 16G101-1 图集第 59 页。

（3）当梁纵筋（不包括侧面 G 打头的构造筋及架立筋）采用绑扎搭接接长时，搭接区内箍筋直径及间距要求见 16G101-1 图集第 59 页。

（4）梁侧面构造钢筋要求见 16G101-1 图集第 90 页。

（5）顶层端节点处梁上部钢筋与角部附加钢筋构造见 16G101-1 图集第 67 页。

三、框架梁水平、竖向加腋构造图识读

16G101-1 图集第 86 页给出了框架梁水平、竖向加腋构造，如图 4-24 所示。

需要注意以下几点内容：

（1）当梁结构平法施工图中，水平加腋部位的配筋设计未给出时，其梁腋上下部斜纵筋（仅设置第一排）直径分别同梁内上下纵筋，水平间距不宜大于 200；水平加腋部位侧面纵向构造筋的设置及构造要求同梁内侧面纵向构造筋，见 16G101-1 图集第 90 页。

（2）图 4-24 中框架梁竖向加腋构造适用于加腋部分参与框架梁计算，配筋由设计标注；其他情况设计应另行给出做法。

（3）加腋部位箍筋规格及肢距与梁端部的箍筋相同。

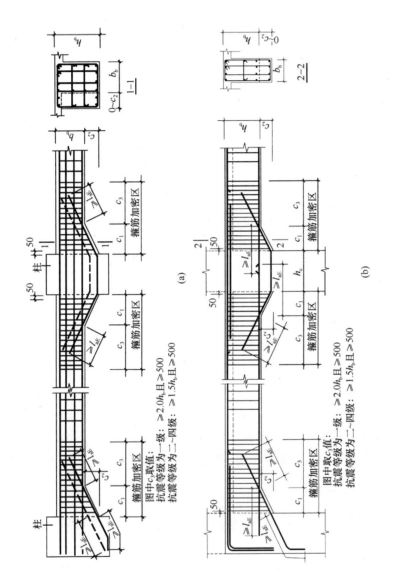

图 4-24　框架梁水平、竖向加腋构造

(a) 框架梁水平加腋构造；(b) 框架梁竖向加腋构造

l_{aE}—受拉钢筋抗震锚固长度；c_1、c_2、c_3—加密区长度；h_b—框架梁的截面高度；b_b—框架梁的截面宽度

四、框架梁、屋面框架梁中间支座纵向钢筋构造图识读

框架梁、屋面框架梁中间支座纵向钢筋构造如图 4-25 所示。

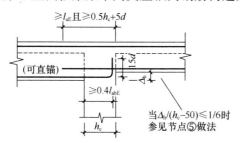

WKL中间支座纵向钢筋构造节点①

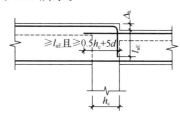

WKL中间支座纵向钢筋构造节点②

当支座两边梁宽不同或错开布置时，将无法
直通的纵筋弯锚入柱内；或当支座两边纵筋
根数不同时，可将多出的纵筋弯锚入柱内

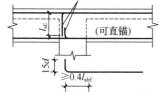

WKL中间支座纵向钢筋构造节点③

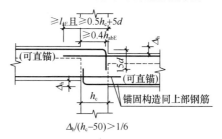

KL中间支座纵向钢筋构造节点④

当支座两边梁宽不同或错开布置时，将无法
直通的纵筋弯锚入柱内；或当支座两边纵筋
根数不同时，可将多出的纵筋弯锚入柱内

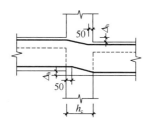

KL中间支座纵向钢筋构造节点⑤

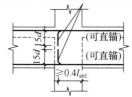

KL中间支座纵向钢筋构造节点⑥

图 4-25　框架梁、屋面框架梁中间支座纵向钢筋构造

l_{aE}—受拉钢筋抗震锚固长度；l_{abE}—受拉钢筋抗震基本锚固长度；h_c—柱截面沿框架方向的高度；

d—纵向钢筋直径；Δ_h—中间支座两端梁高差值

说明如下：

（1）图中标注可直锚的钢筋，当支座宽度满足直锚要求时可直锚。

（2）节点⑤，当 $\Delta_h/(h_c-50)\leqslant 1/6$ 时，纵筋可连续布置

五、非框架梁 L 配筋构造、受扭非框架梁纵筋构造图识读

16G101-1 图集第 89 页给出了非框架梁 L 配筋的构造和受扭非框架梁纵筋构造，如图 4-26、图 4-27 所示。

构造要求如下：

（1）跨度值 l_n 为左跨 l_{ni} 和右跨 l_{ni+1} 之较大值，其中 $i=1$，2，3……

（2）当梁上部有通长钢筋时，连接位置宜位于跨中 $l_{ni}/3$ 范围内；梁下部钢筋连接位置宜位于支座 $l_{ni}/4$ 范围内；且在同一连接区段内钢筋接头面积百分率不宜大于 50%。

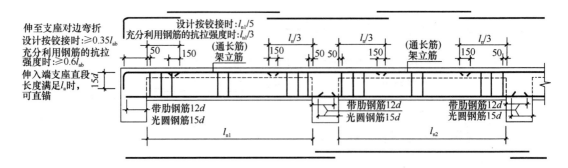

图 4-26　非框架梁配筋构造

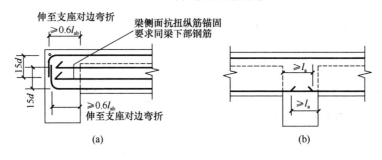

图 4-27　受扭非框架梁纵筋构造
(a) 端支座；(b) 中间支座

（3）钢筋连接要求见 16G101-1 图集第 59 页。

（4）当梁纵筋（不包括侧面 G 打头的构造筋及架立筋）采用绑扎搭接接长时，搭接区内箍筋直径及间距要求见 16G101-1 图集第 59 页。

（5）当梁纵筋兼做温度应力筋时，梁下部钢筋锚入支座长度由设计确定。

（6）梁侧面构造钢筋要求见 16G101-1 图集第 90 页。

（7）图中"设计按铰接时"用于代号为 L 的非框架梁、"充分利用钢筋的抗拉强度时"用于代号为 Lg 的非框架梁。

（8）弧形非框架梁的箍筋间距沿梁凸面线度量。

（9）"受扭非框架梁纵筋构造"用于梁侧配有受扭钢筋时，当梁侧未配受扭钢筋的非框架梁需采用此构造时，设计应明确指定。

六、不伸入支座梁下部纵向钢筋断点位置、附加箍筋范围、附加吊筋的构造及侧面纵向构造钢筋及拉筋的构造以及主次梁斜交箍筋构造图识读

1. 不伸入支座梁下部纵向钢筋断点位置

当梁（不包括框支梁）下部纵筋不全部伸入支座时，不伸入支座的梁下部纵筋截断点距支座边的距离，统一取为 $0.1l_{ni}$，如图 4-28 所示。

图 4-28 不适用于框支梁、框架扁梁。

2. 附加箍筋、吊筋的构造

当次梁作用在主梁上，由于次梁集中荷载区的作用，使得主梁上易产生裂缝。为防止裂缝的产生，在主次梁节点范围内，主梁的箍筋（包括加密区与非加密区）正常设置，除此以

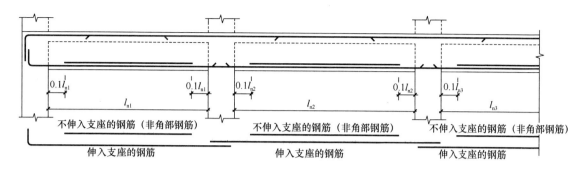

图 4-28 不伸入支座梁下部纵向钢筋断点位置

l_{n1}、l_{n2}、l_{n3}—水平跨的净跨值

外，再设置相应的构造钢筋：附加箍筋或附加吊筋，其构造要求如图 4-29 所示。

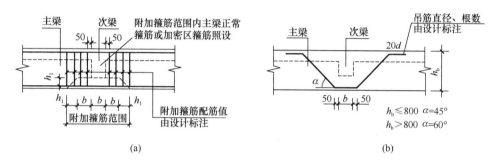

图 4-29 附加箍筋、吊筋的构造

（a）附加箍筋；（b）附加吊筋

b—次梁宽；h_1—主次梁高差；d—吊筋直径；h_b—梁截面高度

（1）附加箍筋：第一根附加箍筋距离次梁边缘的距离为 50mm，布置范围为 $3b+2h_1$。

（2）附加吊筋：梁高≤800mm 时，吊筋弯折的角度为 45°，梁高＞800mm 时，吊筋弯折的角度为 60°；吊筋在次梁底部的宽度为 $b+2\times50$，在次梁两边的水平段长度为 $20d$。

3. 侧面纵向构造钢筋及拉筋的构造

梁侧面纵向构造筋和拉筋如图 4-30 所示。

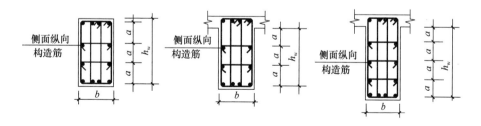

图 4-30 梁侧面纵向构造筋和拉筋

a—纵向构造筋间距；b—梁宽；h_w—梁腹板高度

（1）当 h_w≥450mm 时，在梁的两个侧面应沿高度配置纵向构造筋；纵向构造筋间距 a≤200mm。

（2）当梁侧面配有直径不小于构造纵筋的受扭纵筋时，受扭钢筋可以替代构造钢筋。

（3）梁侧面构造纵筋的搭接与锚固长度可取 $15d$。梁侧面受扭纵筋的搭接长度为 l_{lE} 或 l_l，其锚固长度为 l_{aE} 或 l_a，锚固方式同框架梁下部纵筋。

（4）当梁宽≤350mm 时，拉筋直径为 6mm；梁宽＞350mm 时，拉筋直径为 8mm。拉筋间距为非加密区箍筋间距的 2 倍。当设有多排拉筋时，上下两排拉筋竖向错开设置。

4. 主次梁斜交箍筋构造

16G101-1 图集第 88 页给出了主次梁斜交箍筋构造，如图 4-31 所示。

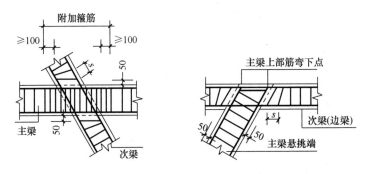

图 4-31　主次梁斜交箍筋构造
s—次梁中箍筋间距

七、非框架梁 L 中间支座纵向钢筋构造、水平折梁、竖向折梁钢筋构造图识读

16G101-1 图集第 91 页给出了非框架梁 L 中间支座纵向钢筋构造（图 4-32）、水平折梁钢筋构造（图 4-33）、竖向折梁钢筋构造（图 4-34）。

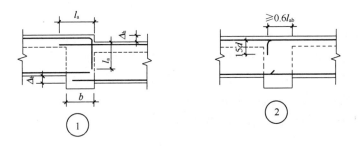

图 4-32　非框架梁 L 中间支座纵向钢筋构造（节点①～②）

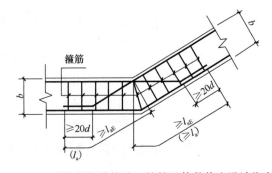

图 4-33　水平折梁钢筋构造（箍筋具体数值由设计指定）

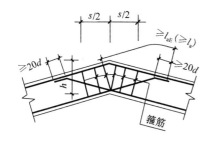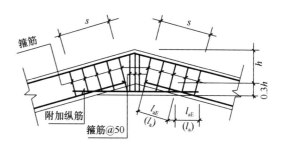

竖向折梁钢筋构造(一)

(s范围及箍筋具体值由设计指定)

竖向折梁钢筋构造(二)

(s的范围、附加纵筋和箍筋具体值由设计指定)

图 4-34　竖向折梁钢筋构造

注：括号内数字用于非抗震设计。

说明：

节点①：支座两边纵筋互锚，梁下部纵向钢筋锚固要求见 16G101-1 图集第 89 页。

节点②：当支座两边梁宽不同或错开布置时，将无法直通的纵筋弯锚入梁内，或当支座两边纵筋根数不同时，可将多出的纵筋弯折锚入梁内。梁下部纵向筋锚固要求见 16G101-1 图集第 89 页。

八、纯悬挑梁 XL 及各类梁的悬挑端配筋构造图识读

16G101-1 图集第 92 页给出了纯悬挑梁 XL 及各类梁的悬挑端配筋构造，如图 4-35 所示。

（1）①节点：可用于中间层或屋面。

（2）②节点、④节点：$\Delta_h/(h_c-50)>1/6$，仅用于中间层。

（3）③节点、⑤节点：当 $\Delta_h/(h_c-50)\leqslant1/6$ 时，上部纵筋连续布置。用于中间层，当支座为梁时也可用于屋面。

（4）⑥节点、⑦节点：$\Delta_h\leqslant h_b/3$，用于屋面，当支座为梁时也可用于中间层。

（5）括号内数字为框架梁纵筋锚固长度。当悬挑梁考虑竖向地震作用时（由设计明确），图中悬挑梁中钢筋锚固长度 l_a、l_{ab} 应改为 l_{aE}、l_{abE}，悬挑梁下部钢筋伸入支座长度也应采用 l_{aE}。

（6）①、⑥、⑦节点，当屋面框架梁与悬挑端根部底平，且下部纵筋通长设置时，框架柱中纵向钢筋锚固要求可按中柱柱顶节点考虑。

（7）当梁上部设有第三排钢筋时，其伸出长度应由设计者注明。

九、KZL、ZHZ 配筋构造图识读

16G101-1 图集第 96 页给出了框支梁 KZL、转换柱 ZHZ 配筋构造，如图 4-36 所示。构造要求如下：

（1）跨度值 l_n 为左跨 l_{ni} 和右跨 l_{ni+1} 之较大值，其中 $i=1$，2，3……

（2）图中 h_b 为梁截面的高度，h_c 为转换柱截面沿转换框架方向的高度。

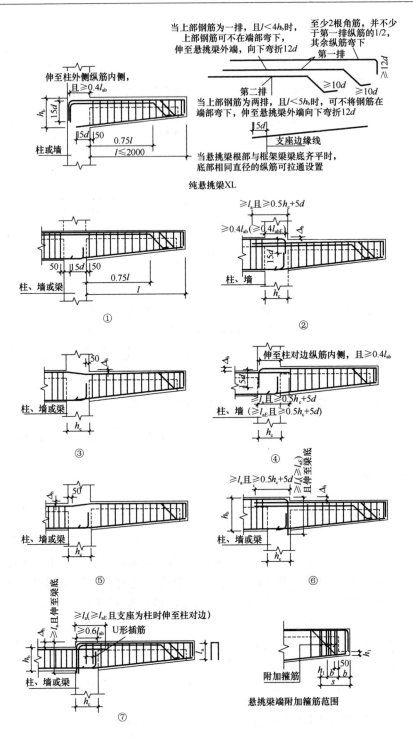

图 4-35　纯悬挑梁 XL 及各类梁的悬挑端配筋构造

d—纵向钢筋直径；l—悬挑梁净长；h_b—框架梁的截面高度；l_{ab}（l_{abE}）—受拉钢筋的基本锚固长度，非抗震设计时用 l_{ab} 表示，抗震设计时锚固长度用 l_{abE} 表示；Δ_h—中间支座两端梁高差值；h_c—柱截面沿框架方向的高度；l_a（l_{aE}）—受拉钢筋锚固长度，非抗震设计时用 l_a 表示，抗震设计时锚固长度用 l_{aE} 表示；h_1—主次梁高差；h_b—框架梁的截面高度；S—附加箍筋布置范围；b—次梁宽

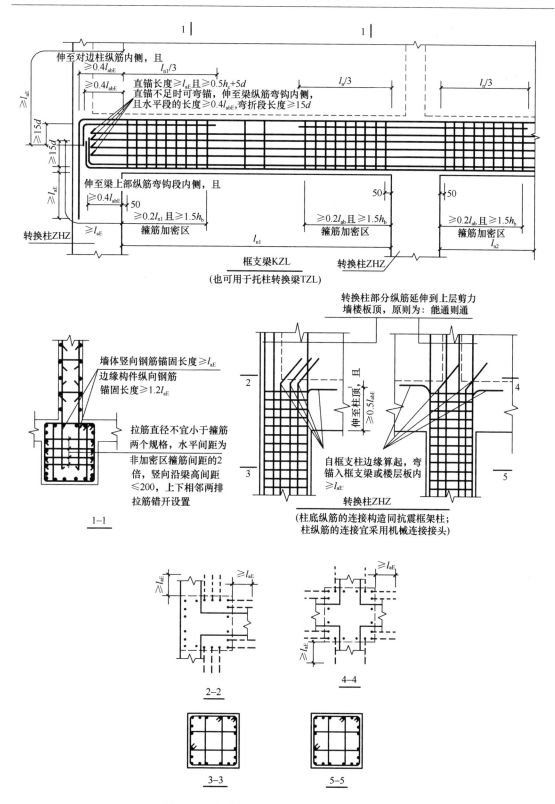

图 4-36 框支梁 KZL、转换柱 ZHZ 配筋构造

（3）梁纵向钢筋宜采用机械连接接头，同一截面内接头钢筋截面面积不应超过全部纵筋截面面积的 50％，接头位置应避开上部墙体开洞部位、梁上托柱部位及受力较大部位。

（4）对托柱转换梁的托柱部位或上部的墙体开洞部位，梁的箍筋应加密配置，加密区范围可取梁上托柱边或墙边两侧各 1.5 倍转换梁高度。

（5）转换柱纵筋中心距不应小于 80mm，且净距不应小于 50mm。

十、井字梁 JZL 配筋构造图识读

16G101-1 图集第 98 页给出了井字梁 JZL 配筋构造，如图 4-37 所示。

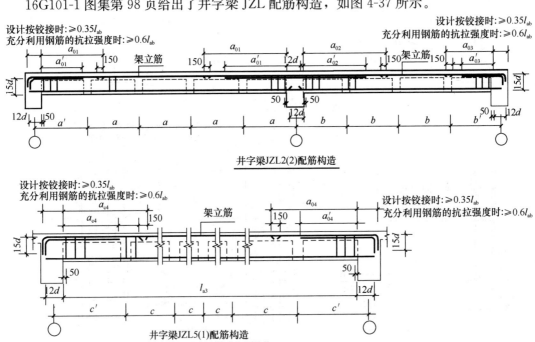

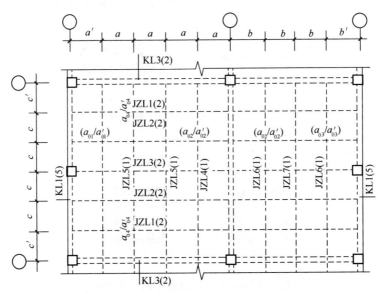

图 4-37　井字梁 JZL 配筋构造

从图 4-37 得知：

（1）井字梁上部纵筋在端支座弯锚，弯折段 $15d$，弯锚水平段长度：

设计按铰接时：$\geqslant 0.35l_{ab}$

充分利用钢筋的抗拉强度时：$\geqslant 0.6l_{ab}$

图中"设计按铰接时"、"充分利用钢筋的抗拉强度时"由设计指定。

（2）施工时，井字梁支座上部纵筋外伸长度的具体数值，梁的几何尺寸与配筋数值详具体工程设计。另外，在纵横两个方向的井字梁相交位置，两根梁位于同一层面钢筋的上下交错关系以及两方向井字梁在该相交处的箍筋布置要求，亦详具体工程说明。

（3）架立筋与支座负筋的搭接长度为 150mm。

（4）下部纵筋在端支座直锚 $12d$，当梁中纵筋采用光面钢筋时为 $15d$。

（5）下部纵筋在中间支座直锚 $12d$，当梁中纵筋采用光面钢筋时为 $15d$。

（6）从距支座边缘 50mm 处开始布置第一个箍筋。

（7）设计无具体说明时，井字梁上、下部纵筋均短跨在下，长跨在上；短跨梁箍筋在相交范围内通长设置；相交处两侧各附加 3 道箍筋，间距 50mm，箍筋直径及肢数同梁内箍筋。

（8）纵筋在端支座应伸至主梁外侧纵筋内侧后弯折，当直段长度不小于 l_a 时可不弯折。

（9）当梁上部有通长钢筋时，连接位置宜位于跨中 $l_{ni}/3$ 范围内；梁下部钢筋连接位置宜位于支座 $l_{ni}/4$ 范围内；且在同一连接区段内钢筋接头面积百分率不宜大于 50%。

（10）井字梁的集中标注和原位标注方法同非框架梁。

十一、框架扁梁中柱节点构造图识读

16G101-1 图集第 93 页给出了框架扁梁中柱节点竖向拉筋、附加纵向钢筋构造图，如图 4-38 所示。

（1）框架扁梁上部通长钢筋连接位置、非贯通钢筋伸出长度要求同框架梁。

（2）穿过柱截面的框架扁梁下部纵筋，可在柱内锚固，做法同楼层框架梁纵向钢筋构造；未穿过柱截面下部纵筋应贯通节点区。

（3）框架扁梁下部纵筋在节点外连接时，连接位置宜避开箍筋加密区，并宜位于支座 $l_{ni}/3$ 范围之内。

（4）箍筋加密区要求详见 16G101-1 图集第 94 页。

（5）竖向拉筋同时勾住扁梁上下双向纵筋，拉筋末端采用 135° 弯钩，平直段长度为 $10d$。

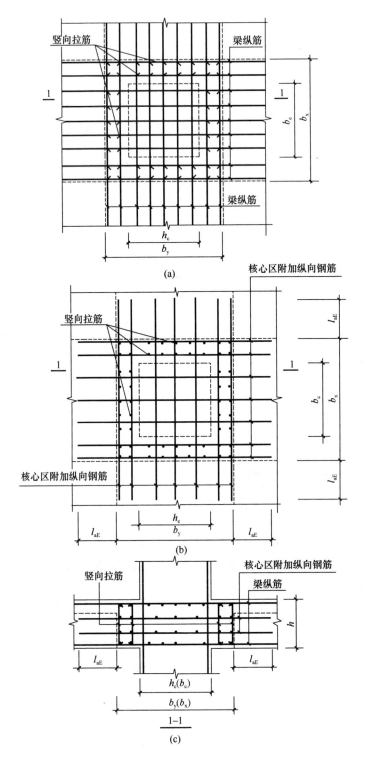

图 4-38 框架扁梁中柱节点构造

（a）框架扁梁中柱节点竖向拉筋；（b）框架扁梁中柱节点附加纵向钢筋

b_c—柱截面短边尺寸；h_c—柱截面长边尺寸；b_x—梁纵筋 X 向宽度；b_y—梁纵筋 Y 向宽度；

l_{aE}—受拉钢筋抗震锚固长度；h—梁宽

第三节　梁构件识图实例精解

【实例一】墙梁与柱节点详图识读

墙梁与柱节点详图如图 4-39 所示。

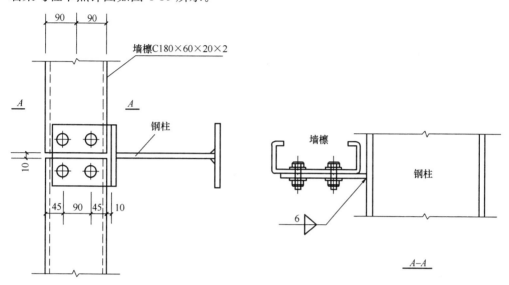

图 4-39　墙梁与柱节点详图

从图 4-39 中可以看出：

（1）墙梁（QL）规格型号为 C180×60×20×2（截面高度为 120mm，宽度为 60mm，卷边宽度为 20mm，壁厚为 2mm），墙托与柱翼缘板等宽，宽度为 150mm。

（2）两支墙梁端头平放在墙托上，通过 4 条直径为 12mm 的普通螺栓与柱连接为一整体，安装后端头间及墙梁与柱翼缘板间均留 10mm 的缝隙。

（3）墙梁宽度方向上孔距为 90mm，孔两边距均为 45mm。

（4）从"A—A"剖面可以看出，墙托与柱采用双面角焊缝连接，焊缝尺寸为 6mm。

【实例二】梁柱节点详图识读

梁柱节点详图如图 4-40 所示。

从图 4-40 中可以看出：

（1）由详图一可以知道该节点是截面为 H100×100 柱与截面高为 100mm 的梁在 3.100m 和 6.100m 标高处的一个刚接节点。

（2）通过对三个投影方向图的综合阅读，可以知道梁柱的连接方法是：在梁端头焊接一块 100mm×220mm×12mm 钢板作为连接板，再用 6 个直径为 16mm 的螺栓将连接板与柱翼缘板连接，为加强节点，还需在柱子腹板两侧沿梁上下翼缘板的高度各设置一道加劲肋，加劲肋厚度是 6mm。

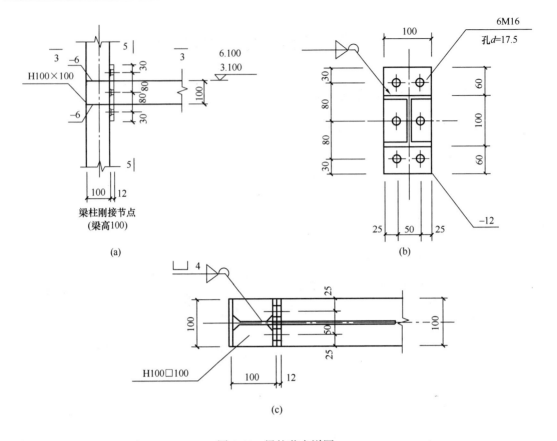

图 4-40　梁柱节点详图

（a）详图一；（b）详图二；（c）详图三

【实例三】钢梁与混凝土板连接详图

钢梁与混凝土板连接详图如图 4-41 所示。

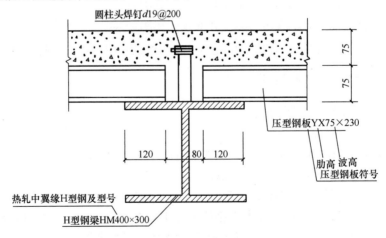

图 4-41　钢梁与混凝土板连接详图

从图 4-41 中可以看出：

（1）钢梁为热轧中翼缘 H 型钢（用"HM"表示），规格为 400×300（截面高为 400mm，宽度为 300mm）。

（2）钢梁上翼缘中心线位置设有圆柱头焊钉，焊钉直径为 19mm，间距为 200mm。

（3）钢梁上翼缘两侧放置压型钢板（用"YX"表示）作为现浇混凝土（净高为 75mm）的模板。压型钢板的规格为 75×230（肋高为 75mm，波宽为 230mm），压型板与钢梁上翼缘搭接宽度为 120mm。

【实例四】主次梁侧向连接详图

主次梁侧向连接详图如图 4-42 所示。

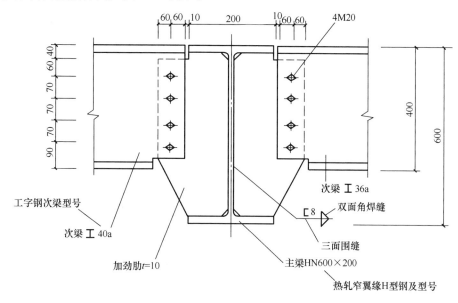

图 4-42 主次梁侧向连接详图

从图 4-42 中可以看出：

（1）主次梁采用全螺栓连接，侧向连接不能传递弯矩，为铰接连接。

（2）主梁为热轧窄翼缘 H 型钢（用"HN"表示），规格为 600×200（截面高度为 600mm，宽度为 200mm），截面特性可查阅《热轧 H 型钢和部分 T 型钢》（GB/T 11263—2010）。

（3）"I40a"表示次梁为热轧普通工字钢，截面类型为 a 类，截面高度为 400mm，截面特性可查阅《热轧 H 型钢和部分 T 型钢》（GB/T 11263—2010）。

（4）从图例"φ"可知，螺栓为普通螺栓连接，每侧有 4 个，直径为 20mm，栓距为 70mm。

（5）加劲肋与主梁翼缘和腹板采用焊缝连接，"⌐8▷"表示焊缝为三面围焊的双面角焊缝，焊缝厚度为 8mm。加劲肋宽于主梁的翼缘，相当于在次梁上设置了隔撑。

【实例五】某钢筋混凝土梁结构详图识读

某钢筋混凝土梁结构详图如图 4-43 所示。

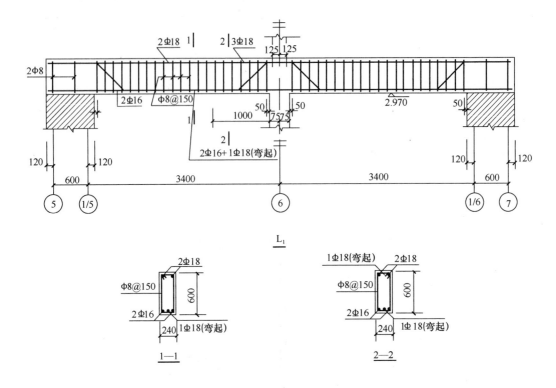

图 4-43　钢筋混凝土梁结构详图

从图 4-43 中可以看出：

图 4-43 为两跨钢筋混凝土梁的立面图和断面图。该梁的两端搁置在砖墙上，中间与钢筋混凝土柱连接。由于两跨梁上的断面、配筋和支承情况完全对称，则可在中间对称轴线（轴线⑥）的上下端部画上对称符号。这时只需要在梁的左边一跨内画出钢筋的配置详图（图 4-43 中右边一跨也画出了钢筋配置，当画出对称符号后，右边一跨可以只画梁外形），并标注出各种钢筋的尺寸。梁的跨中下面配置三根钢筋（即 2Φ16＋1Φ18），中间的一根Φ18 钢筋在近支座处按 45°方向弯起，弯起钢筋上部弯平点的位置离墙或柱边缘距离为50mm。墙边弯起钢筋伸入到靠近梁的端面（留一保护层厚度）；柱边弯起钢筋伸入梁的另一跨内，距下层柱边缘为 1000mm。由于 HRB335 级钢筋的端部不做弯钩，因此在立面图中当几根纵向钢筋的投影重叠时，就反映不出钢筋的终端位置。现规定用 45°方向的短粗线作为无弯钩钢筋的终端符号。梁的上面配置两根通长钢筋（即 2Φ18），箍筋为Φ8@150。按构造要求，靠近墙或柱边缘的第一道箍筋的距离为 50mm，即与弯起钢筋上部弯平点位置一致。在梁的近墙支座内布置两道箍筋。梁的断面形状、大小及不同断面的配筋，则用断面图表示。1—1 为跨中断面，2—2 为近支座处断面。除了详细注出梁的定型尺寸和钢筋尺寸外，还应注明梁底的结构标高。

【实例六】某现浇钢筋混凝土梁配筋图识读

某现浇钢筋混凝土梁配筋图如图 4-44 所示。

从图 4-44 中可以看出：

（1）该梁设置 4 种不同编号的钢筋。①号钢筋在梁的底部是受力筋，2Φ12 表示有 2 根

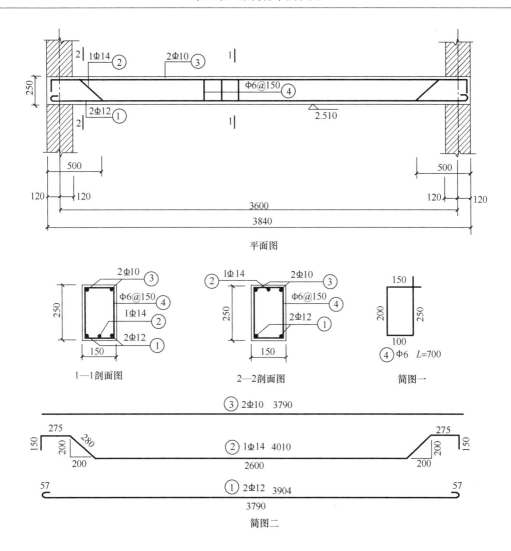

图 4-44　现浇钢筋混凝土梁配筋图

HRB335 级钢筋，直径为 12mm；②号钢筋是弯起钢筋，以 1Φ14 表示，说明梁底部设有 1 根 HRB335 级钢筋，直径为 14mm；③号钢筋在梁的上部是架立筋，2Φ10 表示布置了 2 根 HPB300 级钢筋，直径为 10mm；④号钢筋是箍筋，Φ6@150 表示 HPB300 级钢筋、直径为 6mm，在整个梁竖直方向每间隔 150mm 均匀排放（其间隔指从箍筋直径中心到另一箍筋直径中心之距）。

（2）从图 4-44 中 1—1 剖面图、2—2 剖面图可知，①号钢筋在梁底部的两侧；从图 4-44 中 1—1 剖面图看出②号钢筋在梁底部的中间；从图 4-44 中 2—2 剖面图看出②号钢筋在梁上部中间，可见它是弯起钢筋；③号钢筋在上部两侧为架立筋；从图 4-44 简图一中可看出④号箍筋形状是矩形。

思考题：

　　1. 梁集中标注有哪些内容？

2. 梁原位标注有哪些内容？

3. 梁支座上部纵筋的长度有哪些规定？

4. 楼层框架梁 KL 纵向钢筋构造如何识读？

5. 框架梁水平、竖向加腋构造如何识读？

6. 框架梁、屋面框架梁中间支座纵向钢筋构造如何识读？

7. 非框架梁、受扭非框架梁纵筋构造如何识读？

8. 框支梁 KZL、转换柱 ZHZ 配筋构造如何识读？

9. 井字梁 JZL 配筋构造如何识读？

10. 框架扁梁中柱节点构造如何识读？

第五章 板构件平法识图

重点提示：

1. 了解有梁楼盖平法施工图制图规则、无梁楼盖平法施工图制图规则、楼板相关构造制图规则

2. 熟悉板标准构造详图的内容，包括有梁楼盖楼（屋）面板配筋构造、有梁楼盖不等跨板上部贯通纵筋连接构造、有梁楼盖悬挑板钢筋构造等

3. 通过实例学习，能够识读板构件平法施工图

第一节 板平法施工图制图规则

一、有梁楼盖平法施工图制图规则

有梁楼盖的制图规则适用于以梁为支座的楼面与屋面板平法施工图设计。

1. 有梁楼盖板平法施工图的表示方法

（1）有梁楼盖板平法施工图是指在楼面板和屋面板布置图上，采用平面注写的表达方式的施工图。板平面注写主要包括板块集中标注和板支座原位标注。

（2）为方便设计表达和施工识图，规定结构平面的坐标方向如下：

1）当两向轴网正交布置时，图面从左至右为 X 向，从下至上为 Y 向；

2）当轴网转折时，局部坐标方向顺轴网转折角度做相应转折；

3）当轴网向心布置时，切向为 X 向，径向为 Y 向。

此外，对于平面布置比较复杂的区域，例如轴网转折交界区域、向心布置的核心区域等，其平面坐标方向应由设计者另行规定并且在图上明确表示。

2. 板块集中标注

（1）板块集中标注的内容包括：板块编号、板厚、上部贯通纵筋、下部纵筋以及当板面标高不同时的标高高差。

对于普通楼面，两向均以一跨为一板块；对于密肋楼盖，两向主梁（框架梁）均以一跨为一板块（非主梁密肋不计）。所有板块应逐一编号，相同编号的板块可择其一做集中标注，其他仅注写置于圆圈内的板编号，以及当板面标高不同时的标高高差。

板块编号应符合表 5-1 的规定。

表 5-1 板块编号

板类型	代号	序号
楼面板	LB	××
屋面板	WB	××
悬挑板	XB	××

板厚注写为 $h=\times\times\times$（h 为垂直于板面的厚度）；当悬挑板的端部改变截面厚度时，用斜线分隔根部与端部的高度值，注写为 $h=\times\times\times/\times\times\times$；当设计已在图注中统一注明板厚时，此项可不注。

纵筋按板块的下部纵筋和上部贯通纵筋分别注写（当板块上部不设贯通纵筋时则不注），并以 B 代表下部纵筋，以 T 代表上部贯通纵筋，B&T 代表下部与上部；X 向纵筋以 X 打头，Y 向纵筋以 Y 打头，两向纵筋配置相同时则以 X&Y 打头。

当为单向板时，分布筋可不必注写，而在图中统一注明。

当在某些板内（例如在悬挑板 XB 的下部）配置有构造钢筋时，则 X 向以 Xc，Y 向以 Yc 打头注写。

当 Y 向采用放射配筋时（切向为 X 向，径向为 Y 向），设计者应注明配筋间距的定位尺寸。

当纵筋采用两种规格钢筋"隔一布一"方式时，表达为 Φ xx/yy@$\times\times\times$，表示直径为 xx 的钢筋和直径为 yy 的钢筋两者之间间距为 $\times\times\times$，直径 xx 钢筋的间距为 $\times\times\times$ 的 2 倍，直径 yy 钢筋的间距为 $\times\times\times$ 的 2 倍。

板面标高高差是指相对于结构层楼面标高的高差，应将其注写在括号内，并且有高差则注，无高差不注。

【例 5-1】 B：X Φ 10@150　Y Φ 10@180，表示双向配筋，X 和 Y 向均有底部贯通纵筋；单层配筋，底部贯通纵筋 X 向为 Φ 10@150，Y 向为 Φ 10@180，板上部未配置贯通纵筋。

【例 5-2】 B：X&Y Φ 10@150，表示双向配筋，X 向和 Y 向均有底部贯通纵筋；单层配筋，只是底部贯通纵筋，没有板顶部贯通纵筋；底部贯通纵筋 X 向和 Y 向配筋相同，均为 Φ 10@150。

【例 5-3】 B：X&Y Φ 10@150　T：X&Y Φ 10@150，表示双向配筋，底部和顶部均为双向配筋；双层配筋，既有板底贯通纵筋，又有板顶贯通纵筋；底部贯通纵筋 X 向和 Y 向配筋相同，均为 Φ 10@150；顶部贯通纵筋 X 向和 Y 向配筋相同，均为 Φ 10@150。

【例 5-4】 B：X&Y Φ 10@150　T：X Φ 10@150，表示双层配筋，既有板底贯通纵筋，又有板顶贯通纵筋；板底为双向配筋，底部贯通纵筋 X 向和 Y 向配筋相同，均为 Φ 10@150；板顶部为单向配筋，顶部贯通纵筋 X 向为 Φ 10@150。

【例 5-5】 有一楼面板块注写为：LB5　　$h=110$

B：X Φ 12@120；Y Φ 10@110

表示 5 号楼面板，板厚 110，板下部配置的贯通纵筋 X 向为 Φ 12@120，Y 向为 Φ 10@110；板上部未配置贯通纵筋。

【例 5-6】 有一楼面板块注写为：LB5　　$h=110$

B：X Φ 10/12@100；Y Φ 10@110

表示 5 号楼面板，板厚 110，板下部配置的贯通纵筋 X 向为 Φ 10、Φ 12"隔一布一"，Φ 10 与 Φ 12 之间间距为 100；Y 向为 Φ 10@110；板上部未配置贯通纵筋。

【例 5-7】 有一悬挑板注写为：XB2　　$h=150/100$

B：Xc&Yc Φ 8@200

表示 2 号悬挑板，板根部厚 150，端部厚 100，板下部配置构造钢筋双向均为 Φ 8@200（上部受力钢筋见板支座原位标注）。

（2）同一编号板块的类型、板厚和贯通纵筋均应相同，但是板面标高、跨度、平面形状以及板支座上部非贯通纵筋可以不同，同一编号板块的平面形状可为矩形、多边形及其他形状等。施工预算时，应根据其实际平面形状，分别计算各块板的混凝土与钢材用量。

设计与施工应注意：单向或双向连续板的中间支座上部同向贯通纵筋，不应在支座位置连接或分别锚固。当相邻两跨的板上部贯通纵筋配置相同，且跨中部位有足够空间连接时，可在两跨任意一跨的跨中连接部位连接；当相邻两跨的上部贯通纵筋配置不同时，应将配置较大者越过其标注的跨数终点或起点伸至相邻跨的跨中连接区域连接。

设计应注意板中间支座两侧上部纵筋的协调配置，施工及预算应按具体设计和相应标准构造要求实施。等跨与不等跨板上部纵筋的连接有特殊要求时，其连接部位及方式应由设计者注明。对于梁板式转换层楼板，板下部纵筋在支座内的锚固长度不应小于 l_a。当悬挑板需要考虑竖向地震作用时，下部纵筋伸入支座内长度不应小于 l_{aE}。

3. 板支座原位标注

（1）板支座原位标注的内容包括：板支座上部非贯通纵筋和悬挑板上部受力钢筋。

板支座原位标注的钢筋，应在配置相同跨的第一跨表达（当在梁悬挑部位单独配置时则在原位表达）。在配置相同的第一跨（或梁悬挑部位），垂直于板支座（梁或墙）绘制一段适宜长度的中粗实线（当该筋通长设置在悬挑板或短跨板上部时，实线段应画至对边或贯通短跨），以该线段代表支座上部非贯通纵筋，并在线段上方注写钢筋编号（例如①、②等）、配筋值、横向连续布置的跨数（注写在括号内，并且当为一跨时可不注），以及是否横向布置到梁的悬挑端。

板支座上部非贯通筋自支座中线向跨内的伸出长度，注写在线段的下方位置。

当中间支座上部非贯通纵筋向支座两侧对称伸出时，可仅在支座一侧线段下方标注伸出长度，另一侧不注，如图 5-1 所示。

当向支座两侧非对称伸出时，应分别在支座两侧线段下方注写伸出长度，如图 5-2 所示。

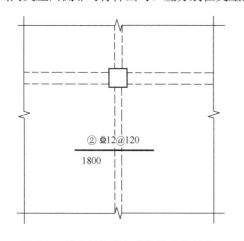

图 5-1　板支座上部非贯通筋对称伸出

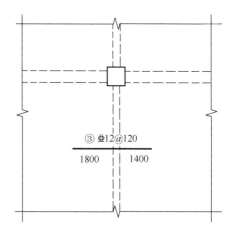

图 5-2　板支座上部非贯通筋非对称伸出

对线段画至对边贯通全跨或贯通全悬挑长度的上部通长纵筋，贯通全跨或伸出至全悬挑一侧的长度值不注，只注明非贯通筋另一侧的伸出长度值，如图 5-3 所示。

当板支座为弧形，支座上部非贯通纵筋呈放射状分布时，设计者应注明配筋间距的度量位置并加注"放射分布"四字，必要时应补绘平面配筋图，如图 5-4 所示。

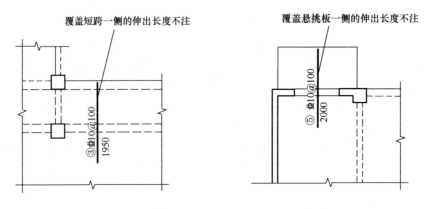

图 5-3　板支座非贯通筋贯通全跨或伸出至悬挑端

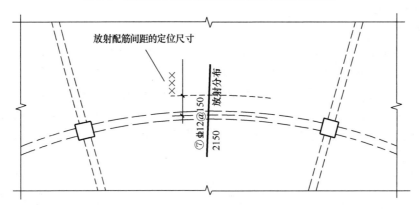

图 5-4　弧形支座处放射配筋

关于悬挑板的注写方式如图 5-5 所示。当悬挑板端部厚度不小于 150 时，设计者应指定板端部封边构造方式，当采用 U 形钢筋封边时，尚应指定 U 形钢筋的规格、直径。

板平面布置图中，不同部位板支座上部非贯通纵筋及悬挑板上部受力钢筋，可仅在一个部位注写，对其他相同者则仅需在代表钢筋的线段上注写编号及按"3. 板支座原位标注"规则注写横向连续布置的跨数即可。

此外，与板支座上部非贯通纵筋垂直且绑扎在一起的构造钢筋或分布钢筋，应由设计者在图中注明。

（2）当板的上部已配置有贯通纵筋，但需增配板支座上部非贯通纵筋时，应结合已配置的同向贯通纵筋的直径与间距采取"隔一布一"方式配置。

"隔一布一"方式，为非贯通纵筋的标注间距与贯通纵筋相同，两者组合后的实际间距为各自标注间距的 1/2。当设定贯通纵筋为纵筋总截面面积的 50% 时，两种钢筋应取相同直径；当设定贯通纵筋大于或小于总截面面积的 50% 时，两种钢筋则取不同直径。

施工应注意：当支座一侧设置了上部贯通纵筋（在板集中标注中以 T 打头），而在支座另一侧仅设置了上部非贯通纵筋时，如果支座两侧设置的纵筋直径、间距相同，应将两者连通，避免各自在支座上部分别锚固。

4. 其他

（1）当悬挑板需要考虑竖向地震作用时，设计应注明该悬挑板纵向钢筋抗震锚固长度按

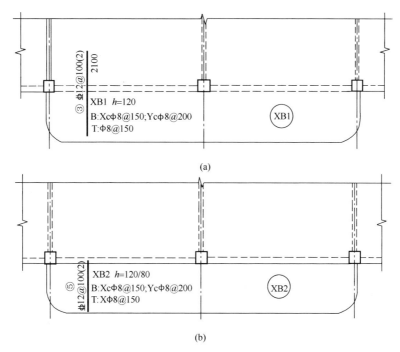

图 5-5　悬挑板支座非贯通筋

何种抗震等级。

（2）板上部纵向钢筋在端支座（梁、剪力墙顶）的锚固要求，16G101-1 图集标准构造详图中规定：当设计按铰接时，平直段伸至端支座对边后弯折，且平直段长度$\geqslant 0.35 l_{ab}$，弯折段投影长度 $15d$（d 为纵向钢筋直径）；当充分利用钢筋的抗拉强度时，平直段伸至端支座对边后弯折，且平直段长度$\geqslant 0.6 l_{ab}$，弯折段投影长度 $15d$。设计者应在平法施工图中注明采用何种构造，当多数采用同种构造时可在图注中写明，并将少数不同之处在图中注明。

（3）板支承在剪力墙顶的端节点，当设计考虑墙外侧竖向钢筋与板上部纵向受力钢筋搭接传力时，应满足搭接长度要求，设计者应在平法施工图中注明。

（4）板纵向钢筋的连接可采用绑扎搭接、机械连接或焊接，其连接位置详见 16G101-1 图集中相应的标准构造详图。当板纵向钢筋采用非接触方式的搭接连接时，其搭接部位的钢筋净距不宜小于 30mm，且钢筋中心距不应大于 $0.2 l_l$ 及 150mm 的较小者。

注：非接触搭接使混凝土能够与搭接范围内所有钢筋的全表面充分粘接，可以提高搭接钢筋之间通过混凝土传力的可靠度。

（5）采用平面注写方式表达的楼面板平法施工图示例，如图 5-6 所示。

二、无梁楼盖平法施工图制图规则

1. 无梁楼盖平法施工图的表示方法

（1）无梁楼盖平法施工图是在楼面板和屋面板布置图上，采用平面注写的表达方式。

（2）板平面注写主要有板带集中标注、板带支座原位标注两部分内容。

2. 板带集中标注

（1）集中标注应在板带贯通纵筋配置相同跨的第一跨（X 向为左端跨，Y 向为下端跨）注写。相同编号的板带可择其一做集中标注，其他仅注写板带编号（注在圆圈内）。

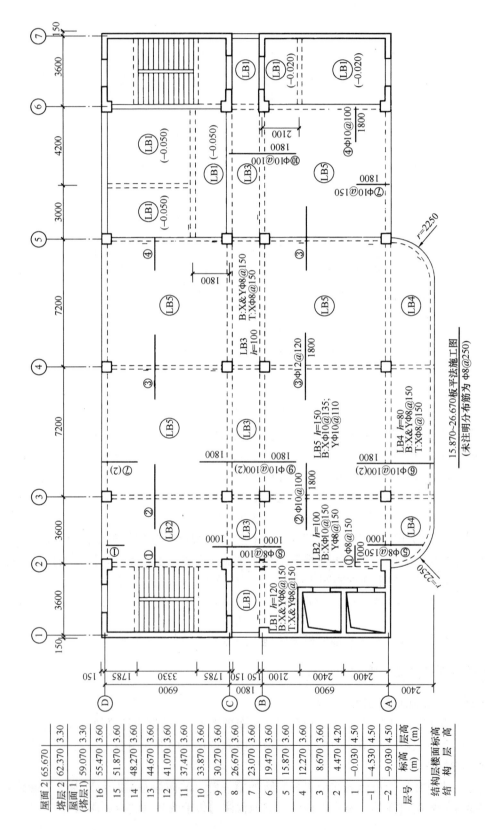

图 5-6　有梁楼盖平法施工图示例

注：可在结构层楼面标高、结构层高表中加设混凝土强度等级等栏目。

15.870~26.670板平法施工图
（未注明分布筋为 Φ8@250）

层号	标高 (m)	层高 (m)
屋面2	65.670	3.30
塔层2	62.370	3.30
屋面1（塔层1）	59.070	3.60
16	55.470	3.60
15	51.870	3.60
14	48.270	3.60
13	44.670	3.60
12	41.070	3.60
11	37.470	3.60
10	33.870	3.60
9	30.270	3.60
8	26.670	3.60
7	23.070	3.60
6	19.470	3.60
5	15.870	3.60
4	12.270	3.60
3	8.670	3.60
2	4.470	4.20
1	-0.030	4.50
-1	-4.530	4.50
-2	-9.030	4.50
层号	结构层楼面标高	结构层高

板带集中标注的具体内容为：板带编号、板带厚及板带宽和贯通纵筋。

板带编号应符合表 5-2 的规定。

表 5-2　板带编号

板带类型	代号	序号	跨数及有无悬挑
柱上板带	ZSB	××	（××）、（××A）或（××B）
跨中板带	KZB	××	（××）、（××A）或（××B）

注：1. 跨数按柱网轴线计算（两相邻柱轴线之间为一跨）。

2.（××A）为一端有悬挑，（××B）为两端有悬挑，悬挑不计入跨数。

板带厚注写为 $h=\times\times\times$，板带宽注写为 $b=\times\times\times$。当无梁楼盖整体厚度和板带宽度已在图中注明时，此项可不注。

贯通纵筋按板带下部和板带上部分别注写，并以 B 代表下部，T 代表上部，B&T 代表下部和上部。当采用放射配筋时，设计者应注明配筋间距的度量位置，必要时补绘配筋平面图。

设计与施工应注意：相邻等跨板带上部贯通纵筋应在跨中 1/3 净跨长范围内连接；当同向连续板带的上部贯通纵筋配置不同时，应将配置较大者越过其标注的跨数终点或起点伸至相邻跨的跨中连接区域连接。

设计应注意板带中间支座两侧上部贯通纵筋的协调配置，施工及预算应按具体设计和相应标准构造要求实施。等跨与不等跨板上部贯通纵筋的连接构造要求见相关标准构造详图；当具体工程对板带上部纵向钢筋的连接有特殊要求时，其连接部位及方式应由设计者注明。

（2）当局部区域的板面标高与整体不同时，应在无梁楼盖的板平法施工图上注明板面标高高差及分布范围。

3. 板带支座原位标注

（1）板带支座原位标注的具体内容为：板带支座上部非贯通纵筋。

以一段与板带同向的中粗实线段代表板带支座上部非贯通纵筋；对柱上板带，实线段贯穿柱上区域绘制；对跨中板带：实线段横贯柱网轴线绘制。在线段上注写钢筋编号（例如①、②等）、配筋值及在线段的下方注写自支座中线向两侧跨内的伸出长度。

当板带支座非贯通纵筋自支座中线向两侧对称伸出时，其伸出长度可仅在一侧标注；当配置在有悬挑端的边柱上时，该筋伸出到悬挑尽端，设计不注。当支座上部非贯通纵筋呈放射分布时，设计者应注明配筋间距的定位位置。

不同部位的板带支座上部非贯通纵筋相同者，可仅在一个部位注写，其余则在代表非贯通纵筋的线段上注写编号。

（2）当板带上部已经配有贯通纵筋，但需增加配置板带支座上部非贯通纵筋时，应结合已配同向贯通纵筋的直径与间距，采取"隔一布一"方式配置。

4. 暗梁的表示方法

（1）暗梁平面注写包括暗梁集中标注、暗梁支座原位标注两部分内容。施工图中在柱轴线处画中粗虚线表示暗梁。

（2）暗梁集中标注包括暗梁编号、暗梁截面尺寸（箍筋外皮宽度×板厚）、暗梁箍筋、暗梁上部通长筋或架立筋四部分内容。暗梁编号应符合表 5-3 的规定，其他注写方式详见第四章第一节"二、平面注写方式"第（3）条。

表 5-3　暗梁编号

构件类型	代号	序号	跨数及有无悬挑
暗梁	AL	××	（××）、（××A）或（××B）

注：1. 跨数按柱网轴线计算（两相邻柱轴线之间为一跨）。

　　2.（××A）为一端有悬挑，（××B）为两端有悬挑，悬挑不计入跨数。

（3）暗梁支座原位标注包括梁支座上部纵筋、梁下部纵筋。当在暗梁上集中标注的内容不适用于某跨或某悬挑端时，则将其不同数值标注在该跨或该悬挑端，施工时按原位注写取值。注写方式详见第四章第一节"二、平面注写方式"第（4）条。

（4）当设置暗梁时，柱上板带及跨中板带标注方式与本节"一、有梁楼盖平法施工图制图规则"中第 2 条、第 3 条一致。柱上板带标注的配筋仅设置在暗梁之外的柱上板带范围内。

（5）暗梁中纵向钢筋连接、锚固及支座上部纵筋伸出长度等要求同轴线处柱上板带中纵向钢筋。

5. 其他

（1）当悬挑板需要考虑竖向地震作用时，设计应注明该悬挑板纵向钢筋抗震锚固长度按何种抗震等级。

（2）无梁楼盖板纵向钢筋的锚固和搭接需满足受拉钢筋的要求。

（3）无梁楼盖跨中板带上部纵向钢筋在梁端支座的锚固要求，16G101-1 图集标准构造详图中规定：当设计按铰接时，平直段伸至端支座对边后弯折，且平直段长度 $\geqslant 0.35l_{ab}$，弯折段投影长度 $15d$（d 为纵向钢筋直径）；当充分利用钢筋的抗拉强度时，直段伸至端支座对边后弯折，且平直段长度 $\geqslant 0.6l_{ab}$，弯折段投影长度 $15d$。设计者应在平法施工图中注明采用何种构造，当多数采用同种构造时可在图注中写明，并将少数不同之处在图中注明。

（4）无梁楼盖跨中板带支承在剪力墙顶的端节点，当板上部纵向钢筋充分利用钢筋的抗拉强度时（锚固在支座中），直段伸至端支座对边后弯折，且平直段长度 $\geqslant 0.6l_{ab}$，弯折段投影长度 $15d$；当设计考虑墙外侧竖向钢筋与板上部纵向受力钢筋搭接传力时，应满足搭接长度要求；设计者应在平法施工图中注明采用何种构造，当多数采用同种构造时可在图注中写明，并将少数不同之处在图中注明。

（5）板纵向钢筋的连接可采用绑扎搭接、机械连接或焊接，其连接位置详见 16G101-1 图集中相应的标准构造详图。当板纵向钢筋采用非接触方式的绑扎搭接连接时，其搭接部位的钢筋净距不宜小于 30mm，且钢筋中心距不应大于 $0.2l_l$ 及 150mm 的较小者。

注：非接触搭接使混凝土能够与搭接范围内所有钢筋的全表面充分粘接，可以提高搭接钢筋之间通过混凝土传力的可靠度。

（6）无梁楼盖的板平法制图规则，同样适用于地下室内无梁楼盖的平法施工图设计。

（7）采用平面注写方式表达的无梁楼盖柱上板带、跨中板带及暗梁标注图示，如图 5-7 所示。

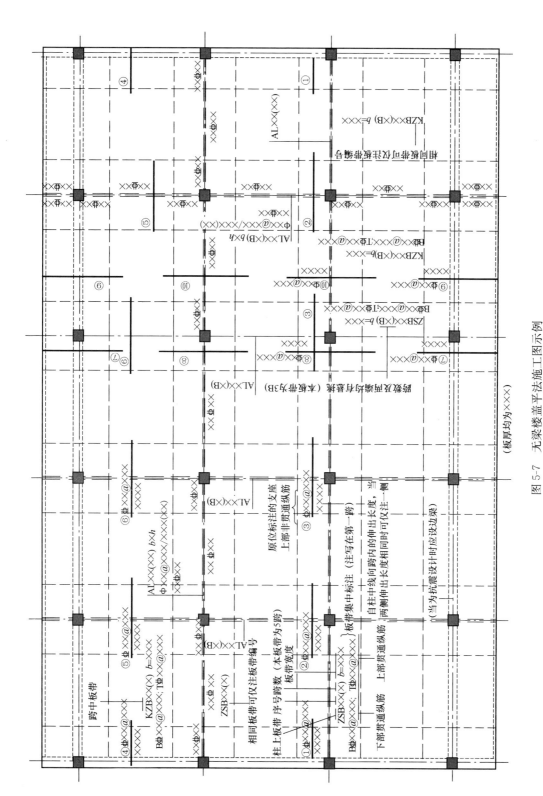

图 5-7　无梁楼盖平法施工图示例

注：图示按 1：200 比例绘制

三、楼板相关构造制图规则

1. 楼板相关构造类型与表示方法

（1）楼板相关构造的平法施工图设计是在板平法施工图上采用直接引注方式表达。

（2）楼板相关构造编号应符合表 5-4 的规定。

表 5-4　楼板相关构造类型与编号

构造类型	代号	序号	说明
纵筋加强带	JQD	××	以单向加强纵筋取代原位置配筋
后浇带	HJD	××	有不同的留筋方式
柱帽	ZM×	××	适用于无梁楼盖
局部升降板	SJB	××	板厚及配筋与所在板相同；构造升降高度≤300mm
板加腋	JY	××	腋高与腋宽可选注
板开洞	BD	××	最大边长或直径＜1m；加强筋长度有全跨贯通和自洞边锚固两种
板翻边	FB	××	翻边高度≤300mm
角部加强筋	Crs	××	以上部双向非贯通加强钢筋取代原位置的非贯通配筋
悬挑板阴角附加筋	Cis	××	板悬挑阴角上部斜向附加钢筋
悬挑板阳角放射筋	Ces	××	板悬挑阳角上部放射筋
抗冲切箍筋	Rh	××	通常用于无柱帽无梁楼盖的柱顶
抗冲切弯起筋	Rb	××	通常用于无柱帽无梁楼盖的柱顶

2. 楼板相关构造直接引注

（1）纵筋加强带 JQD 的引注

纵筋加强带的平面形状及定位由平面布置图表达，加强带内配置的加强贯通纵筋等由引注内容表达。

纵筋加强带设单向加强贯通纵筋，取代其所在位置板中原配置的同向贯通纵筋。根据受力需要，加强贯通纵筋可在板下部配置，也可在板下部和上部均设置。纵筋加强带的引注如图 5-8 所示。

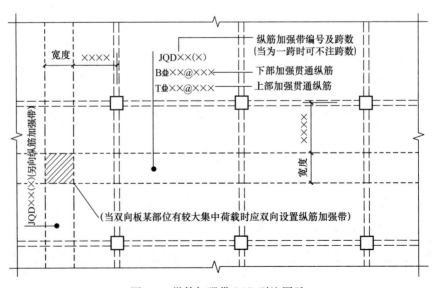

图 5-8　纵筋加强带 JQD 引注图示

当板下部和上部均设置加强贯通纵筋，而板带上部横向无配筋时，加强带上部横向配筋应由设计者注明。

当将纵筋加强带设置为暗梁形式时应注写箍筋，其引注如图 5-9 所示。

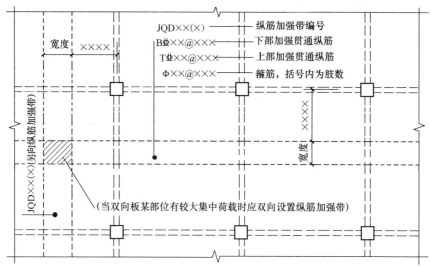

图 5-9　纵筋加强带 JQD 引注图示（暗梁形式）

（2）后浇带 HJD 的引注

后浇带的平面形状以及定位由平面布置图表达，后浇带留筋方式等由引注内容表达，主要包括：

1）后浇带编号以及留筋方式代号。16G101-1 图集提供了贯通和 100％搭接两种留筋方式。

贯通留筋的后浇带宽度通常取大于或等于 800mm；100％搭接留筋的后浇带宽度通常取 800mm 与（l_l＋60mm 或 l_{lE}＋60mm）的较大值（l_l、l_{lE} 分别为受拉钢筋的搭接长度、受拉钢筋抗震搭接长度）。

2）后浇混凝土的强度等级 C××。宜采用补偿收缩混凝土，设计应注明相关施工要求。

3）当后浇带区域留筋方式或后浇混凝土强度等级不一致时，设计者应在图中注明与图示不一致的部位及做法。

后浇带引注如图 5-10 所示。

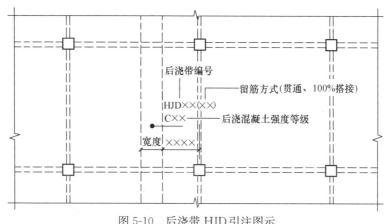

图 5-10　后浇带 HJD 引注图示

（3）柱帽 ZM× 的引注

柱帽 ZM× 的引注如图 5-11～图 5-14 所示。柱帽的平面形状包括矩形、圆形或多边形等，其平面形状由平面布置图表达。

柱帽的立面形状有单倾角柱帽 ZMa、托板柱帽 ZMb、变倾角柱帽 ZMc 和倾角托板柱帽 ZMab 等，如图 5-11～图 5-14 所示，其立面几何尺寸和配筋由具体的引注内容表达。图中 c_1、c_2 当 X、Y 方向不一致时，应标注（$c_{1,X}$，$c_{1,Y}$）、（$c_{2,X}$，$c_{2,Y}$）。

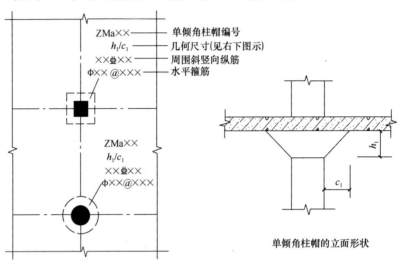

图 5-11　单倾角柱帽 ZMa 引注图示

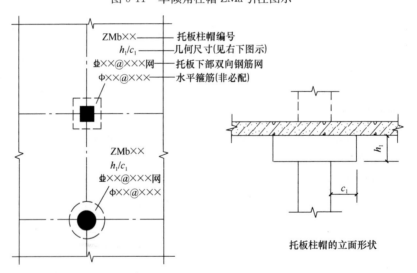

图 5-12　托板柱帽 ZMb 引注图示

（4）局部升降板 SJB 的引注

局部升降板 SJB 的引注如图 5-15 所示。局部升降板的平面形状及定位由平面布置图表达，其他内容由引注内容表达。

局部升降板的板厚、壁厚和配筋，在标准构造详图中取与所在板块的板厚和配筋相同，设计不注；当采用不同板厚、壁厚和配筋时，设计应补充绘制截面配筋图。

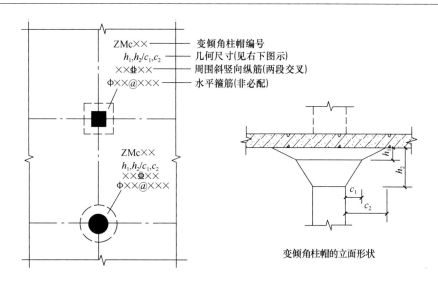

图 5-13　变倾角柱帽 ZMc 引注图示

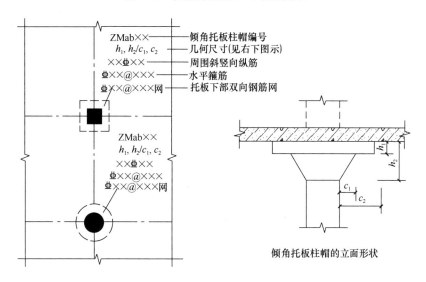

图 5-14　倾角托板柱帽 ZMab 引注图示

局部升降板升高与降低的高度，在标准构造详图中限定为小于或等于 300mm，当高度大于 300mm 时，设计应补充绘制截面配筋图。

设计应注意：局部升降板的下部与上部配筋均应设计为双向贯通纵筋。

（5）板加腋 JY 的引注

板加腋 JY 的引注如图 5-16 所示。板加腋的位置与范围由平面布置图表达，腋宽、腋高及配筋等由引注内容表达。

当为板底加腋时，腋线应为虚线；当为板面加腋时，腋线应为实线；当腋宽与腋高同板厚时，设计不注。加腋配筋按标准构造，设计不注；当加腋配筋与标准构造不同时，设计应补充绘制截面配筋图。

（6）板开洞 BD 的引注

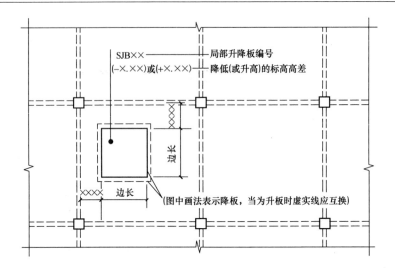

图 5-15　局部升降板 SJB 引注图示

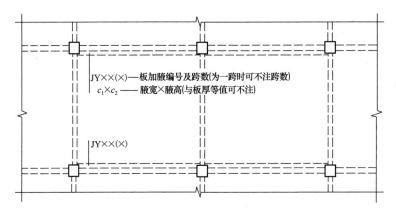

图 5-16　板加腋 JY 引注图示

板开洞 BD 的引注如图 5-17 所示。板开洞的平面形状及定位由平面布置图表达，洞的几何尺寸等由引注内容表达。

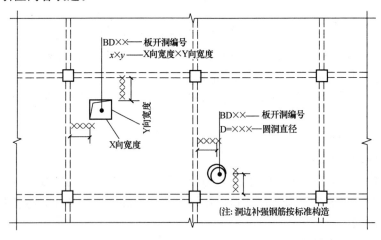

图 5-17　板开洞 BD 引注图示

当矩形洞口边长或圆形洞口直径小于或等于1000mm，并且当洞边无集中荷载作用时，洞边补强钢筋可按标准构造的规定设置，设计不注；当洞口周边加强钢筋不伸至支座时，应在图中画出所有加强钢筋，并且标注不伸至支座的钢筋长度。当具体工程所需的补强钢筋与标准构造不同时，设计应加以注明。

当矩形洞口边长或圆形洞口直径大于1000mm，或虽小于或等于1000mm但是洞边有集中荷载作用时，设计应根据具体情况采取相应的处理措施。

（7）板翻边FB的引注

板翻边FB的引注如图5-18所示。板翻边可为上翻也可为下翻，翻边尺寸等在引注内容中表达，翻边高度在标准构造详图中为小于或等于300mm。当翻边高度大于300mm时，由设计者自行处理。

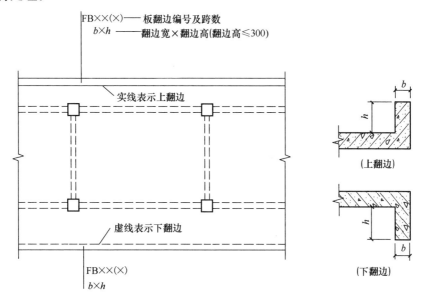

图 5-18　板翻边 FB 引注图示

（8）角部加强筋 Crs 的引注

角部加强筋 Crs 的引注如图 5-19 所示。角部加强筋一般用于板块角区的上部，根据规范规定的受力要求选择配置。角部加强筋将在其分布范围内取代原配置的板支座上部非贯通纵筋，且当其分布范围内配有板上部贯通纵筋时则间隔布置。

（9）悬挑板阴角附加筋 Cis 的引注

悬挑板阴角附加筋 Cis 的引注如图 5-20 所示。悬挑板阴角附加筋是指在悬挑板的阴角部位斜放的附加钢筋，该附加钢筋设置在板上部悬挑受力钢筋的下面。

（10）悬挑板阳角附加筋 Ces 的引注

悬挑板阳角附加筋 Ces 的引注如图 5-21 所示。

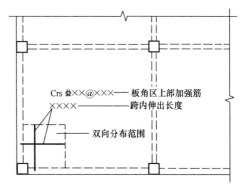

图 5-19　角部加强筋 Crs 引注图示

143

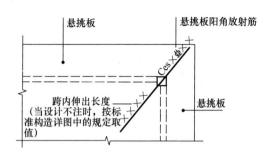

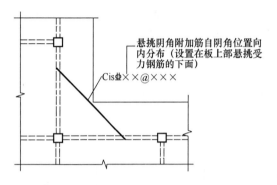

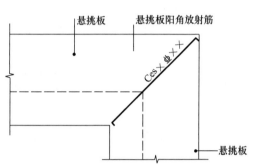

图 5-20　悬挑板阴角附加筋 Cis 引注图示　　　　图 5-21　悬挑板阳角放射筋 Ces 引注图示

（11）抗冲切箍筋 Rh 的引注

抗冲切箍筋 Rh 的引注如图 5-22 所示。抗冲切箍筋一般在无柱帽、无梁楼盖的柱顶部位设置。

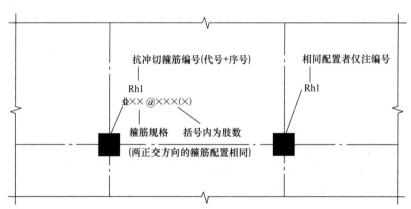

图 5-22　抗冲切箍筋 Rh 引注图示

（12）抗冲切弯起筋 Rb 的引注

抗冲切弯起筋 Rb 的引注如图 5-23 所示。抗冲切弯起筋一般也在无柱帽、无梁楼盖的柱顶部位设置。

3. 其他

16G101-1 图集未包括的其他构造，应由设计者根据具体工程情况按照规范要求进行设计。

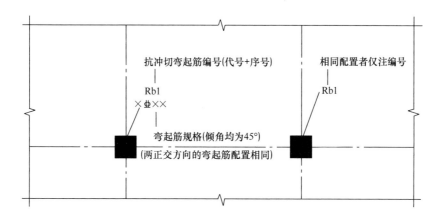

图 5-23　抗冲切弯起筋 Rb 引注图示

第二节　板标准构造详图识读

一、有梁楼盖楼（屋）面板配筋构造图识读

1. 有梁楼盖楼面板 LB 和屋面板 WB 钢筋构造

有梁楼盖楼面板 LB 和屋面板 WB 钢筋构造如图 5-24 所示。

（1）当相邻等等跨或不等跨的上部贯通纵筋配置不同时，应将配置较大者越过其标注的跨数终点或起点伸出至相邻跨的跨中连接区域连接。

（2）除图 5-24 所示搭接连接外，板纵筋可采用机械连接或焊接连接。接头位置：上部钢筋如图 5-24 所示连接区，下部钢筋宜在距支座 1/4 净跨内。

（3）板贯通纵筋的连接要求见 16G101-1 图集第 59 页，并且同一连接区段内钢筋接头百分率不宜大于 50%。

（4）当采用非接触式的绑扎搭接连接时，要求如图 5-25 所示。

1）在搭接范围内，相互搭接的纵筋与横向钢筋的每个交叉点均应进行绑扎。

2）抗裂构造钢筋抗温度筋自身及其与受力主筋搭接长度为 l_l。

3）板上下贯通筋可兼作抗裂构造筋和抗温度筋。当下部贯通筋兼作抗温度钢筋时，其在支座处的锚固由设计者确定。

4）分布筋自身及与受力主筋、构造钢筋的搭接长度为 150；当分布筋兼作抗温度筋时，其自身及与受力主筋、构造钢筋的搭接长度为 l_l；其在支座处的锚固按受拉要求考虑。

（5）板位于同一层面的两向交叉纵筋哪个方向在下哪个方向在上，应按具体设计说明。

（6）图 5-24 中板的中间支座均按梁绘制，当支座为混凝土剪力墙时，其构造相同。

2. 有梁楼盖楼面板与屋面板在端部支座的锚固构造要求

有梁楼盖楼面板与屋面板在端部支座的锚固构造要求如图 5-26、图 5-27 所示。

（1）板在端部支座的锚固构造（一）中纵筋在端支座应伸至梁支座外侧纵筋内侧后弯折 $15d$，当平直段长度分别 $\geqslant l_a$、$\geqslant l_{aE}$ 时可不弯折。

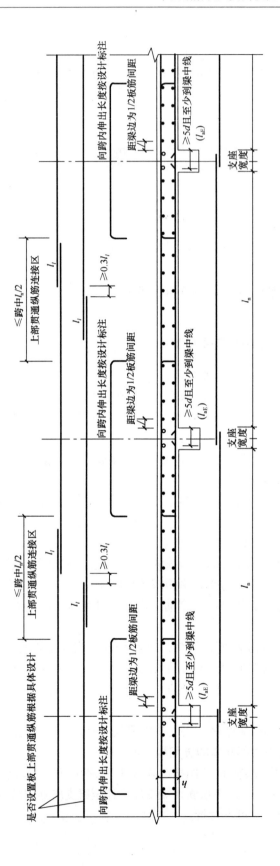

图 5-24　有梁楼盖楼面板 LB 和屋面板 WB 钢筋构造
（括号内的锚固长度 l_{aE} 用于梁板式转换层的板）

l_n—水平净跨跨值；l_t—纵向受拉钢筋非抗震绑扎搭接长度；l_{aE}—受拉钢筋抗震锚固长度；d—受拉钢筋直径

146

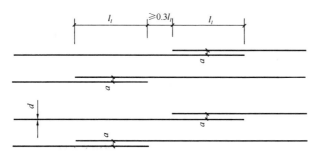

$(30+d \leqslant a < 0.2l_l$ 及 150 的较小值$)$

图 5-25　纵向钢筋非接触搭接构造

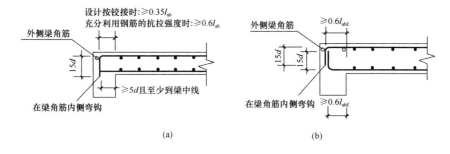

图 5-26　板在端部支座的锚固构造（一）

（a）普通楼屋面板；（b）用于梁板式转换层的楼面板

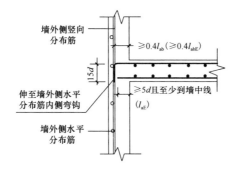

(括号内的数值用于梁板式转换层的板，当板下部纵筋直锚长度不足时，可弯锚)

(a)

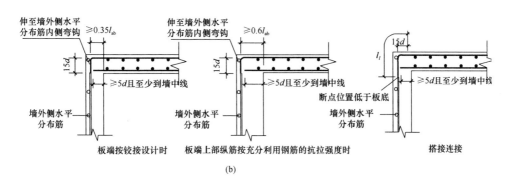

(b)

图 5-27　板在端部支座的锚固构造（二）

（a）端部支座为剪力墙中间层；（b）端部支座为剪力墙墙顶

（2）图中"设计按铰接时"、"充分利用钢筋的抗拉强度时"由设计指定。

（3）梁板式转换层的板中 l_{abE}、l_{aE} 按抗震等级四级取值，设计也可根据实际工程情况另行指定。

（4）板端部支座为剪力墙墙顶时，构造做法由设计指定。

（5）板在端部支座的锚固构造（二）中，纵筋在端支座应伸至墙外侧水平分布钢筋内侧后弯折 $15d$，当平直段长度分别 $\geqslant l_a$ 或 $\geqslant l_{aE}$ 时可不弯折。

二、有梁楼盖不等跨板上部贯通纵筋连接构造图识读

有梁楼盖不等跨板上部贯通纵筋连接构造如图 5-28 所示。

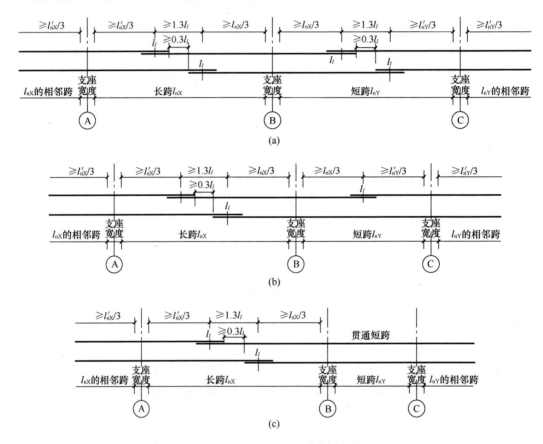

图 5-28　不等跨板上部贯通纵筋连接构造

（当钢筋足够长时能通则通）

（a）不等跨板上部贯通纵筋连接构造（一）；（b）不等跨板上部贯通纵筋

连接构造（二）；（c）不等跨板上部贯通纵筋连接构造（三）

l'_{nX}—轴线 A 左右两跨的较大净跨度值；l'_{nY}—轴线 C 左右两跨的较大净跨度值

三、有梁楼盖悬挑板钢筋构造图识读

1. 悬挑板 XB 钢筋构造

悬挑板 XB 钢筋构造如图 5-29 所示。

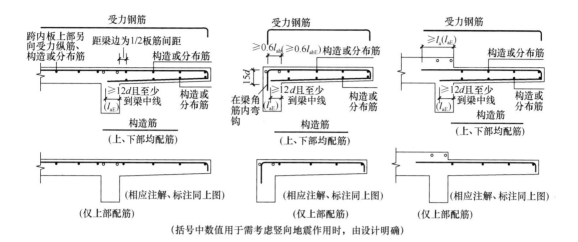

图 5-29　悬挑板 XB 钢筋构造

l_{ab}—受拉钢筋的非抗震基本锚固长度；d—受拉钢筋直径；

l_{aE}—受拉钢筋抗震锚固长度；l_{abE}—受拉钢筋抗震基本锚固长度

2. 板翻边 FB 构造

板翻边 FB 构造如图 5-30 所示。

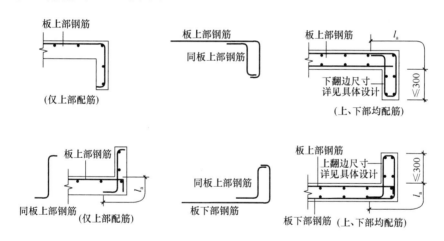

图 5-30　板翻边 FB 构造

l_a—受拉钢筋的非抗震锚固长度

3. 悬挑板阳角放射筋 Ces 构造

悬挑板阳角放射筋构造如图 5-31 所示。

四、无梁楼盖柱上板带与跨中板带纵向钢筋构造图识读

无梁楼盖柱上板带与跨中板带纵向钢筋构造如图 5-32 所示。

（1）当相邻等跨或不等跨的上部贯通纵筋配置不同时，应将配置较大者越过其标注的跨数终点或起点伸出至相邻跨的跨中连接区域连接。

（2）板贯通纵筋的连接要求详见 16G101-1 图集第 59 页纵向钢筋连接构造，且同一连接

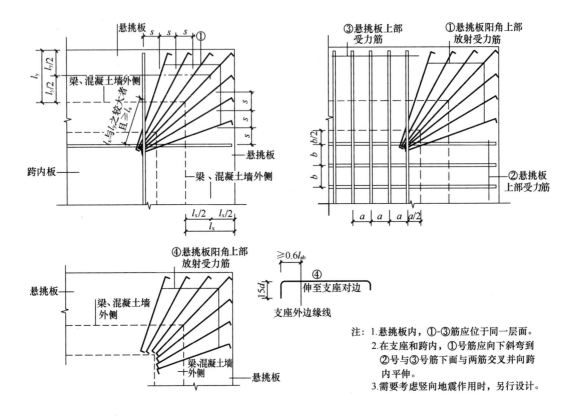

注：1.悬挑板内，①-③筋应位于同一层面。
　　2.在支座和跨内，①号筋应向下斜弯到
　　　②号与③号筋下面与两筋交叉并向跨
　　　内平伸。
　　3.需要考虑竖向地震作用时，另行设计。

图 5-31　悬挑板阳角放射筋 Ces 构造

l_x—水平向跨度值；l_y—竖直向跨度值；

l_{ab}—受拉钢筋的非抗震基本锚固长度；l_a—受拉钢筋的非抗震锚固长度；

a—竖直向悬挑板上部受力筋间距；b—水平向悬挑板上部受力筋间距

区段内钢筋接头百分率不宜大于 50%。不等跨板上部贯通纵筋连接构造如图 5-28 示。当采用非接触方式的绑扎搭接连接时，具体构造要求如图 5-25 所示。

（3）板贯通纵筋在连接区域内也可采用机械连接或焊接连接。

（4）板各部位同一层面的两向交叉纵筋哪个方向在下哪个方向在上，应按具体设计说明。

（5）图 5-32 所示构造同样适用于无柱帽的无梁楼盖。

（6）板带端支座与悬挑端的纵向钢筋构造见本节"五、板带端支座、板带悬挑端纵向钢筋构造及柱上板带暗梁钢筋构造"。

（7）无梁楼盖柱上板带内贯通纵筋搭接长度应为 l_{lE}。无柱帽柱上板带的下部贯通纵筋，宜在距柱面 2 倍板厚以外连接，采用搭接连接时钢筋端部宜设置垂直于板面的弯钩。

五、板带端支座、板带悬挑端纵向钢筋构造及柱上板带暗梁钢筋构造图识读

板带端支座、板带悬挑端纵向钢筋构造及柱上板带暗梁钢筋构造见表 5-5。

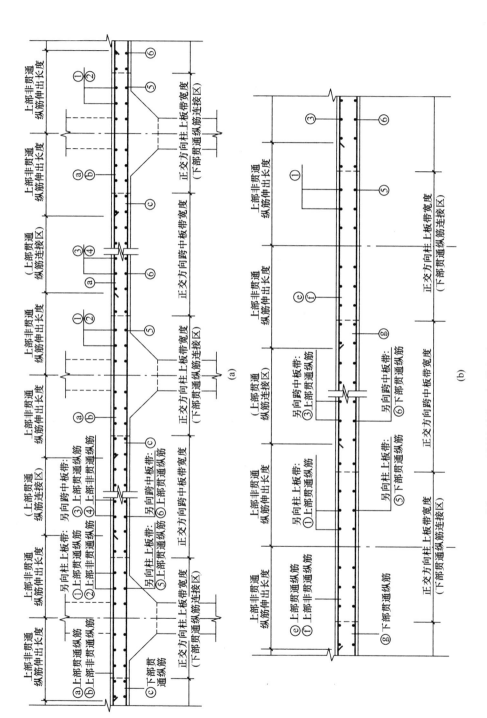

图 5-32　无梁楼盖柱上板带与跨中板带纵向钢筋构造
（板带上部非贯通纵筋向跨内伸出长度按设计标注）

(a) 柱上板带 ZSB 纵向钢筋构造；(b) 跨中板带 KZB 纵向钢筋构造

表 5-5　板带端支座、板带悬挑端纵向钢筋构造及柱上板带暗梁钢筋构造

名称	构造图
板带端支座纵向钢筋构造（一）	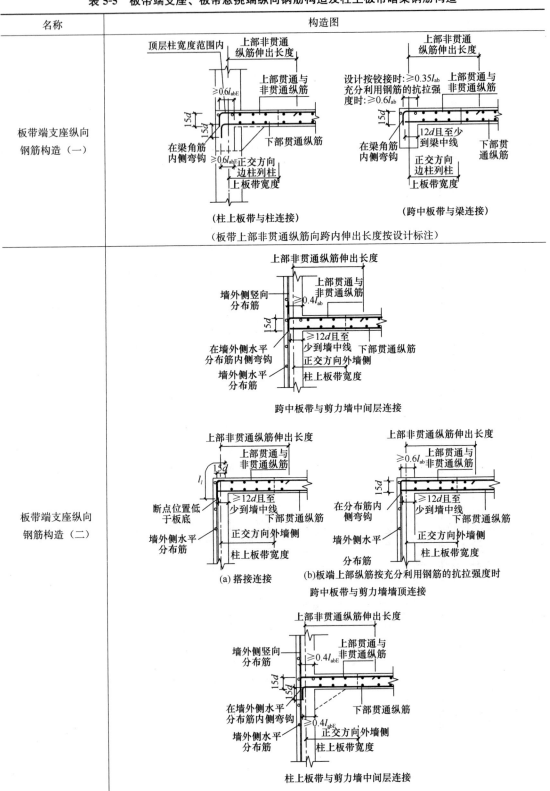
板带端支座纵向钢筋构造（二）	

续表

名称	构造图
板带端支座纵向钢筋构造（二）	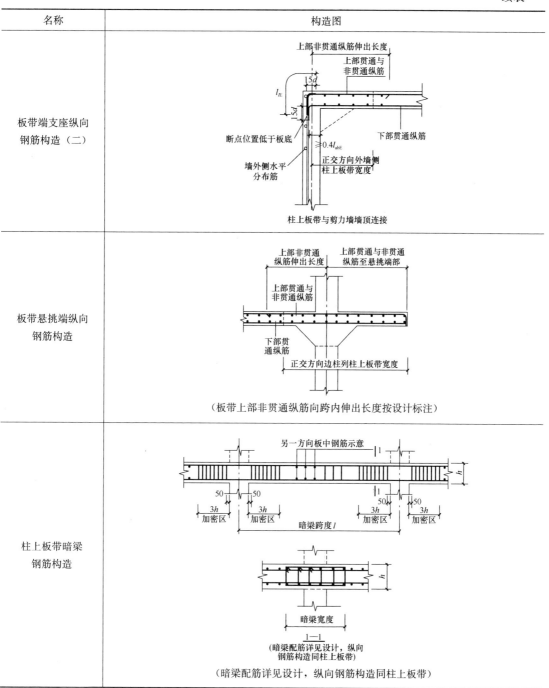
板带悬挑端纵向钢筋构造	（板带上部非贯通纵筋向跨内伸出长度按设计标注）
柱上板带暗梁钢筋构造	（暗梁配筋详见设计，纵向钢筋构造同柱上板带）

注：1. 本表中板带端支座纵向钢筋构造、板带悬挑端纵向钢筋构造同样适用于无柱帽的无梁楼盖。
　　2. 其余要求见无梁楼盖柱上板带与跨中板带纵向钢筋构造。
　　3. 图中"设计按铰接时"、"充分利用钢筋的抗拉强度时"由设计指定。
　　4. 板带端支座纵向钢筋构造（二）跨中板带与剪力墙墙顶连接时，（a）、（b）做法由设计指定。
　　5. l_{abE}（l_{ab}）—受拉钢筋的基本锚固长度，抗震设计时锚固长度用 l_{abE} 表示，非抗震设计用 l_{ab} 表示；d—纵向钢筋直径；h—板带厚度；l_{lE}（l_l）—受拉钢筋绑扎搭接长度，抗震设计时锚固长度用 l_{lE} 表示，非抗震设计用 l_l 表示。

第三节 板构件识图实例精解

【实例一】 井梁式楼板结构图识读

井梁式楼板结构图如图 5-33 所示。

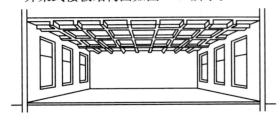

图 5-33 井梁式楼板

从图 5-33 中可以看出：

（1）当房间尺寸较大，而且接近正方形时，经常沿两个方向布置等距离、等截面的梁，从而形成井格式的梁板结构。

（2）这种结构不分主次梁，中部不设柱子，常用于跨度为 10m 左右、长短边之比小于 1.5 的形状近似方形的公共建筑的门厅、大厅等处。

（3）板和梁支承在墙上，为避免把墙压坏，保证荷载的可靠传递，支点处应有一定的支承面积。

（4）国家有关规范规定了最小搁置长度：现浇钢筋混凝土楼板或屋面板伸进纵、横墙内的长度均不应小于 120mm。梁在墙上的搁置长度与梁的截面高度相关，当梁高小于或等于 500mm 时，搁置长度不小于 180mm；当梁高大于 500mm 时，搁置长度不小于 240mm。

【实例二】 复梁式楼板结构图识读

复梁式楼板结构图如图 5-34 所示。

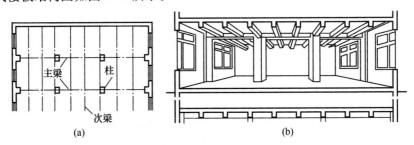

（a）   （b）

图 5-34 复梁式楼板

（a）主次梁示意；（b）楼板图

从图 5-34 中可以看出：

（1）其中一向为主梁，另一向为次梁。

（2）主梁一般沿房间的短跨布置，经济跨度为 5~8m，截面高为跨度的 1/14~1/8，截面宽为截面高的 1/3~1/2，由墙或柱支承。

（3）次梁垂直于主梁布置，经济跨度为 4~6m，截面高为跨度的 1/18~1/12，截面宽为截面高的 1/3~1/2，由主梁支承。

（4）板支承于次梁上，跨度一般为 1.7~2.7m，板的厚度与其跨度和支承情况相关，一般不小于 60mm。

【实例三】　槽形板结构图识读

槽形板结构图如图 5-35 所示。

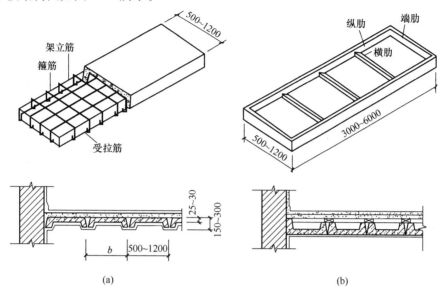

图 5-35　槽形板
(a) 正槽板；(b) 反槽板
b—板宽

从图 5-35 中可以看出：

(1) 当板肋位于板的下面时，槽口向下，结构合理，为正槽板；当板肋位于板的上面时，槽口向上，为反槽板。

(2) 槽形板的跨度为 3～7.2m，板宽为 500～1200mm，板肋高一般为 150～300mm。

(3) 因为板肋形成了板的支点，板跨减小，所以板厚较小，只有 25～35mm。

(4) 为了增加槽形板的刚度，也便于搁置，板的端部需设端肋与纵肋相连。

(5) 当板的长度超过 6m 时，需沿板长每隔 1000～1500mm 增设横肋。

【实例四】　某钢筋混凝土板结构详图识读

钢筋混凝土板结构详图如图 5-36～图 5-38 所示。

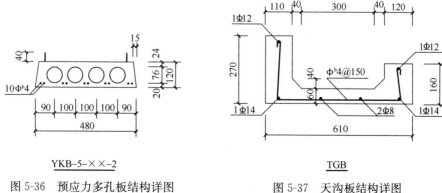

YKB–5–××–2

图 5-36　预应力多孔板结构详图

TGB

图 5-37　天沟板结构详图

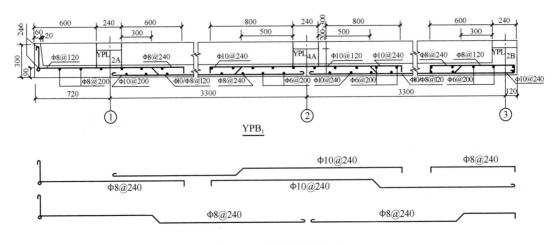

图 5-38　雨篷板结构详图

从图 5-36～图 5-38 中可以看出：

图 5-36 是预制的预应力多孔板（YKB－5-××－2）的横断面图。板的名义宽度应是 500mm，但考虑到制作误差（若板宽比 500mm 稍大时，可能会影响板的铺设）及板间构造嵌缝，故板宽的设计尺寸定为 480mm。YKB 是某建筑构配件公司下属混凝土制品厂生产的定型构件，因此不必绘制结构详图。

图 5-37 是用于屋面的预制天沟板（TGB）的横断面图。它是非定型的预制构件，故需画出结构详图。本例天沟板的板长有 3300mm 和 4000mm 两种。

图 5-38 是现浇雨篷板（YPB$_1$）的结构详图，它是采用一个剖面图来表示的非定型的现浇构件。YPB$_1$ 是左端带有外挑板（轴线①的左面部分）的两跨连续板，它支撑在外挑雨篷梁（YPL$_{2A}$，YPL$_{4A}$，YPL$_{2B}$）上。由于建筑上的要求，雨篷板的板底做平，故雨篷梁设在雨篷板的上方（称为逆梁）。YPL$_{2A}$，YPL$_{4A}$ 是矩形截面梁，梁宽为 240mm，梁高为 200～300mm；YPL$_{2B}$ 为矩形等截面梁，断面为 240mm×300mm。

雨篷板（YPB$_1$）采用弯起式配筋，即板的上部钢筋是由板的下部钢筋直接弯起，为了便于识读板的配筋情况，现把板中受力筋的钢筋图画在配筋图的下方。在钢筋混凝土构件的结构详图中，除了配筋比较复杂外，一般不另画钢筋图。

板的配筋图中除了必须标注出板的外形尺寸和钢筋尺寸外，还应注明板底的结构标高。

当结构平面图采用较大比例（如 1∶50）时，也可以把现浇板配筋（受力筋）的钢筋图直接画在板的平面图上，从而省略了板的结构详图。

【实例五】　现浇板楼面结构平面图识读

现浇板楼面结构平面图如图 5-39 所示。

从图 5-39 中可以看出：

（1）图 5-39 所示是 2 层结构平面图的一部分，图中的轴线编号和轴间尺寸均与建筑图相同，使用 1∶100 的比例。

（2）图中的虚线表示板底下的梁，由于此办公楼采用的是框架结构体系，所以没有设置圈梁和构造柱。

（3）门窗的上表面和框架梁底在同一高度，也没有设置过梁。整个楼板厚度除阳台部分

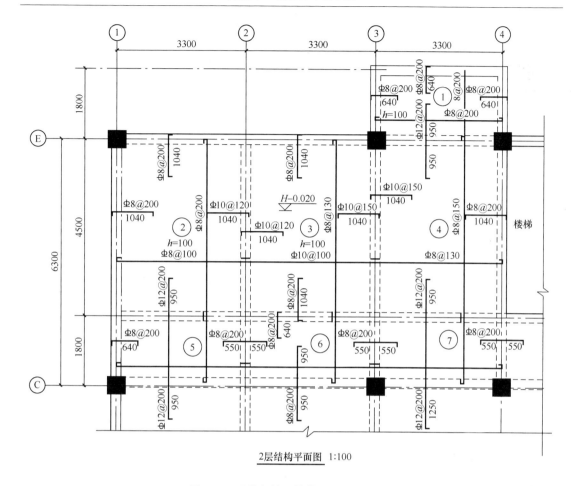

图 5-39　现浇板楼面结构平面图（局部）

是 100mm 外，其余部分是 110mm。

（4）相邻板如果上面部分配筋相同，则中间不断开，将一根钢筋跨两侧放置。在图中还注明了卫生间部分的结构标高（不含装修层的高度）比其他部分低 20mm。

【实例六】　预制板楼面结构平面图识读

预制板楼面结构平面图如图 5-40 所示。

从图 5-40 中可以看出：

（1）此图是二层结构平面图，比例尺是 1：100，图中涂黑的部位代表钢筋混凝土构造柱，共有 GZ-1、GZ-2、GZ-3 三种，由于配筋比较简单，具体配筋情况是采用断面图的形式表示出来的。和构造柱相同，图中两种圈梁 QL-1、QL-2 的配筋同样是用断面图表示的。图中包含了 3 种形式的预制板，其中②号板表示布置 4 块长度为 3500mm、宽度为 1200mm 和 1 块长度为 3500mm、宽度为 900mm，荷载等级均为 1 级的预应力多孔板。由于在 B 轴线上有构造柱 G2-3，无法放预制板，所以在这里现浇一板带。

（2）图 5-40 中门或窗洞口的上方是过梁，如"GL-7243"：其中"GL"表示为过梁，"7"表示过梁所在的墙厚是 370mm，"24"表示过梁下墙洞口宽度 2400mm，"3"表示过梁荷载等级是 3 级。图中"XL-1"表示编号是 1 的现浇梁。图 5-40 中 A 轴线上的粗实线表示

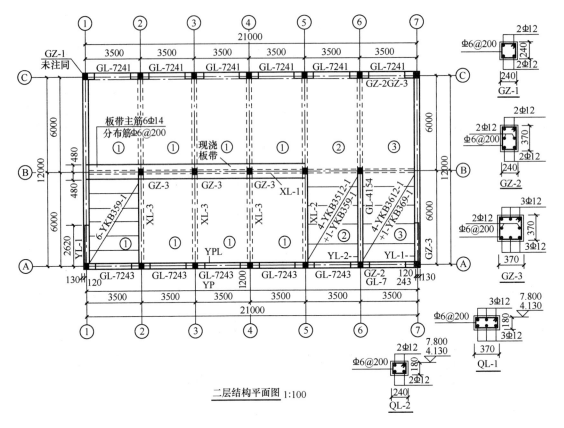

图 5-40　预制板楼面结构平面图
（370 墙下为 QL-1，240 墙下为 QL-2）

雨篷梁和端部的压梁，分别用代号 YPL、YL-1、YL-2 来表示。

【实例七】　现浇板平法施工图识读

现浇板平法施工图如图 5-41、图 5-42 所示。

从图 5-41、图 5-42 中可以看出：

（1）该层楼板共有三个编号，第一个是 LB1，板厚 $h=120$mm。板下部钢筋是 B：X&Y Φ 10@200，表示板下部钢筋两个方向都是 Φ 10@200。第二个是 LB2，板厚 $h=100$mm。板下部钢筋是 B：X Φ 8@200，Y Φ 8@150。表示板下部钢筋 X 方向是 Φ 8@200，Y 方向是 Φ 8@150，LB1 和 LB2 板没有配上部贯通钢筋。板支座负筋采用原位标注，同时给出编号，同一编号的钢筋，只详细标明一个，其余只标明编号。第三个是 LB3，板厚 $h=100$mm。集中标注钢筋是 B&T：X&Y8@200，表示该楼板上部下部两个方向都配 Φ 8@200 的贯通钢筋，即双层双向都是 Φ 8@200。板集中标注下面括号内的数字（−0.080）表示该楼板比楼层结构标高低 80mm。这是因为该房间是卫生间，卫生间的地面通常要比普通房间的地面低。

（2）雨篷是纯悬挑板，所以编号是 XB1，板厚 $h=130$mm/100mm，表示板根部厚度是 130mm，板端部厚度是 100mm。悬挑板的下部不配钢筋，上部 X 方向通筋是 Φ 8@200，悬挑板受力钢筋采用原位标注，为⑥号钢筋 Φ 10@150。为了表示该雨篷的详细做法，图中还画出了 A-A 断面图。从 A-A 断面图可以看出，雨篷和框架梁的关系。板底标高是 2.900m，刚好与框架梁底持平。

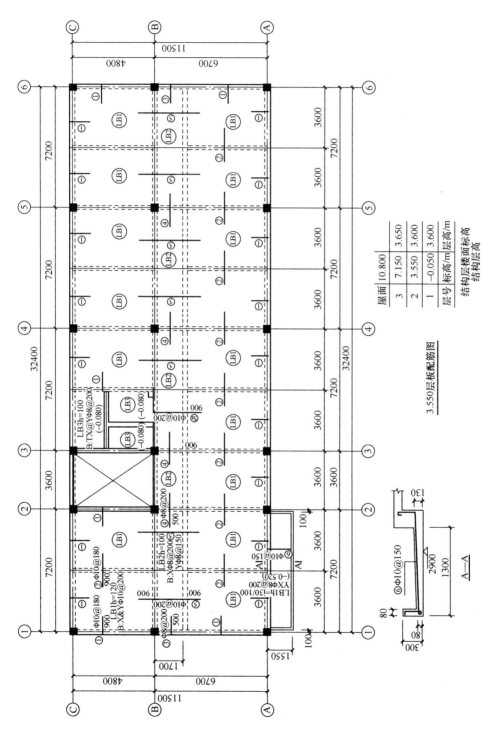

图 5-41 现浇板平法施工图示例（单位：mm）（标高单位为 m）

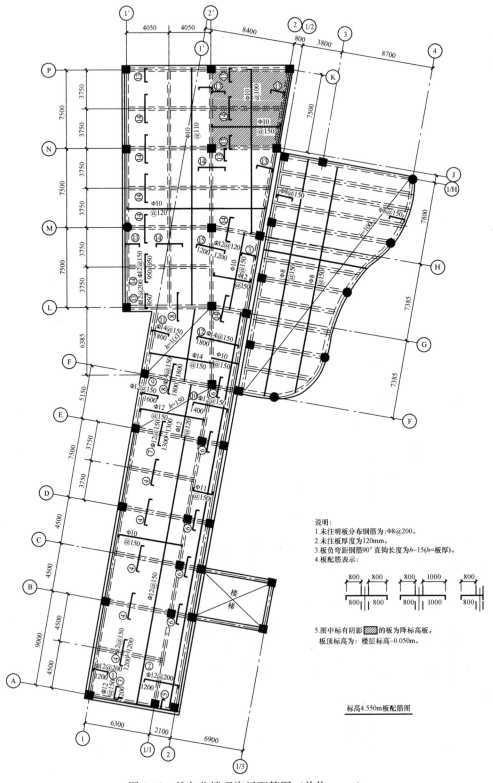

说明：
1. 未注明板分布钢筋为:Φ8@200。
2. 未注板厚度为120mm。
3. 板负弯距钢筋90°直钩长度为h−15(h=板厚)。
4. 板配筋表示：

5. 图中标有阴影▨的板为降标高板，
板顶标高为：楼层标高−0.050m。

标高4.550m板配筋图

图 5-42 某办公楼现浇板配筋图（单位：mm）

思考题：

　　1. 有梁楼盖板块集中标注有哪些内容要求？

　　2. 无梁楼盖板带集中标注有哪些要求？

　　3. 后浇带 HJD 的引注有哪些内容？

　　4. 悬挑板阳角附加筋、阴角附加筋的引注有哪些内容？

　　5. 有梁楼盖楼面板 LB 和屋面板 WB 钢筋构造如何识读？

　　6. 有梁楼盖不等跨板上部贯通纵筋连接构造如何识读？

　　7. 有梁楼盖板翻边 FB 构造如何识读？

　　8. 悬挑板阳角放射筋 Ces 构造如何识读？

　　9. 无梁楼盖柱上板带与跨中板带纵向钢筋构造如何识读？

　　10. 板带端支座、板带悬挑端纵向钢筋构造及柱上板带暗梁钢筋构造如何识读？

第六章　板式楼梯平法识图

重点提示：

1. 了解现浇混凝土板式楼梯平法施工图的表示方法、平面注写方式、剖面注写方式等

2. 熟悉板式楼梯标准构造详图

3. 通过实例学习，掌握楼梯结构图的识读方法

第一节　板式楼梯平法施工图制图规则

一、现浇混凝土板式楼梯平法施工图的表示方法

（1）现浇混凝土板式楼梯平法施工图包括平面注写、剖面注写和列表注写三种表达方式，设计者可根据工程具体情况任选一种。

16G101-2 图集制图规则主要表述梯板的表达方式，与楼梯相关的平台板、梯梁、梯柱的注写方式参见 16G101-1 图集。

（2）楼梯平面布置图，应采用适当比例集中绘制，需要时绘制其剖面图。

（3）为方便施工，在集中绘制的板式楼梯平法施工图中，应当用表格或其他方式注明各结构层的楼面标高、结构层高及相应的结构层号。

二、楼梯类型

（1）16G101-2 图集楼梯包含 12 种类型，见表 6-1。各梯板截面形状与支座位置如图 6-1~图 6-6 所示。

（2）楼梯注写：楼梯编号由梯板代号和序号组成，例如 AT××、BT××、ATa××等。

表 6-1　楼梯类型

梯板代号	适用范围		是否参与结构整体抗震计算	示意图
	抗震构造措施	适用结构		
AT	无	剪力墙、砌体结构	不参与	图 6-1
BT				
CT	无	剪力墙、砌体结构	不参与	图 6-2
DT				
ET	无	剪力墙、砌体结构	不参与	图 6-3
FT				

梯板代号	适用范围		是否参与结构整体抗震计算	示意图
	抗震构造措施	适用结构		
GT	无	剪力墙、砌体结构	不参与	图 6-4
ATa	有	框架结构、框剪结构中框架部分	不参与	图 6-5
ATb			不参与	
ATc			参与	
CTa	有	框架结构、框剪结构中框架部分	不参与	图 6-6
CTb			不参与	

注：ATa、CTa 低端设滑动支座支承在梯梁上；ATb、CTb 低端设滑动支座支承在挑板上。

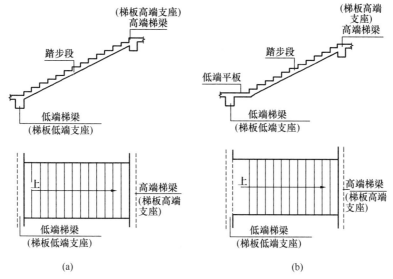

图 6-1　AT、BT 型楼梯截面形状与支座位置示意图

(a) AT 型；(b) BT 型

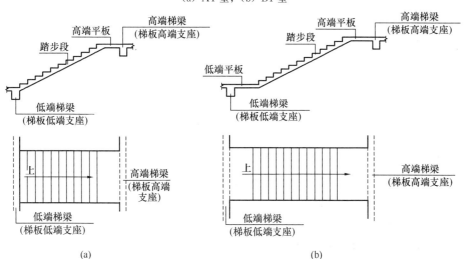

图 6-2　CT、DT 型楼梯截面形状与支座位置示意图

(a) CT 型；(b) DT 型

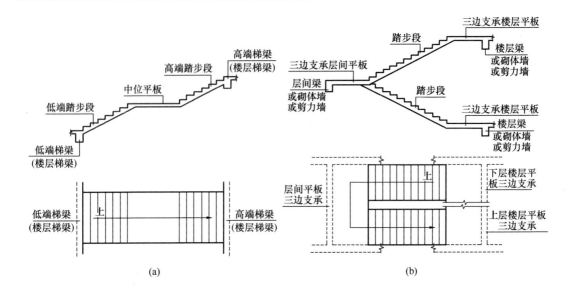

图 6-3 ET、FT 型楼梯截面形状与支座位置示意图

（a）ET 型；（b）FT 型（有层间和楼梯平台板的双跑楼梯）

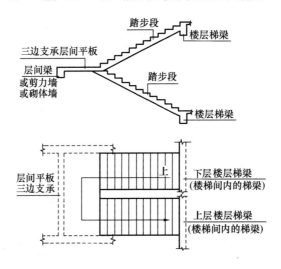

图 6-4 GT 型楼梯截面形状与支座位置示意图

（有层间平台板的双跑楼梯）

（3）AT～ET 型板式楼梯具备以下特征：

1）AT～ET 型板式楼梯代号代表一段带上下支座的梯板。梯板的主体为踏步段，除踏步段之外，梯板可包括低端平板、高端平板以及中位平板。

2）AT～ET 各型梯板的截面形状为：

AT 型梯板全部由踏步段构成；

BT 型梯板由低端平板和踏步段构成；

CT 型梯板由踏步段和高端平板构成；

DT 型梯板由低端平板、踏步板和高端平板构成；

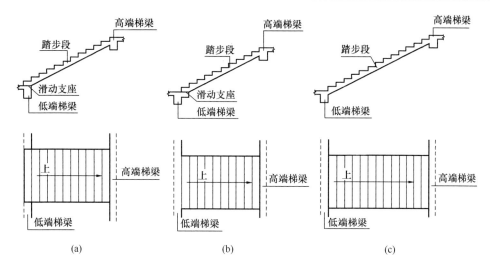

图 6-5　ATa、ATb、ATc 型楼梯截面形状与支座位置示意图
（a）ATa 型；（b）ATb 型；（c）ATc 型

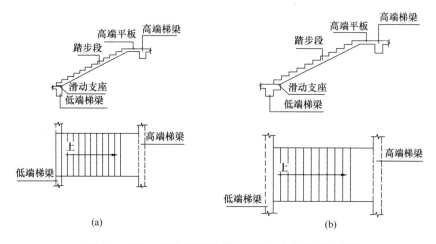

图 6-6　CTa、CTb 型楼梯截面形状与支座位置示意图
（a）CTa 型；（b）CTb 型

ET 型梯板由低端踏步段、中位平板和高端踏步段构成。

3）AT～ET 型梯板的两端分别以（低端和高端）梯梁为支座。

4）AT～ET 型梯板的型号、板厚、上下部纵向钢筋及分布钢筋等内容由设计者在平法施工图中注明。梯板上部纵向钢筋向跨内伸出的水平投影长度见相应的标准构造详图，设计不注，但是设计者应予以校核；当标准构造详图规定的水平投影长度不满足具体工程要求时，应由设计者另行注明。

（4）FT、GT 型板式楼梯具备以下特征：

1）FT、GT 每个代号代表两跑踏步段和连接它们的楼层平板及层间平板。

2）FT、GT 型梯板的构成分两类：

第一类：FT 型，由层间平板、踏步段和楼层平板构成。

第二类：GT型，由层间平板和踏步段构成。

3）FT、GT型梯板的支承方式如下：

① FT型：梯板一端的层间平板采用三边支承，另一端的楼层平板也采用三边支承。

② GT型：梯板一端的层间平板采用三边支承，另一端的梯板段采用单边支承（在梯梁上）。

FT、GT型梯板的支承方式见表6-2。

表6-2 FT、GT型梯板支承方式

梯板类型	层间平板端	踏步段端（楼层处）	楼层平板端
FT	三边支承	—	三边支承
GT	三边支承	单边支承（梯梁上）	—

4）FT、GT型梯板的型号、板厚、上下部纵向钢筋及分布钢筋等内容由设计者在平法施工图中注明。FT、GT型平台上部横向钢筋及其外伸长度，在平面图中原位标注。梯板上部纵向钢筋向跨内伸出的水平投影长度见相应的标准构造详图，设计不注，但设计者应予以校核；当标准构造详图规定的水平投影长度不满足具体工程要求时，应由设计者另行注明。

（5）ATa、ATb型板式楼梯具备以下特征：

1）ATa、ATb型为带滑动支座的板式楼梯，梯板全部由踏步段构成，其支承方式为梯板高端均支承在梯梁上，ATa型梯板低端带滑动支座支承在梯梁上，ATb型梯板低端带滑动支座支承在挑板上。

2）滑动支座做法如图6-7所示，采用何种做法应由设计指定。滑动支座垫板可选用聚四氟乙烯板（四氟板）、钢板和厚度大于等于0.5mm的塑料片，也可选用其他能有效滑动的材料，其连接方式由设计者另行处理。

3）ATa、ATb型梯板采用双层双向配筋。

（6）ATc型板式楼梯具备以下特征：

1）ATc型梯板全部由踏步段构成，其支承方式为梯板两端均支承在梯梁上。

2）ATc楼梯休息平台与主体结构可整体连接，也可脱开连接。

3）ATc型楼梯梯板厚度应按计算确定，并且不宜小于140mm；梯板采用双层配筋。

4）ATc型梯板两侧设置边缘构件（暗梁），边缘构件的宽度取1.5倍板厚；边缘构件纵筋数量，当抗震等级为一、二级时不少于6根，当抗震等级为三、四级时不少于4根；纵筋直径不小于φ12且不小于梯板纵向受力钢筋的直径；箍筋直径不小于φ6，间距不大于200。

平台板按双层双向配筋。

5）ATc型楼梯作为斜撑构件，钢筋均采用符合抗震性能要求的热轧钢筋，钢筋的抗拉强度实测值与屈服强度实测值的比值不应小于1.25；钢筋的屈服强度实测值与屈服强度标准值的比值不应大于1.3，且钢筋在最大拉力下的总伸长率实测值不应小于9%。

（7）CTa、CTb型板式楼梯具备以下特征：

1）CTa、CTb型为带滑动支座的板式楼梯，梯板由踏步段和高端平板构成，其支承方式为梯板高端均支承在梯梁上。CTa型梯板低端带滑动支座支承在梯梁上，CTb型梯板低端带滑动支座支承在挑板上。

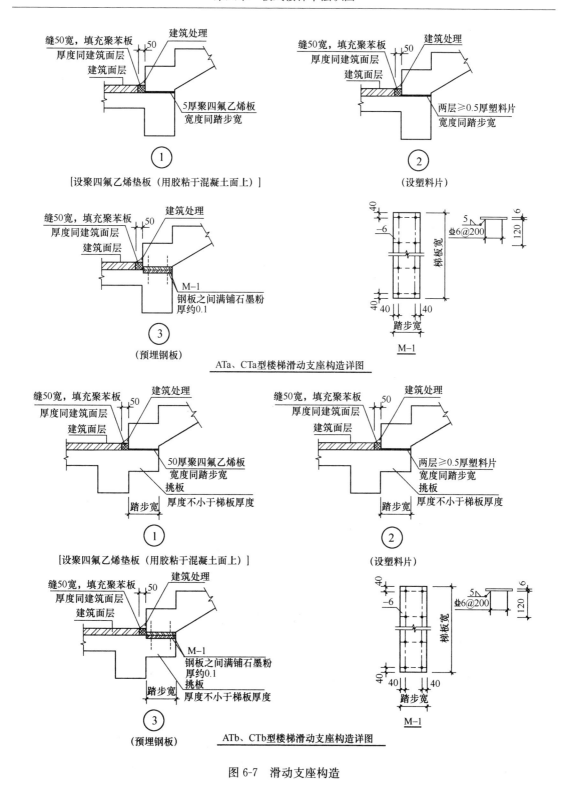

图 6-7　滑动支座构造

2）滑动支座做法见图 6-7，采用何种做法应由设计指定。滑动支座垫板可选用聚四氟乙烯板、钢板和厚度大于等于 0.5 的塑料片，也可选用其他能保证有效滑动的材料，其连接方式由设计者另行处理。

3）CTa、CTb 型梯板采用双层双向配筋。

（8）梯梁支承在梯柱上时，其构造应符合 16G101-1 中框架梁 KL 的构造做法，箍筋宜全长加密。

（9）建筑专业地面、楼层平台板和层间平台板的建筑面层厚度经常与楼梯踏步面层厚度不同，为使建筑面层做好后的楼梯踏步等高，各型号楼梯踏步板的第一级踏步高度和最后一级踏步高度需要相应增加或减少，见楼梯剖面图，若没有楼梯剖面图，其取值方法详见 16G101-2 图集第 50 页。

三、平面注写方式

（1）平面注写方式是在楼梯平面布置图上注写截面尺寸和配筋具体数值的方式来表达楼梯施工图。包括集中标注和外围标注。

（2）楼梯集中标注的内容包括五项，具体规定如下：

1）梯板类型代号与序号，例如 AT××。

2）梯板厚度，注写为 $h=×××$。当为带平板的梯板且梯段板厚度和平板厚度不同时，可在梯段板厚度后面括号内以字母 P 打头注写平板厚度。

3）踏步段总高度和踏步级数之间以"/"分隔。

4）梯板支座上部纵筋和下部纵筋之间以"；"分隔。

5）梯板分布筋，以 F 打头注写分布钢筋具体值，该项也可在图中统一说明。

6）对于 ATc 型楼梯尚应注明梯板两侧边缘构件纵向钢筋及箍筋。

（3）楼梯外围标注的内容，包括楼梯间的平面尺寸、楼层结构标高、层间结构标高、楼梯的上下方向、梯板的平面几何尺寸、平台板配筋、梯梁及梯柱配筋等。

（4）各类型楼梯平面注写方式与适用条件详见本章第二节内容。

四、剖面注写方式

（1）剖面注写方式需在楼梯平法施工图中绘制楼梯平面布置图和楼梯剖面图，注写方式分平面注写和剖面注写两部分。

（2）楼梯平面布置图注写内容，包括楼梯间的平面尺寸、楼层结构标高、层间结构标高、楼梯的上下方向、梯板的平面几何尺寸、梯板类型及编号、平台板配筋、梯梁及梯柱配筋等。

（3）楼梯剖面图注写内容，包括梯板集中标注、梯梁梯柱编号、梯板水平及竖向尺寸、楼层结构标高、层间结构标高等。

（4）梯板集中标注的内容包括四项，具体规定如下：

1）梯板类型及编号，例如 AT××。

2）梯板厚度，注写为 $h=×××$。当梯板由踏步段和平板构成，并且踏步段梯板厚度和平板厚度不同时，可在梯板厚度后面括号内以字母 P 打头注写平板厚度。

3）梯板配筋。注明梯板上部纵筋和梯板下部纵筋，用分号"；"将上部与下部纵筋的配筋值分隔开来。

4）梯板分布筋，以 F 打头注写分布钢筋具体值，该项也可在图中统一说明。

5）对于 ATc 型楼梯尚应注明梯板两侧边缘构件纵向钢筋及箍筋。

五、列表注写方式

（1）列表注写方式是用列表方式注写梯板截面尺寸和配筋具体数值的方式来表达楼梯施工图。

（2）列表注写方式的具体要求同剖面注写方式，仅将剖面注写方式中的梯板配筋注写项改为列表注写项即可。

梯板列表格式见表 6-3。

表 6-3 梯板几何尺寸和配筋

梯板编号	踏步段总高度/踏步级数	板厚 h	上部纵向钢筋	下部纵向钢筋	分布筋

注：对于 ATc 型楼梯尚应注明梯板两侧边缘构件纵向钢筋及箍筋。

六、其他

（1）楼层平台梁板配筋可绘制在楼梯平面图中，也可在各层梁板配筋图中绘制；层间平台梁板配筋在楼梯平面图中绘制。

（2）楼层平台板可与该层的现浇楼板整体设计。

第二节 板式楼梯标准构造详图识读

一、AT 型楼梯图识读

1. AT 型楼梯平面注写方式与适用条件

（1）AT 型楼梯的适用条件为：两梯梁之间的矩形梯板全部由踏步段构成，即踏步段两端均以梯梁为支座。凡是满足该条件的楼梯均可为 AT 型，如双跑楼梯（图 6-8 及图 6-9）、

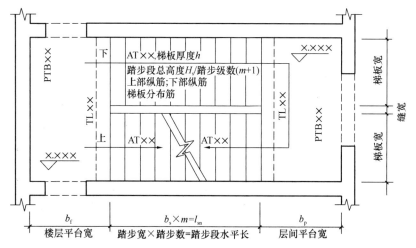

图 6-8 注写方式：标高×.×××—标高×.×××楼梯平面图
b_f—楼层平台宽；b_s—踏步宽；m—踏步数；
l_{sn}—踏步段水平长；b_p—层间平台宽

双分平行楼梯（图 6-10）和剪刀楼梯（图 6-11、图 6-12）等。

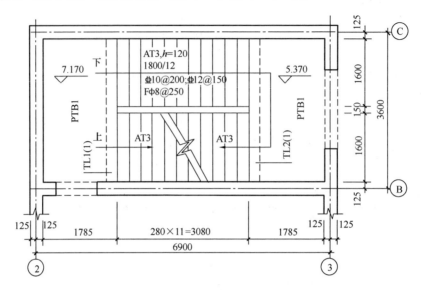

图 6-9　标高 3.570～标高 7.170 楼梯平面图

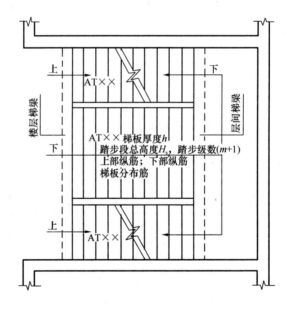

图 6-10　双分平行楼梯

（2）AT 型楼梯平面注写方式如图 6-8 所示。其中：集中注写的内容有 5 项，第 1 项为梯板类型代号与序号 AT××；第 2 项为梯板厚度 h；第 3 项为踏步段总高度 H_s/踏步级数 $(m+1)$；第 4 项为上部纵筋及下部纵筋；第 5 项为梯板分布筋。设计示例如图 6-9 所示。

（3）梯板的分布钢筋可直接标注，也可统一说明。

（4）平台板 PTB、梯梁 TL、梯柱 TZ 配筋可参照 16G101-1 图集标注。

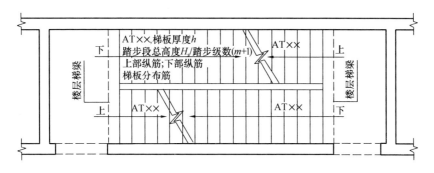

图 6-11　剪刀楼梯（无层间平台板）

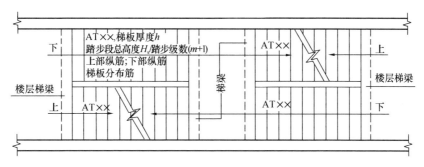

图 6-12　剪刀楼梯

2. AT 型楼梯板配筋构造

AT 型楼梯板配筋构造如图 6-13 所示。

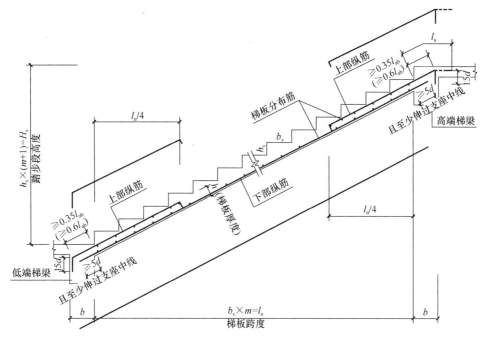

图 6-13　AT 型楼梯板配筋构造

l_n—梯板跨度；h—梯板厚度；b_s—踏步宽度；

h_s—踏步高度；H_s—踏步段高度；m—踏步数；b—支座宽度；

d—钢筋直径；l_{ab}—受拉钢筋的基本锚固长度；l_a—受拉钢筋锚固长度

（1）图中上部纵筋锚固长度 $0.35l_{ab}$ 用于设计按铰接的情况，括号内数据 $0.6l_{ab}$ 用于设计考虑充分发挥钢筋抗拉强度的情况，具体工程中设计应指明采用何种情况。

（2）上部纵筋有条件时可直接伸入平台板内锚固，从支座内边算起总锚固长度不小于 l_a，如图中虚线所示。

（3）上部纵筋需伸至支座对边再向下弯折。

（4）踏步两头高度调整见 16G101-2 图集第 50 页。

二、BT 型楼梯图识读

1. BT 型楼梯平面注写方式与适用条件

（1）BT 型楼梯的适用条件为：两梯梁之间的矩形梯板由低端平板和踏步段构成，两部分的一端各自以梯梁为支座。凡是满足该条件的楼梯均可为 BT 型，如：双跑楼梯（图 6-14 及图 6-15），双分平行楼梯（图 6-16）和剪刀楼梯（图 6-17、图 6-18）等。

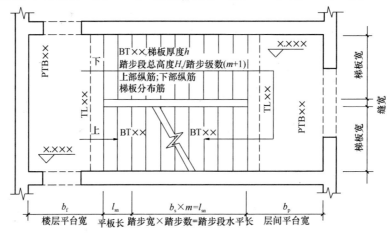

图 6-14　注写方式：标高×.××××～标高×.××××楼梯平面图
b_f—楼层平台宽；l_{ln}—低端平板长；b_s—踏步宽；
m—踏步数；l_{sn}—踏步段水平长；b_p—层间平台宽

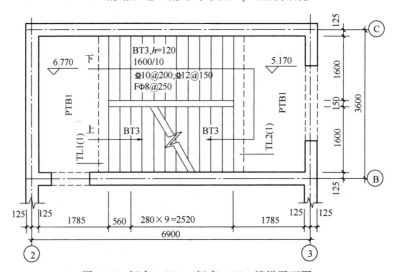

图 6-15　标高 3.170～标高 6.770 楼梯平面图

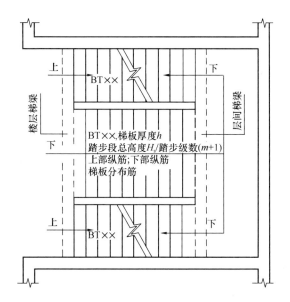

图 6-16　双分平行楼梯

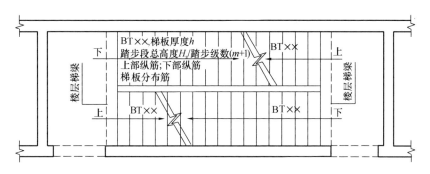

图 6-17　剪刀楼梯（无层间平台板）

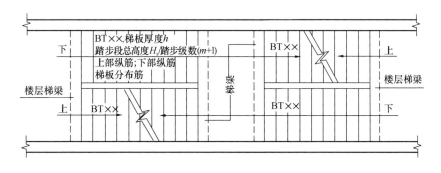

图 6-18　剪刀楼梯

（2）BT 型楼梯平面注写方式如图 6-14 所示。其中：集中注写的内容有 5 项，第 1 项为梯板类型代号与序号 BT××；第 2 项为梯板厚度 h；第 3 项为踏步段总高度 H_s/踏步级数 $(m+1)$；第 4 项为上部纵筋及下部纵筋；第 5 项为梯板分布筋。设计示例如图 6-15 所示。

（3）梯板的分布钢筋可直接标注，也可统一说明。

（4）平台板 PTB、梯梁 TL、梯柱 TZ 配筋可参照 16G101-1 图集标注。

2. BT 型楼梯板配筋构造

BT 型楼梯板配筋构造如图 6-19 所示。

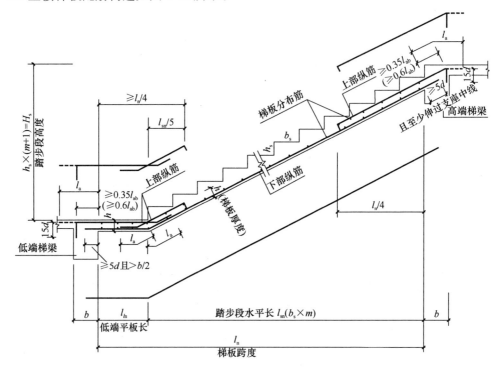

图 6-19 BT 型楼梯板配筋构造

l_n—梯板跨度；l_{sn}—踏步段水平长；h—梯板厚度；b_s—踏步宽度；

h_s—踏步高度；H_s—踏步段高度；m—踏步数；b—支座宽度；d—钢筋直径；

l_{ab}—受拉钢筋的基本锚固长度；l_a—受拉钢筋锚固长度；l_{ln}—低端平板长

（1）图中上部纵筋锚固长度 $0.35l_{ab}$ 用于设计按铰接的情况，括号内数据 $0.6l_{ab}$ 用于设计考虑充分发挥钢筋抗拉强度的情况，具体工程中设计应指明采用何种情况。

（2）上部纵筋有条件时可直接伸入平台板内锚固，从支座内边算起总锚固长度不小于 l_a，如图中虚线所示。

（3）上部纵筋需伸至支座对边再向下弯折。

（4）踏步两头高度调整见 16G101-2 图集第 50 页。

三、CT 型楼梯图识读

1. CT 型楼梯平面注写方式与适用条件

（1）CT 型楼梯的适用条件为：两梯梁之间的矩形梯板由踏步段和高端平板构成，两部分的一端各自以梯梁为支座。凡是满足该条件的楼梯均可为 CT 型，如：双跑楼梯（图 6-20 及图 6-21）、双分平行楼梯（图 6-22）和剪刀楼梯（图 6-23、图 6-24）等。

（2）CT 型楼梯平面注写方式如图 6-20 所示。其中：集中注写的内容有 5 项，第 1 项为梯板类型代号与序号CT××；第2项为梯板厚度 h；第3项为踏步段总高度 H_s/踏步级数（$m+1$）；第4项为上部纵筋及下部纵筋；第5项为梯板分布筋。设计示例如图6-21所示。

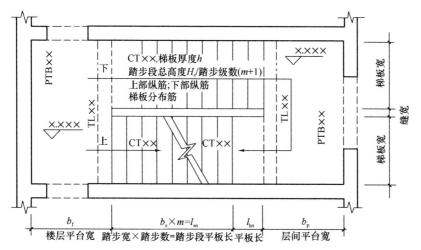

图6-20　注写方式：标高×.×××～标高×.×××楼梯平面图

b_f—楼层平台宽；b_s—踏步宽；m—踏步数；

l_{sn}—踏步段水平长；l_{hn}—高端平板长；b_p—层间平台宽

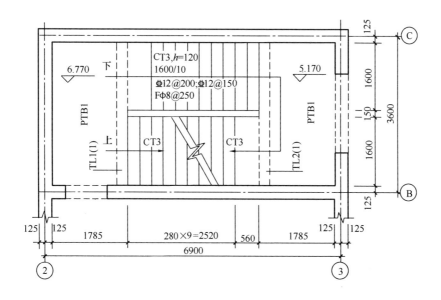

图6-21　标高5.170～标高6.770楼梯平面图

（3）梯板的分布钢筋可直接标注，也可统一说明。

（4）平台板PTB、梯梁TL、梯柱TZ配筋可参照16G101-1图集标注。

2. CT型楼梯板配筋构造

CT型楼梯板配筋构造如图6-25所示。

（1）图中上部纵筋锚固长度 $0.35l_{ab}$ 用于设计按铰接的情况，括号内数据 $0.6l_{ab}$ 用于设计

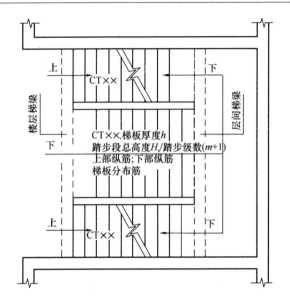

图 6-22　双分平行楼梯

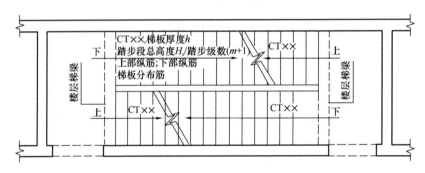

图 6-23　剪刀楼梯（无层间平台板）

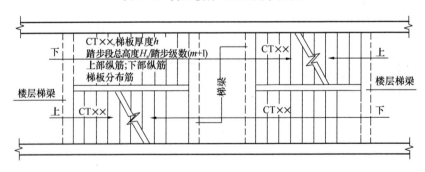

图 6-24　剪刀楼梯

考虑充分发挥钢筋抗拉强度的情况，具体工程中设计应指明采用何种情况。

（2）上部纵筋有条件时可直接伸入平台板内锚固，从支座内边算起总锚固长度不小于 l_a，如图中虚线所示。

（3）上部纵筋需伸至支座对边再向下弯折。

（4）踏步两头高度调整见 16G101-2 图集第 50 页。

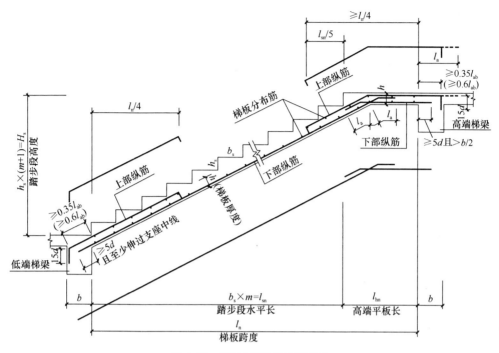

图 6-25　CT 型楼梯板配筋构造

l_n—梯板跨度；l_{sn}—踏步段水平长；h—梯板厚度；b_s—踏步宽度；
h_s—踏步高度；H_s—踏步段高度；m—踏步数；b—支座宽度；d—钢筋直径；
l_{ab}—受拉钢筋的基本锚固长度；l_a—受拉钢筋锚固长度；l_{hn}—高端平板长

四、DT 型楼梯图识读

1. DT 型楼梯平面注写方式与适用条件

（1）DT 型楼梯的适用条件为：两梯梁之间的矩形梯板由低端平板、踏步段和高端平板构成，高、低端平板的一端各自以梯梁为支座。凡是满足该条件的楼梯均可为 DT 型。如：双跑楼梯（图 6-26 及图 6-27）、双分平行楼梯（图 6-28）和剪刀楼梯（图 6-29、

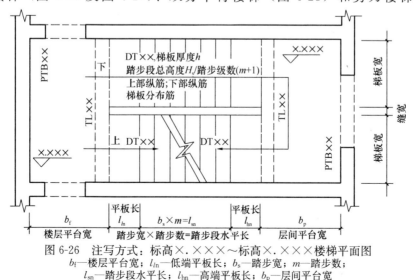

图 6-26　注写方式：标高×.×××～标高×.××× 楼梯平面图

b_f—楼层平台宽；l_{ln}—低端平板长；b_s—踏步宽；m—踏步数；
l_{sn}—踏步段水平长；l_{hn}—高端平板长；b_p—层间平台宽

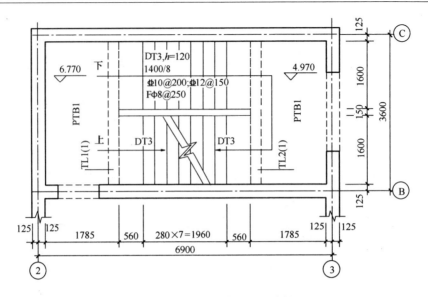

图 6-27 标高 4.970~标高 6.370 楼梯平面图

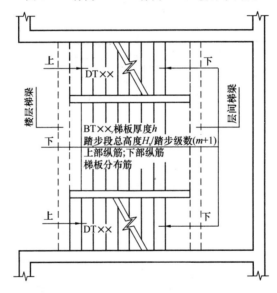

图 6-28 双分平行楼梯

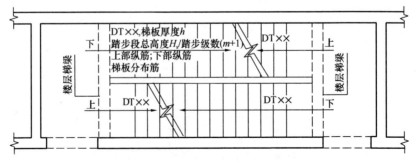

图 6-29 剪刀楼梯（无层间平台板）

图 6-30），等。

（2）DT 型楼梯平面注写方式如图 6-26 所示。其中：集中注写的内容有 5 项，第 1 项为梯板类型代号与序号 DT××；第 2 项为梯板厚度 h；第 3 项为踏步段总高度 H_s/踏步级数 $(m+1)$；第 4 项为上部纵筋及下部纵筋；第 5 项为梯板分布筋。设计示例如图 6-27 所示。

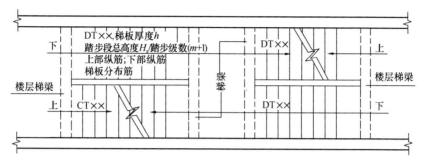

图 6-30　剪刀楼梯

（3）梯板的分布钢筋可直接标注，也可统一说明。

（4）平台板 PTB、梯梁 TL、梯柱 TZ 配筋可参照 16G101-1 图集标注。

2. DT 型楼梯板配筋构造

DT 型楼梯板配筋构造如图 6-31 所示。

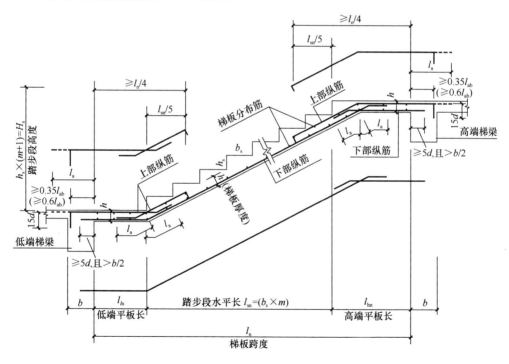

图 6-31　DT 型楼梯板配筋构造

l_n—梯板跨度；l_{sn}—踏步段水平长；h—梯板厚度；l_{ln}—低端平板长；b_s—踏步宽度；h_s—踏步高度；
H_s—踏步段高度；m—踏步数；b—支座宽度；d—钢筋直径；
l_{ab}—受拉钢筋的基本锚固长度；l_a—受拉钢筋锚固长度；l_{hn}—高端平板长

（1）图中上部纵筋锚固长度 $0.35l_{ab}$ 用于设计按铰接的情况，括号内数据 $0.6l_{ab}$ 用于设计考虑充分发挥钢筋抗拉强度的情况，具体工程中设计应指明采用何种情况。

（2）上部纵筋有条件时可直接伸入平台板内锚固，从支座内边算起总锚固长度不小于 l_a，如图中虚线所示。

（3）上部纵筋需伸至支座对边再向下弯折。

（4）踏步两头高度调整见 16G101-2 图集第 50 页。

五、ET 型楼梯图识读

1. ET 型楼梯平面注写方式与适用条件

（1）ET 型楼梯的适用条件为：两梯梁之间的矩形梯板由低端踏步段、中位平板和高端踏步段构成，高、低端踏步段的一端各自以梯梁为支座。凡是满足该条件的楼梯均可称为 ET 型。

（2）ET 型楼梯平面注写方式如图 6-32 所示。其中：集中注写的内容有 5 项，第 1 项为梯板类型代号与序号 ET××；第 2 项为梯板厚度 h；第 3 项为踏步段总高度 H_s/踏步级数 $(m_l + m_h + 2)$；第 4 项为上部纵筋、下部纵筋；第 5 项为梯板分布筋。设计示例如图 6-33 所示。

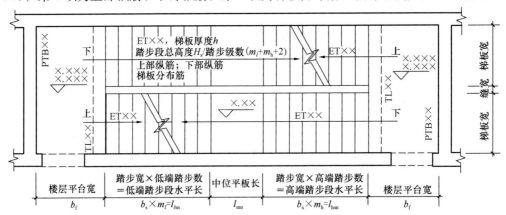

图 6-32　注写方式：标高×.×××～标高×.×××楼梯平面图

b_f—楼层平台宽；b_s—踏步宽；m_l—低端踏步数；l_{lsn}—低端踏步段水平长；
l_{mn}—中位平板长；m_h—高端踏步数；l_{hsn}—高端踏步段水平长

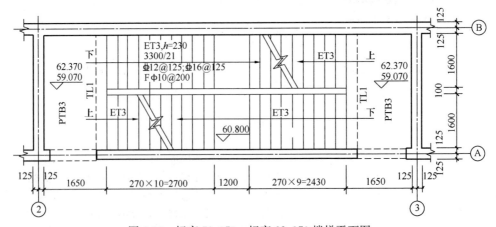

图 6-33　标高 59.070～标高 62.370 楼梯平面图

（3）梯板的分布钢筋可直接标注，也可统一说明。

（4）平台板 PTB、梯梁 TL、梯柱 TZ 配筋可参照 16G101-1 图集标注。

（5）ET 型楼梯为楼层间的单跑楼梯，跨度较大，一般情况下均应双层配筋。

2. ET 型楼梯板配筋构造

ET 型楼梯板配筋构造如图 6-34 所示。

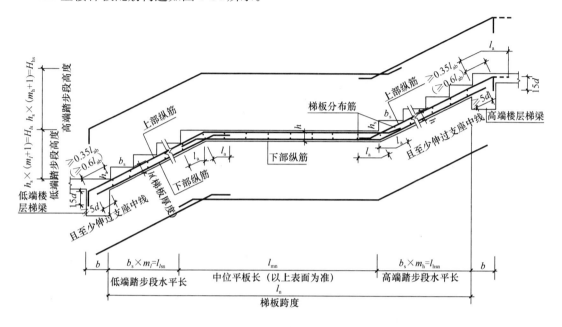

图 6-34　ET 型楼梯板配筋构造

l_n—梯板跨度；h—梯板厚度；l_{lsn}—低端踏步段平板长；l_{mn}—中位平板长；
l_{hsn}—高端踏步段平板长；b_s—踏步宽度；h_s—踏步高度；H_{ls}—低端踏步段高度；
H_{hs}—高端踏步段高度；m_l—低端踏步数；m_h—高端踏步数；b—支座宽度；
d—钢筋直径；l_{ab}—受拉钢筋的基本锚固长度；l_a—受拉钢筋锚固长度

（1）图中上部纵筋锚固长度 $0.35l_{ab}$ 用于设计按铰接的情况，括号内数据 $0.6l_{ab}$ 用于设计考虑充分发挥钢筋抗拉强度的情况，具体工程中设计应指明采用何种情况。

（2）上部纵筋有条件时可直接伸入平台板内锚固，从支座内边算起总锚固长度不小于 l_a，如图中虚线所示。

（3）上部纵筋需伸至支座对边再向下弯折。

（4）踏步两头高度调整见 16G101-2 图集第 50 页。

六、FT 型楼梯图识读

1. FT 型楼梯平面注写方式与适用条件

（1）FT 型楼梯的适用条件为：①矩形梯板由楼层平板、两跑踏步段与层间平板三部分构成，楼梯间内不设置梯梁；②楼层平板及层间平板均采用三边支承，另一边与踏步段相连；③同一楼层内各踏步段的水平长相等，高度相等（即等分楼层高度）。凡是满足以上条件的可称为 FT 型，如：双跑楼梯（图 6-35、图 6-36、图 6-37）。

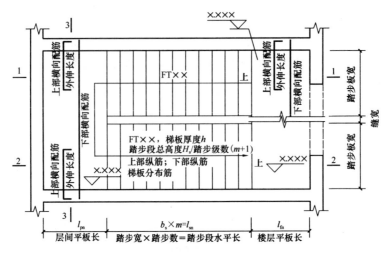

图 6-35　注写方式 1：标高×.×××～标高×.×××楼梯平面图

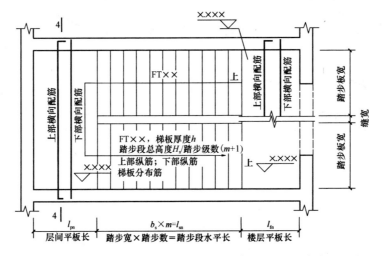

图 6-36　注写方式 2：标高×.×××～标高×.×××楼梯平面图

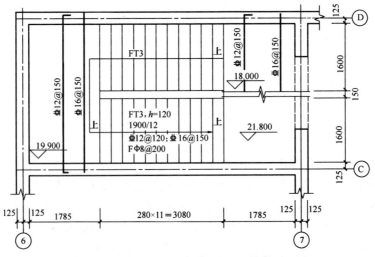

图 6-37　标高 18.000～标高 21.800 楼梯平面图

（2）FT 型楼梯平面注写方式如图 6-35 与图 6-36 所示。其中：集中注写的内容有 5 项：第 1 项梯板类型代号与序号 FT××；第 2 项梯板厚度 h，当平板厚度与梯板厚度不同时，板厚标注方式见 16G101-2 图集制图规则第 2.3.2 条；第 3 项踏步段总高度 H_s/踏步级数（$m+1$）；第 4 项梯板上部纵筋及下部纵筋；第 5 项梯板分布筋（梯板分布钢筋也可在平面图中注写或统一说明）。原位注写的内容为楼层与层间平板上、下部横向配筋。

（3）图 6-35、图 6-36 中的剖面符号仅为表示后面标准构造详图的表达部位而设，在结构设计施工图中不需要绘制剖面符号及详图。

（4）1-1、2-2 剖面见图 6-38、图 6-39，3-3、4-4 剖面见图 6-45、图 6-46。

2. FT 型楼梯板配筋构造

FT 型楼梯板配筋构造（1-1）如图 6-38 所示；FT 型楼梯板配筋构造（2-2）如图 6-39 所示。

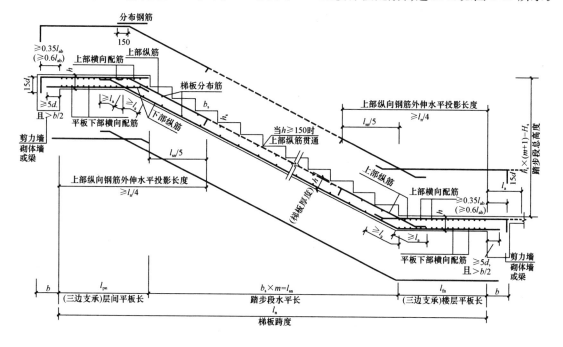

图 6-38　FT 型楼梯板配筋构造（1-1）

（楼层平板和层间平板均为三边支承）

l_n—梯板跨度；h—梯板厚度；l_{pn}—（三边支承）层间平板长；

l_{sn}—踏步段水平长；l_{fn}—（三边支承）楼层平板长；b_s—踏步宽度；

h_s—踏步高度；H_s—踏步总高度；m—踏步数；b—支座宽度；d—钢筋直径；

l_{ab}—受拉钢筋的基本锚固长度；l_a—受拉钢筋锚固长度

（1）图中上部纵筋锚固长度 $0.35l_{ab}$ 用于设计按铰接的情况，括号内数据 $0.6l_{ab}$ 用于设计考虑充分发挥钢筋抗拉强度的情况，具体工程中设计应指明采用何种情况。

（2）上部纵筋有条件时可直接伸入平台板内锚固，从支座内边算起总锚固长度不小于 l_a，如图中虚线所示。

（3）上部纵筋需伸至支座对边再向下弯折。

（4）踏步两头高度调整见 16G101-2 图集第 50 页。

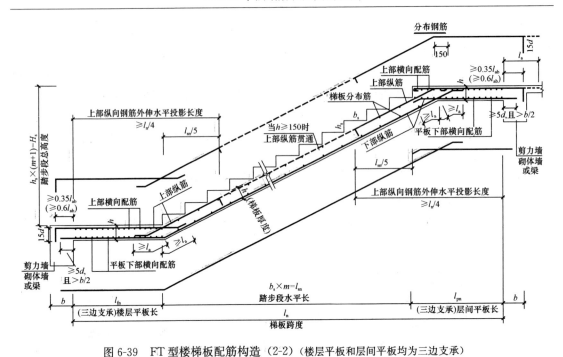

图 6-39 FT 型楼梯板配筋构造（2-2）（楼层平板和层间平板均为三边支承）

l_n—梯板跨度；h—梯板厚度；l_{pn}—（三边支承）层间平板长；l_{sn}—踏步段水平长；l_{fn}—（三边支承）楼层平板长；b_s—踏步宽度；h_s—踏步高度；H_s—踏步段总高度；m—踏步数；b—支座宽度；d—钢筋直径；l_{ab}—受拉钢筋的基本锚固长度；l_a—受拉钢筋锚固长度

七、GT 型楼梯图识读

1. GT 型楼梯平面注写方式与适用条件

（1）GT 型楼梯的适用条件为：①楼梯间设置楼层梯梁，但不设置层间梯梁；矩形梯板由两跑踏步段与层间平台板两部分构成；②层间平台板采用三边支承，另一边与踏步段的一端相连，踏步段的另一端以楼层梯梁为支座；③同一楼层内各踏步段的水平长度相等，高度相等（即等分楼层高度）。凡是满足以上条件的均可称为 GT 型，如：双跑楼梯（图 6-40、

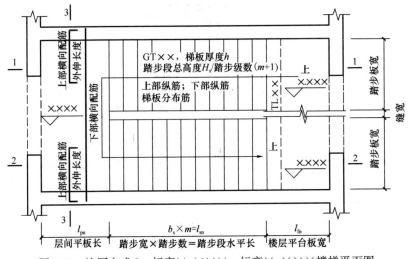

图 6-40 注写方式 1：标高 ×.×××～标高 ×.××× 楼梯平面图

图 6-41、图 6-42）、双分楼梯等。

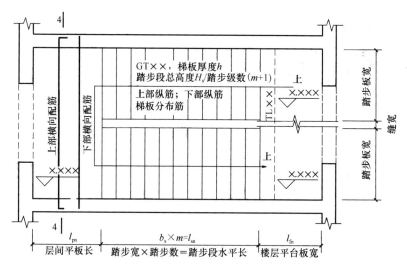

图 6-41　注写方式 2：标高 ×.×××～标高 ×.××× 楼梯平面图

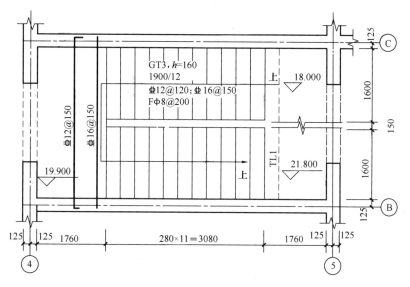

图 6-42　标高 18.000～标高 21.800 楼梯平面图

（2）GT 型楼梯平面注写方式如图 6-40 与图 6-41 所示。其中，集中注写的内容有 5 项：第 1 项梯板类型代号与序号 GT××；第 2 项梯板厚度 h，当平板厚度与梯板厚度不同时，板厚标注方式见 16G101-2 图集制图规则第 2.3.2 条；第 3 项踏步段总高度 H_s/踏步级数（$m+1$）；第 4 项梯板上部纵筋及下部纵筋；第 5 项梯板分布筋（梯板分布钢筋也可在平面图中注写或统一说明）。原位注写的内容为楼层与层间平板上部纵向与横向配筋。

（3）图 6-40、图 6-41 中的剖面符号仅为表示后面标准构造详图的表达部位而设，在结构设计施工图中不需要绘制剖面符号及详图。

（4）1-1、2-2 剖面见图 6-43、图 6-44，3-3、4-4 剖面见图 6-45、图 6-46。

185

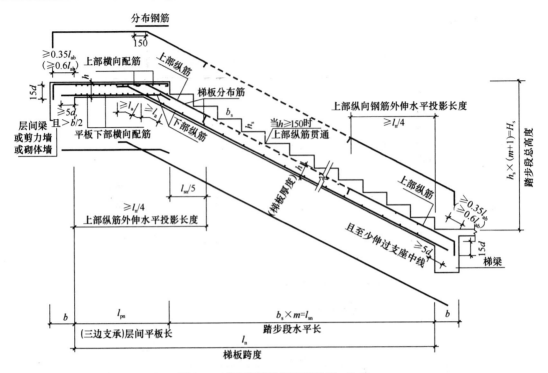

图 6-43　GT型楼梯板配筋构造（1-1）
（层间平板为三边支承，踏步段楼层端为单边支承）

l_n—梯板跨度；h—梯板厚度；l_{pn}—层间平板长；l_{sn}—踏步段水平长；b_s—踏步宽度；h_s—踏步高度；H_s—踏步段总高度；m—踏步数；b—支座宽度；d—钢筋直径；l_{ab}—受拉钢筋的基本锚固长度；l_a—受拉钢筋锚固长度

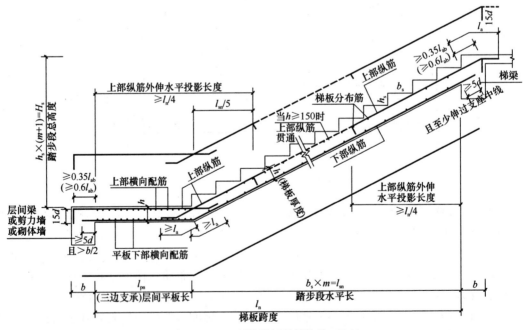

图 6-44　GT型楼梯板配筋构造（2-2）
（层间平板为三边支承，踏步段楼层端为单边支承）

l_n—梯板跨度；h—梯板厚度；l_{pn}—层间平板长；l_{sn}—踏步段水平长；b_s—踏步宽度；h_s—踏步高度；H_s—踏步段总高度；m—踏步数；b—支座宽度；d—钢筋直径；l_{ab}—受拉钢筋的基本锚固长度；l_a—受拉钢筋锚固长度

186

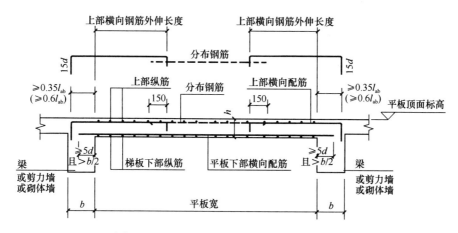

图 6-45 FT、GT 型楼梯平板配筋构造（3-3）

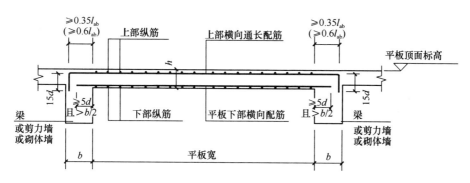

图 6-46 FT、GT 型楼梯平板配筋构造（4-4）

2. GT 型楼梯板配筋构造

GT 型楼梯板配筋构造（1-1）如图 6-43 所示；GT 型楼梯板配筋构造（2-2）如图 6-44 所示。

（1）图中上部纵筋锚固长度 $0.35l_{ab}$ 用于设计按铰接的情况，括号内数据 $0.6l_{ab}$ 用于设计考虑充分发挥钢筋抗拉强度的情况，具体工程中设计应指明采用何种情况。

（2）上部纵筋有条件时可直接伸入平台板内锚固，从支座内边算起总锚固长度不小于 l_a，如图中虚线所示。

（3）上部纵筋需伸至支座对边再向下弯折。

（4）踏步两头高度调整见 16G101-2 图集第 50 页。

八、ATa、ATb 型楼梯图识读

1. ATa、ATb 型楼梯平面注写方式与适用条件

（1）ATa、ATb 型楼梯设滑动支座，不参与结构整体抗震计算；其适用条件为：两楼梯之间矩形梯板全部由踏步段构成，即踏步段两端均以梯梁为支座，且梯板低端支承处做成滑动支座，ATa 型楼梯滑动支座直接落在梯梁上，ATb 型楼梯滑动支座落在挑板上。框架结构中，楼梯中间平台通常设梯柱、梁，中间平台可与框架柱连接。

（2）楼梯平面注写方式如图 6-47、图 6-48 所示。其中：集中注写的内容有 5 项，第 1 项为梯板类型代号与序号 ATa×× (ATb××)；第 2 项梯板厚度 h；第 3 项踏步段总高度 H_s/踏步级数 $(m+1)$；第 4 项为上部纵筋及下部纵筋；第 5 项为梯板分布筋。

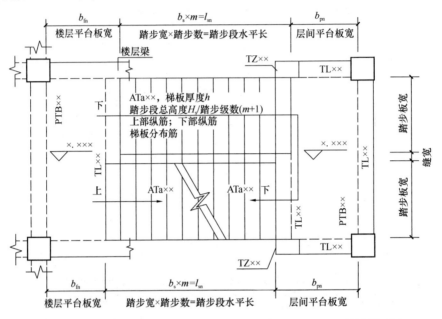

图 6-47 ATa 型注写方式：标高×.×××～标高×.×××楼梯平面图

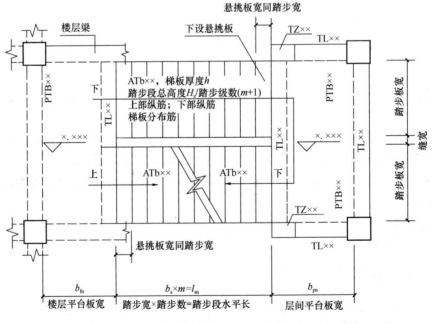

图 6-48 ATb 型注写方式：标高×.×××～标高×.×××楼梯平面图

（3）梯板的分布钢筋可直接标注，也可统一说明。

（4）平台板 PTB、梯梁 TL、梯柱 TZ 配筋可参照 16G101-1 图集标注。

（5）滑动支座做法由设计指定，当采用与 16G101-2 图集不同做法时由设计另行给出。

（6）滑动支座做法中建筑构造应保证梯板滑动要求。

（7）地震作用下，ATb 型楼梯悬挑板尚应承受梯板传来的附加竖向作用力，设计时应对挑板及与其相连的平台梁采取加强措施。

2. ATa、ATb 型楼梯板配筋构造

ATa 型楼梯板配筋构造如图 6-49 所示；ATb 型楼梯板配筋构造如图 6-50 所示。踏步两头高度调整见 16G101-2 图集第 50 页。

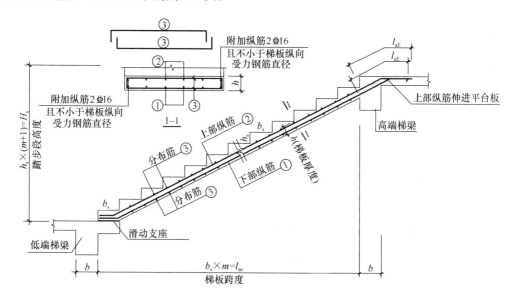

图 6-49 ATa 型楼梯板配筋构造

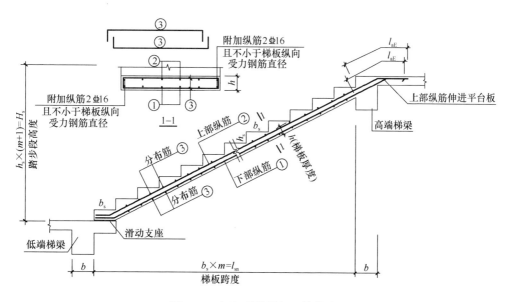

图 6-50 ATb 型楼梯板配筋构造

九、ATc 型楼梯图识读

1. ATc 型楼梯平面注写方式与适用条件

（1）ATc 型楼梯用于参与结构整体抗震计算；其适用条件为：两楼梯之间的矩形梯板全部由踏步段构成，即踏步段两端均以梯梁为支座。框架结构中，楼梯中间平台通常设梯柱、梁，中间平台可与框架柱连接(2 个梯柱形式)或脱开(4 个梯柱形式)，如图 6-51、图 6-52 所示。

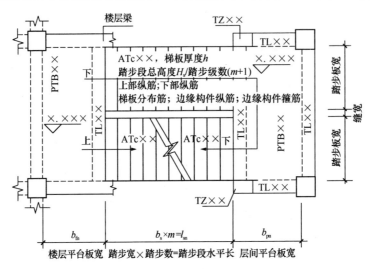

图 6-51　注写方式 1：标高 ×.×××～标高 ×.××× 楼梯平面图
（楼梯休息平台与主体结构整体连接）

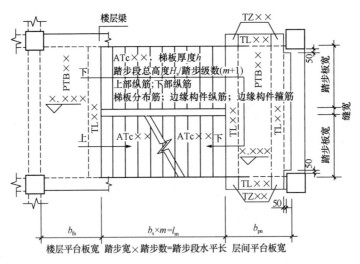

图 6-52　注写方式 2：标高 ×.×××～标高 ×.××× 楼梯平面图
（楼梯休息平台与主体结构脱开连接）

（2）楼梯平面注写方式如图 6-51、图 6-52 所示。其中，集中注写的内容有 6 项：第 1 项为梯板类型代号与序号 ATc ××；第 2 项梯板厚度 h；第 3 项踏步段总高度 H_s/踏步级数（$m+$1）；第 4 项为上部纵筋及下部纵筋；第 5 项为梯板分布筋；第 6 项为边缘构件纵筋及箍筋。

（3）梯板的分布钢筋可直接标注，也可统一说明。

（4）平台板 PTB、梯梁 TL、梯柱 TZ 配筋可参照 16G101-1 图集标注。

（5）楼梯休息平台与主体结构整体连接时，应对短柱、短梁采用有效的加强措施，防止产生脆性破坏。

2. ATc 型楼梯板配筋构造

ATc 型楼梯板配筋构造如图 6-53 所示。

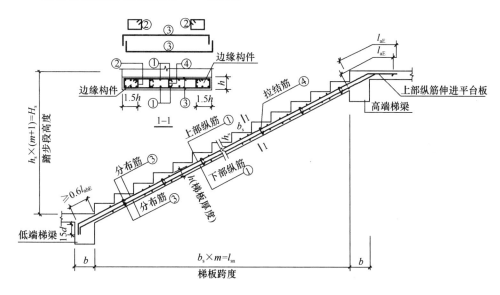

图 6-53　ATc 型楼梯板配筋构造

（1）钢筋均采用符合抗震性能要求的热轧钢筋（钢筋的抗拉强度实测值与屈服强度实测值的比值不应小于 1.25；钢筋的屈服强度实测值与屈服强度标准值的比值不应大于 1.3，且钢筋在最大拉力下的总伸长率实测值不应小于 9%）。

（2）上部纵筋需伸至支座对边再向下弯折。

（3）踏步两头高度调整见 16G101-2 图集第 50 页。

（4）梯板拉结筋 $\phi6$，拉结筋间距为 600mm。

十、CTa、CTb 型楼梯图识读

1. CTa、CTb 型楼梯平面注写方式与适用条件

（1）CTa、CTb 型楼梯设滑动支座，不参与结构整体抗震计算；其适用条件为：两梯梁之间的矩形梯板由踏步段和高端平板构成，高端平板宽应≤3 个踏步宽，两部分的一端各自以梯梁为支座，且梯板低端支承处做成滑动支座，CTa 型楼梯滑动支座直接落在梯梁上，CTb 型楼梯滑动支座落在挑板上。框架结构中，楼梯中间平台通常设梯柱、梁，中间平台可与框架柱连接。

（2）楼梯平面注写方式如图 6-54、图 6-55 所示。其中，集中注写的内容有 6 项：第 1 项为梯板类型代号与序号 CTa×× （CTb××）；第 2 项梯板厚度 h；第 3 项为梯板水平段厚度 h_t；第 4 项踏步段总高度 H_s/踏步级数 $(m+1)$；第 5 项为上部纵筋及下部纵筋；第 6 项为梯板分布筋。

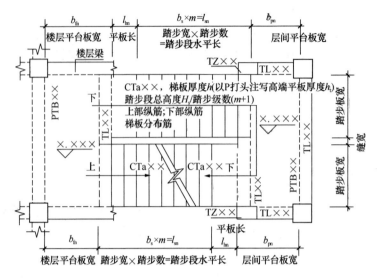

图 6-54 CTa 型注写方式：标高×.××××～标高×.××××楼梯平面图

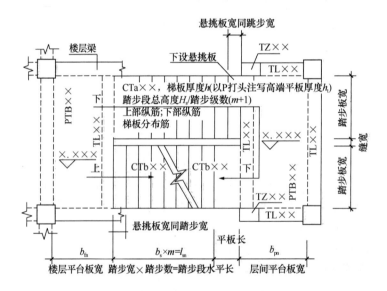

图 6-55 CTb 型注写方式：标高×.××××～标高×.××××楼梯平面图

（3）梯板的分布钢筋可直接标注，也可统一说明。

（4）平台板 PTB、梯梁 TL、梯柱 TZ 配筋可参照 16G101-1 图集标注。

（5）滑动支座做法由设计指定，当采用与 16G101-2 图集不同做法时由设计另行给出。

（6）滑动支座中建筑构造应保证梯板滑动要求。

（7）地震作用下，CTb 型楼梯悬挑板尚应承受梯板传来的附加竖向作用力，设计时应对挑板及与其相连的平台梁采取加强措施。

2. CTa、CTb 型楼梯板配筋构造

CTa 型楼梯板配筋构造如图 6-56 所示，CTb 型楼梯板配筋构造如图 6-57 所示。

（1）踏步两头高度调整见 16G101-2 图集第 50 页。

（2）h_t 宜大于 h，由设计指定。

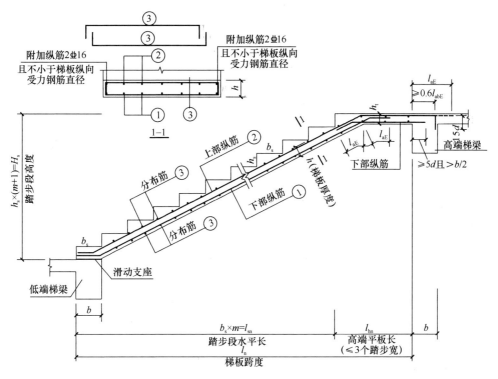

图 6-56 CTa 型楼梯板配筋构造

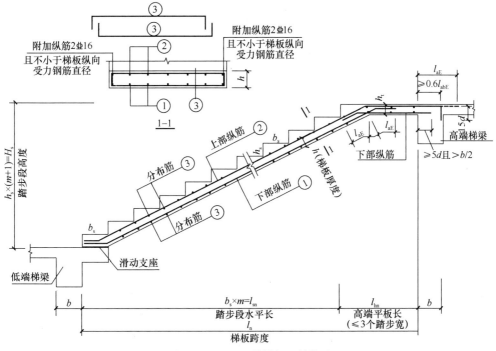

图 6-57 CTb 型楼梯板配筋构造

第三节　楼梯识图实例精解

【实例一】某楼梯结构平面图识读

某楼梯结构平面图如图 6-58 所示。

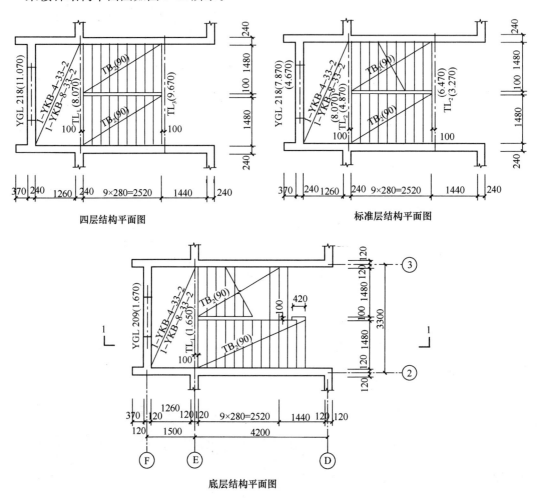

图 6-58　楼梯结构平面图

从图 6-58 中可以看出：

（1）楼层结构平面图中虽然也包括了楼梯间的平面位置，但因比例较小（1∶100），不易把楼梯构件的平面布置和详细尺寸表达清楚，而底层又往往不画底层结构平面图。因此楼梯间的结构平面图通常需要用较大的比例（如 1∶50）另行绘制，如图 6-58 所示。楼梯结构平面图的图示要求与楼层结构平面图基本相同，它也是用水平剖面图的形式来表示的，但水平剖切位置有所不同。为了表示楼梯梁、梯段板和平台板的平面布置，通常把剖切位置放在层间楼梯平台的上方；底层楼梯平面图的剖切位置在一、二层间楼梯平台的上方；二（三）层楼梯平面图的剖切位置在二、三（三、四）层间楼梯平台的上方；该例四层（即顶层）楼面以上无楼梯，则四层楼梯平面图的剖切位置就设在四层楼面上方的适当位置。

（2）楼梯结构平面图应分层画出，当中间几层结构布置和构件类型完全相同时，则只要画出一个标准层楼梯平面图。如图6-58所示的中间一个平面图，即为二、三层楼梯的通用平面图。

（3）楼层结构平面图中各承重构件，如楼梯梁（TL）、楼梯板（TB）、平台板（YKB）、窗过梁（YGL）和圈梁（QL）等的表达方式和尺寸注法与楼层结构平面图相同。在平面图中，梯段板的折断线按投影法理应与踏步线方向一致，为避免混淆，按制图标准规定画成倾斜方向。在楼层结构平面图中除了要注出平面尺寸外，通常还需注出各种梁底的结构标高。

【实例二】某楼梯结构剖面图识读

某楼梯结构剖面图如图6-59所示。

从图6-59中可以看出：

（1）楼梯的结构剖面图是表示楼梯间各种构件的竖向布置和构造情况的图样。图6-59所示为由图6-59所示楼梯结构平面图中所画出的1-1剖切线的剖视方向而得到的楼梯1-1剖面图。

（2）它表明了剖切到的梯段（TB_1，TB_2）的配筋、楼梯基础墙、楼梯梁（TL_1，TL_2，TL_3）、平台板（YKB）、部分楼板、室内外地面和踏步以及外墙中窗过梁（YGL209）和圈

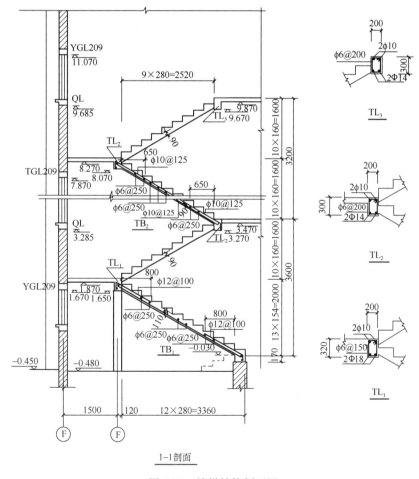

图6-59　楼梯结构剖面图

梁（QL）等的布置，还表示出未剖切到梯段的外形和位置。与楼梯平面图相类似，楼梯剖面图中的标准层可利用折断线断开，并采用标注不同标高的形式来简化。

（3）在楼梯结构剖面图中，应标注出轴线尺寸、梯段的外形尺寸和配筋、层高尺寸以及室内、外地面和各种梁、板底面的结构标高等。

在图 6-59 中，还分别画出了楼梯梁（TL_1，TL_2，TL_3）的断面形状、尺寸和配筋。

【实例三】某住宅楼钢筋混凝土楼梯配筋图识读

某住宅楼钢筋混凝土楼梯配筋图如图 6-60 所示。

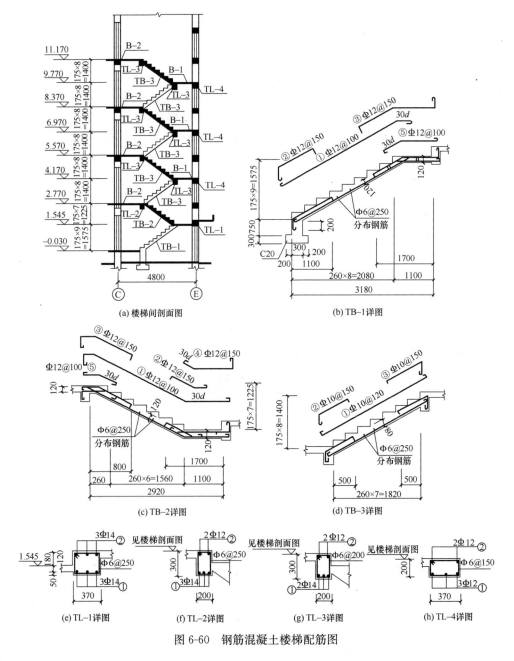

图 6-60　钢筋混凝土楼梯配筋图

从图 6-60 中可以看出：

（1）该楼梯有 TB-1、TB-2 及 TB-3 三种不同的梯段板，有 TL-1、TL-2、TL-3 及 TL-4 四种楼梯梁，还有平台板 B-1 与楼层板 B-2 两种板。

（2）各梯段板的尺寸不同，配筋也不同，如 TB-3 设置了三种不同形式的钢筋，另外，沿梯段还设置了 $\Phi 6@250$ 的分布钢筋。

【实例四】某板式楼梯平法施工图识读

某板式楼梯平法施工图如图 6-61 所示。

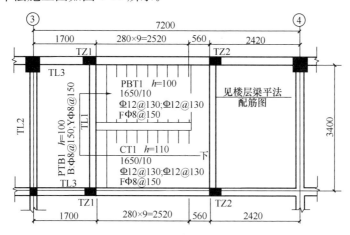

图 6-61 板式楼梯平法施工图

从图 6-61 中可以看出：

（1）梯段板

1）编号、序号：AT1。

2）板厚：$h=110$mm。

3）踏步高度：1650mm，级数 10。

4）梯板支座上部纵筋：$\Phi 12@130$；下部纵筋 $\Phi 12@130$。

5）分布筋：$\Phi 8@150$。

6）外围注写：踏步宽 $b_s=280$mm，踏步级数 9，楼梯层间平台宽 1700mm，楼层平台宽 2420mm，楼梯间开间 3400mm，进深 7200mm。

（2）平台板

1）编号、序号：PTB1。

2）板厚：$h=100$mm。

3）板底短跨配筋/长跨配筋。

S：$\Phi 8@150$/L：$\Phi 8@150$。

4）构造配筋：$\Phi 8@150$ 均贯通。

思考题：

1. 楼梯的类型及适用范围有哪些？

2. AT、BT、CT、DT 型楼梯截面形状与支座位置如何识读？

3. ATa、ATb、ATc 型楼梯截面形状与支座位置如何识读？

4. CTa、CTb 型楼梯截面形状与支座位置如何识读？

5. FT、GT 型板式楼梯具有哪些特征？

6. AT 型楼梯板配筋构造如何识读？

7. BT 型楼梯板配筋构造如何识读？

8. ET 型楼梯板配筋构造如何识读？

9. FT 型楼梯板配筋构造如何识读？

10. GT 型楼梯板配筋构造如何识读？

11. ATa、ATb 型楼梯板配筋构造如何识读？

12. CTa、CTb 型楼梯板配筋构造如何识读？

第七章　独立基础平法识图

> **重点提示：**
> 1. 了解独立基础平法施工图的表示方法、独立基础编号、独立基础的平面注写方式等
> 2. 熟悉独立基础标准构造详图的内容，包括柱纵向钢筋在基础中构造，独立基础 DJ_J、DJ_P、BJ_J、BJ_P 底板配筋构造，双柱普通独立基础底部与顶部配筋构造等
> 3. 通过实例学习，能够识读独立基础平法施工图

第一节　独立基础平法施工图制图规则

一、独立基础平法施工图的表示方法

（1）独立基础平法施工图，包括平面注写与截面注写两种表达方式，设计者可根据具体工程情况选择一种，或两种方式相结合进行独立基础的施工图设计。

（2）当绘制独立基础平面布置图时，应将独立基础平面与基础所支承的柱一起绘制。当设置基础连系梁时，可根据图面的疏密情况，将基础连系梁与基础平面布置图一起绘制，或将基础连系梁布置图单独绘制。

（3）在独立基础平面布置图上应标注基础定位尺寸；当独立基础的柱中心线或杯口中心线与建筑轴线不重合时，应标注其定位尺寸。编号相同且定位尺寸相同的基础，可仅选择一个进行标注。

二、独立基础编号

各种独立基础编号应符合表 7-1 规定。

表 7-1　独立基础编号

类型	基础底板截面形状	代号	序号
普通独立基础	阶形	DJ_J	××
	坡形	DJ_P	××
杯口独立基础	阶形	BJ_J	××
	坡形	BJ_P	××

设计时应注意：当独立基础截面形状为坡形时，其坡面应采用能保证混凝土浇筑、振捣密实的较缓坡度；当采用较陡坡度时，应要求施工采用在基础顶部坡面加模板等措施，以确保独立基础的坡面浇筑成型、振捣密实。

三、独立基础的平面注写方式

（1）独立基础的平面注写方式分为集中标注和原位标注两部分内容。

（2）普通独立基础和杯口独立基础的集中标注是在基础平面图上集中引注：基础编号、截面竖向尺寸、配筋三项必注内容，以及基础底面标高（与基础底面基准标高不同时）和必要的文字注解两项选注内容。

素混凝土普通独立基础的集中标注，除无基础配筋内容外均与钢筋混凝土普通独立基础相同。

独立基础集中标注的具体内容，规定如下：

1）注写独立基础编号（必注内容），见表7-1。

独立基础底板的截面形状通常包括以下两种：

① 阶形截面编号加下标"J"，例如 $DJ_J\times\times$、$BJ_J\times\times$；

② 坡形截面编号加下标"P"，例如 $DJ_P\times\times$、$BJ_P\times\times$。

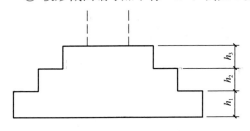

图7-1 阶形截面普通独立基础竖向尺寸

2）注写独立基础截面竖向尺寸（必注内容）。

① 普通独立基础。注写为 $h_1/h_2/\cdots\cdots$具体标注如下：

a. 当基础为阶形截面时如图7-1所示。

图7-1所示为三阶；当为更多阶时，各阶尺寸自下而上用"/"分隔顺写。

当基础为单阶时，其竖向尺寸仅为一个，并且为基础总厚度，如图7-2所示。

b. 当基础为坡形截面时，注写为 h_1/h_2，如图7-3所示。

图7-2 单阶普通独立基础竖向尺寸

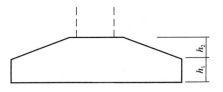

图7-3 坡形截面普通独立基础竖向尺寸

② 杯口独立基础：

a. 当基础为阶形截面时，其竖向尺寸分两组，一组表达杯口内，另一组表达杯口外，两组尺寸以","分隔，注写为：α_0/α_1，$h_1/h_2/\cdots\cdots$如图7-4、图7-5所示，其中杯口深度 α_0 为柱插入杯口的尺寸加50mm。

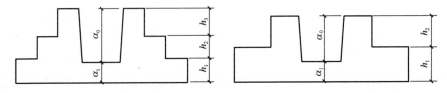

图7-4 阶形截面杯口独立基础竖向尺寸

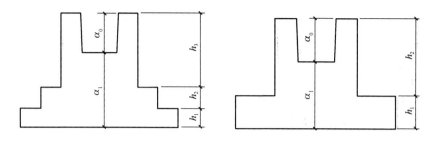

图 7-5　阶形截面高杯口独立基础竖向尺寸

b. 当基础为坡形截面时，注写为：a_0/a_1，$h_1/h_2/h_3$……如图 7-6 和图 7-7 所示。

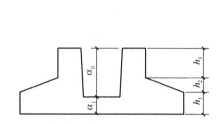

图 7-6　坡形截面杯口独立基础竖向尺寸

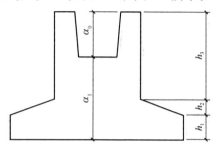

图 7-7　坡形截面高杯口独立基础竖向尺寸

3）注写独立基础配筋（必注内容）。

① 注写独立基础底板配筋。普通独立基础和杯口独立基础的底部双向配筋注写规定如下：

a. 以 B 代表各种独立基础底板的底部配筋。

b. X 向配筋以 X 打头，Y 向配筋以 Y 打头注写；当两向配筋相同时，则以 X&Y 打头注写。

② 注写杯口独立基础顶部焊接钢筋网。以 Sn 打头引注杯口顶部焊接钢筋网的各边钢筋。

当双杯口独立基础中间杯壁厚度小于 400mm 时，在中间杯壁中配置构造钢筋见相应标准构造详图，设计不注。

③ 注写高杯口独立基础的短柱配筋（也适用于杯口独立基础杯壁有配筋的情况）。具体注写规定如下：

a. 以 O 代表短柱配筋。

b. 先注写短柱纵筋，再注写箍筋。注写为：角筋/长边中部筋/短边中部筋，箍筋（两种间距）；当短柱水平截面为正方形时，注写为：角筋/x 边中部筋/y 边中部筋，箍筋（两种间距，短柱杯口壁内箍筋间距/短柱其他部位箍筋间距）。

c. 对于双高杯口独立基础的短柱配筋，注写形式与单高杯口相同。如图 7-8 所示，该图只表示基础短柱纵筋与矩形箍筋。

当双高杯口独立基础中间杯壁厚度小于 400mm 时，在中间杯壁中配置构造钢筋见相应标准构造详图，设计不注。

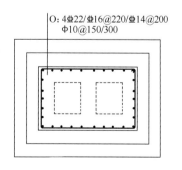

O：4Φ22/Φ16@220/Φ14@200
Φ10@150/300

图 7-8　双高杯口独立基础短柱
配筋示意

④ 注写普通独立基础带短柱竖向尺寸及钢筋。当独立基础埋深较大，设置短柱时，短柱配筋应注写在独立基础中。具体注写规定如下：

a. 以 DZ 代表普通独立基础短柱。

b. 先注写短柱纵筋，再注写箍筋，最后注写短柱标高范围。注写为：角筋/长边中部筋/短边中部筋，箍筋，短柱标高范围；当短柱水平截面为正方形时，注写为：角筋/x 边中部筋/y 边中部筋，箍筋，短柱标高范围。

4）注写基础底面标高（选注内容）。当独立基础的底面标高与基础底面基准标高不同时，应将独立基础底面标高直接注写在（　　　）内。

5）必要的文字注解（选注内容）。当独立基础的设计有特殊要求时，宜增加必要的文字注解。例如，基础底板配筋长度是否采用减短方式等，可在该项内注明。

（3）钢筋混凝土和素混凝土独立基础的原位标注是在基础平面布置图上标注独立基础的平面尺寸。对相同编号的基础，可选择一个进行原位标注；当平面图形较小时，可将所选定进行原位标注的基础按比例适当放大；其他相同编号者仅注编号。

原位标注的具体内容规定如下：

1）普通独立基础。原位标注 x、y，x_c、y_c（或圆柱直径 d_c），x_i、y_i，$i=1$，2，3……其中，x、y 为普通独立基础两向边长，x_c、y_c 为柱截面尺寸，x_i，y_i 为阶宽或坡形平面尺寸（当设置短柱时，尚应标注短柱的截面尺寸）。

对称阶形截面普通独立基础的原位标注，如图 7-9 所示；非对称阶形截面普通独立基础的原位标注，如图 7-10 所示；设置短柱独立基础的原位标注，如图 7-11 所示。

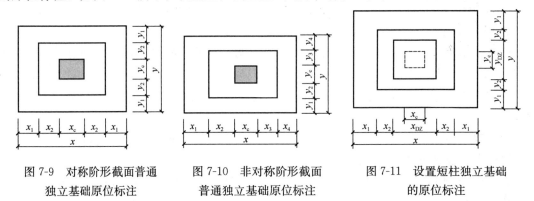

图 7-9　对称阶形截面普通
独立基础原位标注

图 7-10　非对称阶形截面
普通独立基础原位标注

图 7-11　设置短柱独立基础
的原位标注

对称坡形截面普通独立基础的原位标注，如图 7-12 所示；非对称坡形截面普通独立基础的原位标注，如图 7-13 所示。

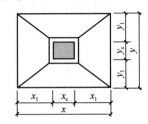

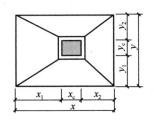

图 7-12　对称坡形截面普通独立
基础原位标注

图 7-13　非对称坡形截面普通独立
基础原位标注

2）杯口独立基础。原位标注 x、y，x_u、y_u，t_i，x_i、y_i，$i=1$，2，3……其中，x、y为杯口独立基础两向边长，x_u、y_u为杯口上口尺寸，t_i为杯壁上口厚度，下口厚度为 t_i+25，x_i、y_i为阶宽或坡形截面尺寸。

杯口上口尺寸 x_u、y_u，按柱截面边长两侧双向各加75mm；杯口下口尺寸按标准构造详图（为插入杯口的相应柱截面边长尺寸，每边各加50mm），设计不注。

阶形截面杯口独立基础的原位标注，如图7-14和图7-15所示。高杯口独立基础原位标注与杯口独立基础完全相同。

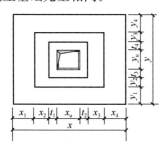

图7-14　阶形截面杯口独立
基础原位标注（一）

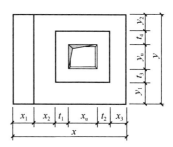

图7-15　阶形截面杯口独立基础原位标注（二）
（基础底板的一边比其他三边多一阶）

坡形截面杯口独立基础的原位标注，如图7-16和图7-17所示。高杯口独立基础的原位标注与杯口独立基础完全相同。

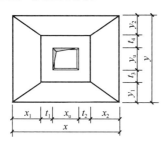

图7-16　坡形截面杯口独立
基础原位标注（一）

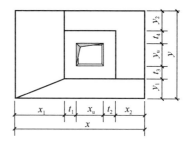

图7-17　坡形截面杯口独立
基础原位标注（二）
（基础底板有两边不放坡）

设计时应注意：当设计为非对称坡形截面独立基础并且基础底板的某边不放坡时，在原位放大绘制的基础平面图上，或在圈引出来放大绘制的基础平面图上，应按实际放坡情况绘制分坡线，如图7-17所示。

（4）普通独立基础采用平面注写方式的集中标注和原位标注综合设计表达示意，如图7-18所示。

设置短柱独立基础采用平面注写方式的集中标注和原位标注综合设计表达示意，如图7-19所示。

（5）杯口独立基础采用平面注写方式的集中标注和原位标注综合设计表达示意，如图7-20所示。

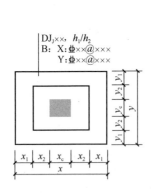

图 7-18　普通独立基础平面注写方式
设计表达示意

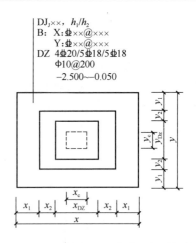

图 7-19　短柱独立基础平面注写方式
设计表达示意

在图 7-20 中，集中标注的第三、四行内容是表达高杯口独立基础短柱的竖向纵筋和横向箍筋；当为杯口独立基础时，集中标注通常为第一、二、五行的内容。

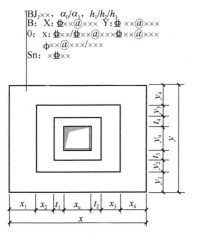

图 7-20　杯口独立基础平面注写
方式设计表达示意

（6）独立基础通常为单柱独立基础，也可为多柱独立基础（双柱或四柱等）。多柱独立基础的编号、几何尺寸和配筋的标注方法与单柱独立基础相同。

当为双柱独立基础并且柱距较小时，通常仅配置基础底部钢筋；当柱距较大时，除基础底部配筋外，尚需在两柱间配置基础顶部钢筋或设置基础梁；当为四柱独立基础时，通常可设置两道平行的基础梁，需要时可在两道基础梁之间配置基础顶部钢筋。

多柱独立基础顶部配筋和基础梁的注写方法规定如下：

1）注写双柱独立基础底板顶部配筋。双柱独立基础的顶部配筋，通常对称分布在双柱中心线两侧，以大写字母"T"打头，注写为：双柱间纵向受力钢筋/分布钢筋。当纵向受力钢筋在基础底板顶面非满布时，应注明其总根数。

2）注写双柱独立基础的基础梁配筋。当双柱独立基础为基础底板与基础梁相结合时，注写基础梁的编号、几何尺寸和配筋。例如 JL×× （1）表示该基础梁为 1 跨，两端无外伸；JL×× （1A）表示该基础梁为 1 跨，一端有外伸；JL×× （1B）表示该基础梁为 1 跨，两端均有外伸。

通常情况下，双柱独立基础宜采用端部有外伸的基础梁，基础底板则采用受力明确、构造简单的单向受力配筋与分布筋。基础梁宽度宜比柱截面宽出不小于 100mm（每边不小于 50mm）。

基础梁的注写规定与条形基础的基础梁注写规定相同，详见第八章第一节条形基础平法施工图制图规则的相关内容。注写示意图如图 7-21 所示。

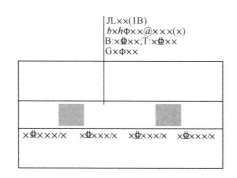

图 7-21　双柱独立基础的基础梁配筋注写示意

3）注写双柱独立基础的底板配筋。双柱独立基础底板配筋的注写，可以按条形基础底板的注写规定，也可以按独立基础底板的注写规定。

4）注写配置两道基础梁的四柱独立基础底板顶部配筋。当四柱独立基础已设置两道平行的基础梁时，根据内力需要可在双梁之间以及梁的长度范围内配置基础顶部钢筋，注写为：梁间受力钢筋/分布钢筋。

平行设置两道基础梁的四柱独立基础底板配筋，也可按双梁条形基础底板配筋的注写规定。

（7）采用平面注写方式表达的独立基础设计施工图如图 7-22 所示。

四、独立基础的截面注写方式

（1）独立基础的截面注写方式，又可分为截面标注和列表注写（结合截面示意图）两种表达方式。采用截面注写方式，应在基础平面布置图上对所有基础进行编号，见表 7-1。

（2）对单个基础进行截面标注的内容和形式，与传统"单构件正投影表示方法"基本相同。对于已在基础平面布置图上原位标注清楚的该基础的平面几何尺寸，在截面图上可不再重复表达，具体表达内容可参照 16G101-3 图集中相应的标准构造。

（3）对多个同类基础，可采用列表注写（结合截面示意图）的方式进行集中表达。表中内容为基础截面的几何数据和配筋等，在截面示意图上应标注与表中栏目相对应的代号。列表的具体内容规定如下：

1）普通独立基础。普通独立基础列表集中注写栏目如下：

① 编号：阶形截面编号为 $DJ_J\times\times$，坡形截面编号为 $DJ_P\times\times$。

② 几何尺寸：水平尺寸 x、y，x_c、y_c（或圆柱直径 d_c），x_i、y_i，$i=1$，2，3……竖向尺寸 h_1/h_2……

③ 配筋：B：X：$\Phi\times\times@\times\times\times$，Y：$\Phi\times\times@\times\times\times$。

普通独立基础列表格式见表 7-2。

2）杯口独立基础。杯口独立基础列表集中注写栏目为：

① 编号：阶形截面编号为 $BJ_J\times\times$，坡形截面编号为 $BJ_P\times\times$。

② 几何尺寸：水平尺寸 x、y，x_u、y_u，t_i，x_i、y_i，$i=1$，2，3……竖向尺寸 a_0、a_1，$h_1/h_2/h_3$……

③ 配筋：B：X：$\Phi\times\times@\times\times\times$，Y：$\Phi\times\times@\times\times\times$，$Sn\times\Phi\times\times$，

O：$\times\Phi\times\times/\Phi\times\times@\times\times\times/\Phi\times\times@\times\times\times$，$\Phi\times\times@\times\times\times/\times\times\times$。

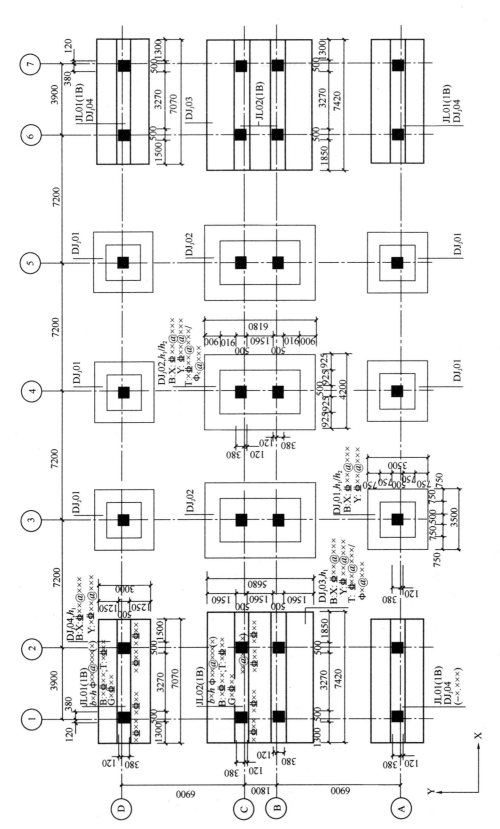

图 7-22 采用平面注写方式表达的独立基础设计施工图示意

注：1. X、Y 为图面方向；

2. ±0.000 的绝对标高（m）：×××.××××；基础底面基准标高（m）：-×.×××。

杯口独立基础列表格式见表7-3。

表7-2 普通独立基础几何尺寸和配筋表

基础编号/截面号	截面几何尺寸				底部配筋（B）	
	x、y	x_c、y_c	x_i、y_i	h_1/h_2……	X向	Y向

注：表中可根据实际情况增加栏目。例如：当基础底面标高与基础底面基准标高不同时，加注基础底面标高；当为双柱独立基础时，加注基础顶部配筋或基础梁几何尺寸和配筋；当设置短柱时增加短柱尺寸及配筋等。

表7-3 杯口独立基础几何尺寸和配筋表

基础编号/截面号	截面几何尺寸				底部配筋（B）		杯口顶部钢筋网（Sn）	短柱配筋（O）	
	x、y	x_c、y_c	x_i、y_i	a_0、a_1，$h_1/h_2/h_s$……	X向	Y向		角筋/长边中部筋/短边中部筋	杯口壁箍筋/其他部位箍筋

注：1. 表中可根据实际情况增加栏目。如当基础底面标高与基础底面基准标高不同时，加注基础底面标高或增加说明栏目等。

2. 短柱配筋适用于高杯口独立基础，并适用于杯口独立基础杯壁有配筋的情况。

五、其他

（1）与独立基础相关的基础连系梁的平法施工图设计，详见16G101-3图集第7章的相关规定。

（2）当杯口独立基础配合采用国家相关建筑标准设计预制基础梁时，应根据其要求处理好相关构造。

第二节 独立基础标准构造详图识读

一、柱纵向钢筋在基础中构造图识读

参见16G101-3图集第66页，如图7-23所示。

（1）柱插筋的数量、直径及钢筋种类应与柱内纵向受力钢筋相同。柱插筋伸至基础板底部支在底板钢筋网上，在基础内部用不少于两道矩形封闭箍筋（非复合箍）固定，每道箍筋竖向间距≤500mm，柱插筋伸入基础内满足锚固长度 l_{aE} 的要求。

（2）当符合以下条件之一时，仅将柱四角纵筋伸到基础底板钢筋网片上或者筏形基础中间层钢筋网片上（伸至钢筋网上的柱插筋之间间距不应大于1000mm），其余纵筋锚固在基础顶面下 l_{aE} 即可：

1）柱为轴心受压或小偏心受压，基础高度或基础顶面至中间层钢筋网片顶面距离不小于1200mm。

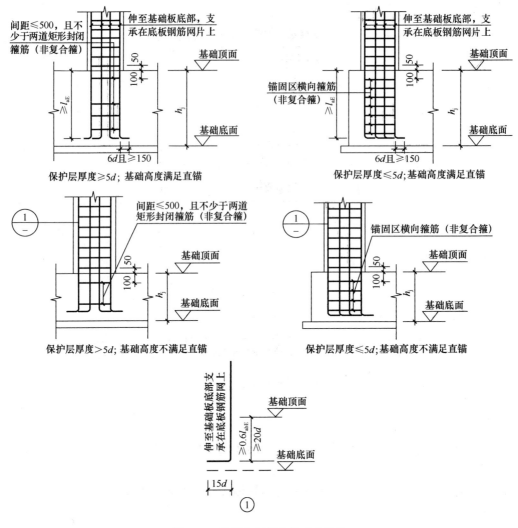

图 7-23 柱纵向钢筋在基础中构造

h_j—基础底面至基础顶面的高度，柱下为基础梁时，h_j 为梁底面至顶面的高度。当柱两侧基础梁标高不同时取较低标高；d—柱纵筋直径

2）柱为大偏心受压，基础高度或基础顶面至中间层钢筋网片顶面距离不小于 1400mm。

（3）当柱纵筋在基础中保护层厚度不一致情况下（如纵筋部分位于梁中，部分位于板内），保护层厚度不大于 $5d$ 的部位应设置锚固区横向钢筋。

（4）柱插筋在基础中锚固构造，判定锚固长度分以下几种情况：

1）插筋保护层厚度大于 $5d$，基础高度满足直锚，插筋在基础中锚固在满足 l_{aE} 时，还要伸到基础底板的钢筋网片上再水平弯折 $6d$ 且 $\geqslant 150mm$。

2）插筋保护层厚度大于 $5d$，基础高度不满足直锚，插筋伸到基础底部支在钢筋网片上，竖直段为 $0.6l_{abE}$ 再水平弯折 $15d$。

3）插筋保护层厚度不大于 $5d$，基础高度满足直锚，插筋在基础中锚固在满足 l_{aE} 时，还要伸到基础底板的钢筋网片上再水平弯折 $6d$ 且 $\geqslant 150mm$。

4）插筋保护层厚度不大于 $5d$，基础高度不满足直锚，插筋伸到基础底部支在钢筋网片上，竖直段为 $0.6l_{abE}$ 再水平弯折 $15d$。

基础高度的确定：为基础底面至基础顶面的高度，对于带基础梁的基础为基础梁顶面至基础梁底面的高度，当柱两侧基础梁标高不同时取较低标高。

（5）锚固区横向箍筋应满足直径 $\geqslant d/4$（d 为纵筋最大直径），间距 $\leqslant 5d$（d 为纵筋最小直径）且 $\leqslant 100mm$ 的要求。

二、独立基础 DJ_J、DJ_P、BJ_J、BJ_P 底板配筋构造图识读

16G101-3 图集第 67 页给出了独立基础 DJ_J、DJ_P、BJ_J、BJ_P 底板配筋构造，如图 7-24 所示。

（1）独立基础底板配筋构造适用于普通独立基础和杯口独立基础。

（2）几何尺寸和配筋根据具体结构设计和图 7-24 构造确定。

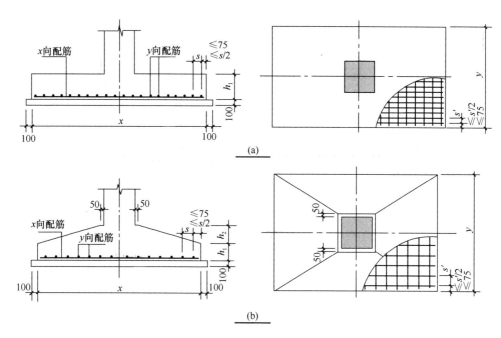

图 7-24　独立基础 DJ_J、DJ_P、BJ_J、BJ_P 底板配筋构造
（a）阶形；（b）坡形
s—y 向配筋间距；s'—x 向配筋间距；h_1—独立基础的竖向尺寸

（3）独立基础底板双向交叉钢筋长向设置在下，短向设置在上。

三、双柱普通独立基础底部与顶部配筋构造图识读

16G101-3 图集第 68 页给出了双柱普通独立基础底部与顶部配筋构造，如图 7-25 所示。

（1）双柱普通独立基础底板的截面形状，分为阶形截面 DJ_J 和坡形截面 DJ_P。

（2）几何尺寸和配筋根据具体结构设计和图 7-25 所示构造确定。

（3）双柱普通独立基础底部双向交叉钢筋，按基础两个方向从柱外缘至基础外缘的伸出长度 ex 和 ey 的大小，较大者方向的钢筋设置在下，较小者方向的钢筋设置在上。

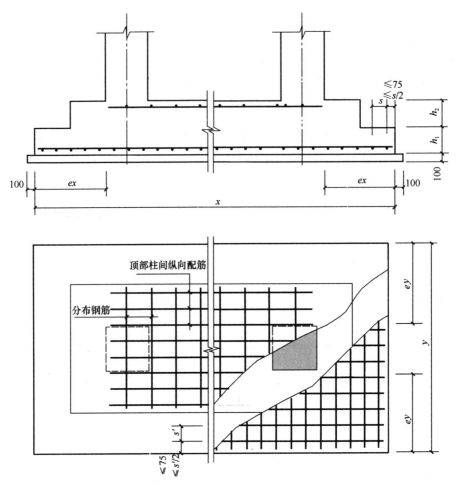

图 7-25 双柱普通独立基础配筋构造

s—y 向配筋间距；s'—x 向配筋间距；h_1、h_2—独立基础的竖向尺寸；ex、ey—基础两个方向
从柱外缘至基础外缘的伸出长度

四、设置基础梁的双柱普通独立基础配筋构造图识读

16G101-3 图集第 69 页给出了设置基础梁的双柱普通独立基础配筋构造，如图 7-26
所示。

（1）双柱独立基础底板的截面形状，分为阶形截面 DJ_J 和坡形截面 DJ_P。

（2）几何尺寸和配筋按具体结构设计和图 7-26 所示构造确定。

（3）双柱独立基础底部短向受力钢筋设置在基础梁纵筋之下，与基础梁箍筋的下水平段
位于同一层面。

（4）双柱独立基础所设置的基础梁宽度，宜比柱截面宽度≥100mm（每边≥50mm）。
当具体设计的基础梁宽度小于柱截面宽度时，施工时应按规定增设梁包柱侧腋。

五、独立基础底板配筋长度缩减 10% 构造图识读

16G101-3 图集第 70 页给出了独立基础底板配筋长度缩减 10% 构造，如图 7-27 所示。

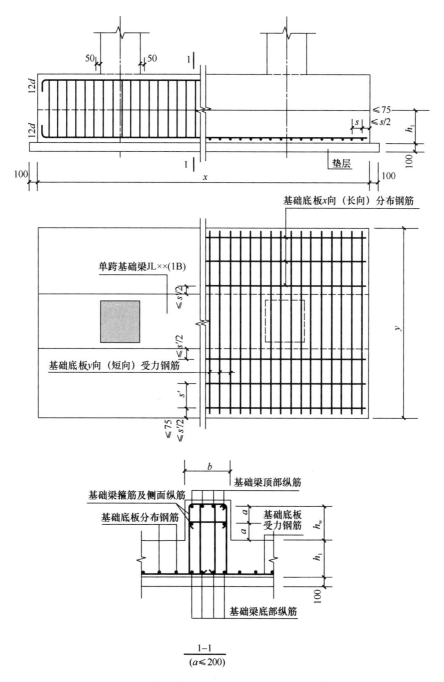

图 7-26 设置基础梁的双柱普通独立基础配筋构造

s—y向配筋间距；h_1—独立基础的竖向尺寸；d—受拉钢筋直径；a—钢筋间距；
b—基础梁宽度；h_{w}—梁腹板高度；s'—x向配筋间距

211

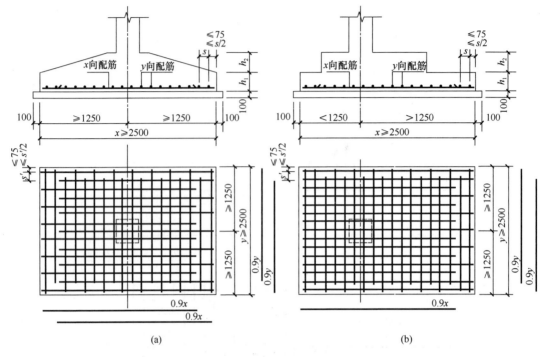

图 7-27　独立基础底板配筋长度缩减 10％构造

（a）对称独立基础；（b）非对称独立基础

1. 对称独立基础

（1）钢筋构造要点

对称独立基础底板底部钢筋长度缩减 10％的构造，见图 7-28，其构造要点为：

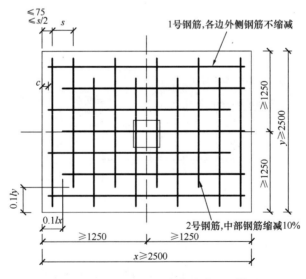

图 7-28　对称独立基础底筋缩减 10％构造

当独立基础底板长度≥2500mm 时，除各边最外侧钢筋外，两向其他钢筋可相应缩减 10％。

（2）钢筋计算公式（以 X 向钢筋为例）

1）各边外侧钢筋不缩减：1 号钢筋长度＝$x-2c$

2）两向（X，Y）其他钢筋：2 号钢筋长度＝$x-c-0.1l_x$

2. 非对称独立基础

（1）钢筋构造要点

非对称独立基础底板底部钢筋缩减 10％的构造，见图 7-29，其构造要点为：

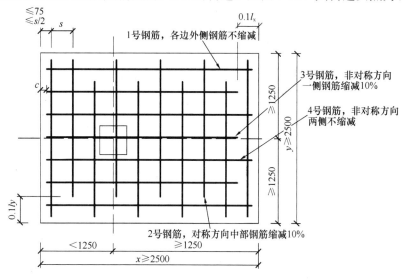

图 7-29　非对称独立基础底筋缩减 10％构造

当独立基础底板长度≥2500mm 时，各边最外侧钢筋不缩减；对称方向（图 7-28 中的 Y 向）中部钢筋长度缩减 10％；非对称方向：当基础某侧从柱中心至基础底板边缘的距离 ＜1250mm 时，该侧钢筋不缩减；当基础某侧从柱中心至基础底板边缘的距离≥1250mm 时，该侧钢筋隔一根缩减一根。

（2）钢筋计算公式（以 X 向钢筋为例）

1）各边外侧钢筋（1 号钢筋）不缩减：长度＝$x-2c$

2）对称方向中部钢筋（2 号钢筋）缩减 10％：长度＝$y-c-0.1l_y$

3）非对称方向（一侧不缩减，另一侧间隔一根错开缩减）：

3 号钢筋：长度＝$x-c-0.1l_x$

4 号钢筋：长度＝$x-2c$

六、杯口和双杯口独立基础构造图识读

16G101-3 图集第 71 页给出了杯口和双杯口独立基础构造，如图 7-30 所示。

（1）杯口独立基础底板的截面形状分为阶形截面 BJ_J 和坡形截面 BJ_P。当为坡形截面且坡度较大时，应在坡面上安装顶部模板，以确保混凝土能够浇筑成型、振捣密实。

（2）几何尺寸和配筋按具体结构设计和图 7-30 构造确定。

（3）基础底板底部钢筋构造，详见独立基础底板配筋构造。

（4）当双杯口的中间杯壁宽度 t_5＜400mm 时，中间杯壁中配置的构造钢筋按图 7-30 施工。

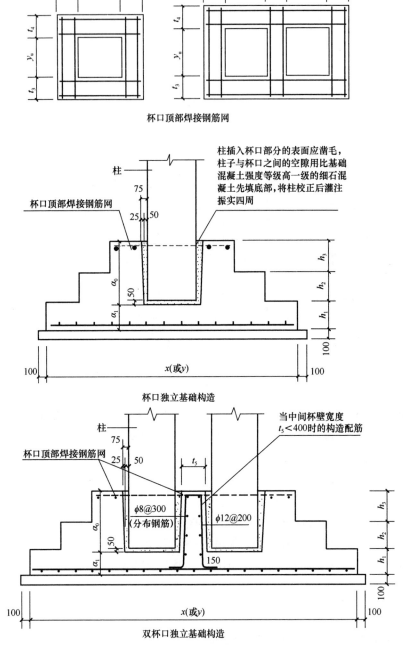

图 7-30 杯口和双杯口独立基础构造

t_1、t_2、t_3、t_4、t_5—杯壁厚度；x_u、y_u—杯口上口尺寸；a_0—杯口深度；a_1—杯口内
底部至基础底部距离；h_1、h_2、h_3—独立基础的竖向尺寸

七、高杯口独立基础配筋构造图识读

高杯口独立基础配筋构造如图 7-31 所示。

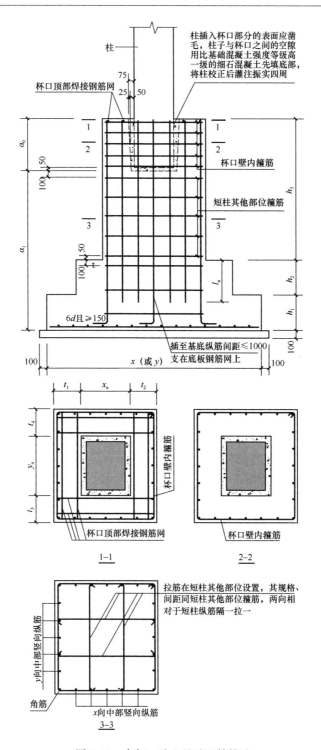

图 7-31　高杯口独立基础配筋构造

t_1、t_2、t_3、t_4—杯壁厚度；x_u、y_u—杯口上口尺寸；a_0—杯口深度；a_1—杯口内底部至基础底部距离；
h_1、h_2、h_3—独立基础的竖向尺寸

注：1. 高杯口独立基础底板的截面形状可为阶形截面 BJ$_J$ 或坡形截面 BJ$_P$。当为坡形截面且坡度较大时，应在坡面上安装顶部模板，以确保混凝土能够浇筑成型、振捣密实。
　　2. 几何尺寸和配筋按具体结构设计和本图构造确定，施工按相应平法制图规则。
　　3. 基础底板底部钢筋构造，详见图 7-24 和图 7-27。

八、双高杯口独立基础配筋构造图识读

双高杯口独立基础配筋构造如图 7-32 所示。

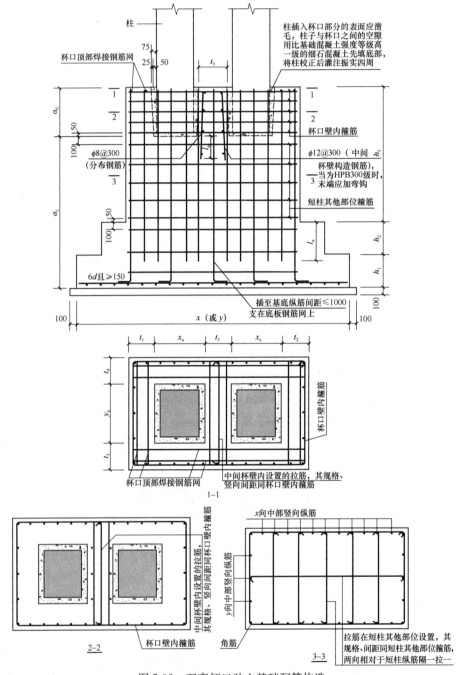

图 7-32 双高杯口独立基础配筋构造

t_1、t_2、t_3、t_4、t_5—杯壁厚度；x_u、y_u—杯口上口尺寸；a_0—杯口深度；
a_1—杯口内底部至基础底部距离；h_1、h_2、h_3—独立基础的竖向尺寸

注：1. 当双杯口的中间杯壁宽度 $t_5 < 400mm$ 时，设置中间杯壁构造配筋。
　　2. 基本要求见图 7-31 注。

九、带短柱独立基础配筋构造图识读

带短柱独立基础配筋构造包括单柱和双柱两种。

1. 单柱带短柱独立基础配筋构造

单柱带短柱独立基础配筋构造如图 7-33 所示。

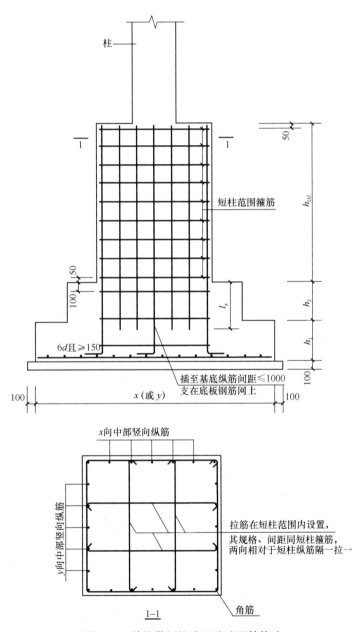

图 7-33 单柱带短柱独立基础配筋构造

h_1、h_2——独立基础的竖向尺寸；l_a——纵向受拉钢筋非抗震锚固长度；h_{DZ}——独立深基础短柱的竖向尺寸

注：1. 带短柱独立基础底板的截面形状可为阶形截面 BJ_J 或坡形截面 BJ_P。当为坡形截面且坡度较大时，应在坡面上安装顶部模板，以确保混凝土能够浇筑成型、振捣密实。

2. 几何尺寸和配筋按具体结构设计和本图构造确定，施工按相应平法制图规则。

3. 带短柱独立基础底板底部钢筋构造，详见图 7-24 和图 7-27。

2. 双柱带短柱独立基础配筋构造

双柱带短柱独立基础配筋构造如图 7-34 所示。

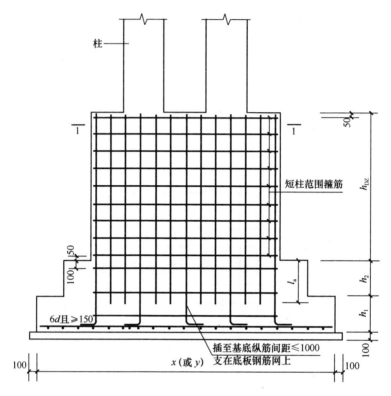

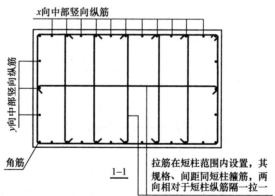

图 7-34　双柱带短柱独立基础配筋构造

h_1、h_2—独立基础的竖向尺寸；l_a—纵向受拉钢筋非抗震锚固长度；h_{DZ}—独立深基础短柱的竖向尺寸

注：1. 带短柱独立基础底板的截面形式可为阶形截面 BJ$_J$ 或坡形截面 BJ$_P$。当为坡形截面且坡度较大
　　　时，应在坡面上安装顶部模板，以确保混凝土能够浇筑成型、振捣密实。
　　2. 几何尺寸和配筋按具体结构设计和本图构造确定，施工按相应平法制图规则。
　　3. 带短柱独立基础底板底部钢筋构造，详见图 7-24 和图 7-27。

（1）短柱设置的原因

因地质条件不好，稳定的持力层比较低，现场验槽时发生局部地基土比较软，需要进行
深挖，以致有些基础做成深基础而形成短柱，但结构力学计算上要求基础顶部标高在一个平

面上，否则与计算假定不相符，因而建议把深基础做成短柱，基础上加拉梁，短柱属于基础的一部分，不是柱的一部分，所有在构造处理方式上按基础处理。

（2）短柱内竖向钢筋在第一台阶处向下锚固长度不小于 l_a（不考虑抗震锚固长度）。

（3）台阶总高度较高时，短柱竖向钢筋在四角及间距不大于 1000mm 的钢筋（每隔 1m），伸至板底的水平段为 $6d$ 且不小于 150mm（起固定作用），其他钢筋在基础内应满足锚固长度不小于 l_a 和 l_{aE} 的要求即可（从第一个台阶向下锚固）。

（4）台阶内的箍筋间距不大于 500mm，不少于 2 根。

（5）当抗震设防为 8 度和 9 度时，短柱的箍筋间距不应大于 150mm。

（6）短柱拉筋在短柱范围内设置，其规格、间距同短柱箍筋，两向相对于短柱纵筋"隔一拉一"。

十、独立基础间设置拉梁的构造图识读

参见《16G101-3》图集第 105 页，基础连系梁用于独立基础、条形基础及桩基础。基础连系梁配筋构造如图 7-35 所示。

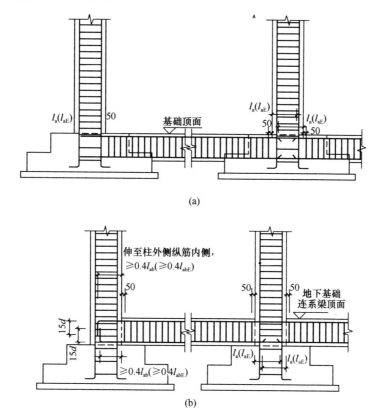

(a)

(b)

图 7-35　基础连系梁 JLL 配筋构造
（a）基础连系梁 JLL 配筋构造（一）；（b）基础连系梁 JLL 配筋构造（二）

（1）独立柱基础间设置拉梁的目的

1）为增加房屋基础部分的整体性，调节相邻基础间的不均匀沉降变形等原因而设置的，由于相邻基础长短跨不一样，基底压应力不一样，用拉梁调节，考虑计算和构造的需要；基础梁埋置在较好的持力土层上，与基础底板一起支托上部结构，并承受地基反力作用。

2）基础连梁拉结柱基或桩基承台基础之间的两柱，梁顶面位置宜与柱基或承台顶面位于同一标高。

3）《建筑抗震设计规范》（GB 50011—2010）第 6.1.11 规定：框架单独柱基有下列情况之一时，宜沿两个主轴方向设置基础连系梁：

① 一级框架和Ⅳ类场地的二级框架。

② 各柱基础底面在重力荷载代表值作用下的压应力差别较大。

③ 基础埋置较深，或各基础埋置深度差别较大。

④ 地基主要受力层范围内存在软弱黏性土层、液化土层或严重不均匀土层。

⑤ 桩基承台之间。

另外，非抗震设计时单桩承台双向（桩与柱的截面直径之比≤2）和两桩承台短向设置基础连梁；梁宽度不宜小于 250mm，梁高度取承台中心距的 1/10～1/15，且不宜小于 400mm。

多层框架结构无地下室时，独立基础埋深较浅而设置基础拉梁，通常会设置在基础的顶部，此时拉梁按构造配置纵向受力钢筋；独立基础的埋深较大、底层的高度较高时，也会设置与柱相连的梁，此时梁为地下框架梁而非基础间的拉梁，应按地下框架梁的构造要求考虑。

（2）纵向钢筋

1）单跨时，需考虑竖向地震作用，伸入支座内的锚固长度为 l_a（l_{aE}），有抗震要求时设计文件特殊注明；连续的基础拉梁，钢筋锚固长度从柱边起算；当拉梁是单跨时，锚固长度从基础的边缘算起。

2）腰筋在支座内应满足抗扭腰筋 N、构造腰筋 G 要求。

3）基础拉梁按构造设计，断面不能＜400mm，配筋是按两个柱子最大轴向力的 10% 计算拉力配置钢筋，所以要求不宜采用绑扎搭接接头，可采用机械连接或焊接。

（3）箍筋

1）箍筋应为封闭式，若不考虑抗震，则不设置抗震构造加密区，如果根据计算，端部确实需要箍筋加密区，设计上可以分开，但这不属于抗震构造措施里面的要求。

2）根据计算结果，可分段配制不同间距或直径。

3）上部结构底层框架柱下端的箍筋加密区高度从基础连系梁顶面起算，基础连系梁顶面至基础顶面短柱的箍筋详见具体设计；当未设置基础连系梁时，上部结构底层框架柱下端的箍筋加密高度从基础顶面起算。

（4）其他

1）拉梁上有其他荷载时，上部有墙体，拉梁可能为拉弯构件、压弯构件，其要按墙梁考虑，并不是简单的受弯构件。

2）考虑耐久性的要求（如环境、混凝土强度等级、保护层厚度等）。

3）遇有冻土、湿陷、膨胀土等，会给拉梁引起额外的荷载，冻土膨胀会造成拉梁拱起，因此要考虑地基的防护。

注意：图 7-35（b）有地下框架梁的构造，将框架梁顶向下至基础顶的柱段，明确称之为短柱，并说明短柱的箍筋配置要见具体设计。原平法地下框架梁在新平法图集中明确表达为地下基础连系梁，代号为"JLL"。

第三节 独立基础识图实例精解

【实例一】某柱下独立基础详图识读

某柱下独立基础详图如图7-36所示。

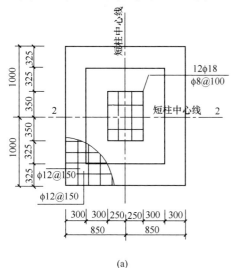

(a)

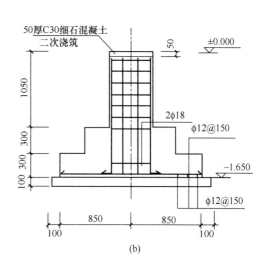

(b)

图7-36 柱下独立基础详图

(a) 基础平面详图；(b) 剖面图

从图7-36中可以看出：

（1）此基础是钢筋混凝土独立基础，从图7-36（a）中可以知道它的基底尺寸是2000mm×1700mm，基础底部的配筋双向都是直径12mm的二级钢筋，间距150mm。基础上短柱的平面尺寸是700mm×500mm，短柱的纵筋是14根直径为18mm的二级钢筋，箍筋是直径为8mm的一级钢筋且间距为150mm。

（2）从图7-36（b）中可以读出该基础下部有100mm厚的垫层，基础共分成两阶，每阶高度300mm，基础的底部标高为−1.65m（由此可推算基础埋深），短柱上方还设置了50mm厚的C30细石混凝土二次浇筑层。

【实例二】某坡形独立基础平法施工图识读

某坡形独立基础平法施工图如图7-37所示。

从图7-37中可以看出：

（1）编号：坡形独立基础01号。

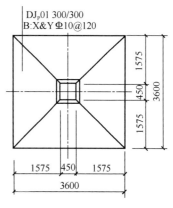

图7-37 坡形独立基础平法
施工图

（2）竖向截面尺寸：$h_1＝300m$，$h_2＝300mm$。

（3）基础底板配筋，X 和 Y 方向均配直径 10mm HRB400 级钢筋、间距 120mm。

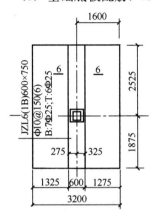

图 7-38　独立基础梁
平法施工图

（4）独立基础两向边长 X、Y 都是 3600mm，柱截面尺寸 X_c、Y_c 都是 450mm；阶宽或坡形平面尺寸 X_i、Y_i 都是 1575mm。

【实例三】某独立基础梁平法施工图识读

某独立基础梁平法施工图如图 7-38 所示。

从图 7-38 中可以看出：

（1）编号：基础梁 6 号，一跨向两端延伸。

（2）截面尺寸：梁宽 600mm，梁高 750mm。

（3）箍筋配置：箍筋为 HPB300 级钢筋，直径 10mm，按间距 150mm 设置，均为 6 肢箍。

（4）梁底部布置贯通筋为 7 根直径 25mm 的 HRB400 级钢筋；梁顶部布置贯通筋 6 根，直径 25mm 的 HRB400 级钢筋。

（5）梁中心线和平面布置轴线不重合，梁边距轴线尺寸：左为 275mm，右为 325mm。

【实例四】某办公楼独立基础详图识读

某办公楼柱下独立基础详图 JC4，如图 7-39 所示。比例为 1：40。

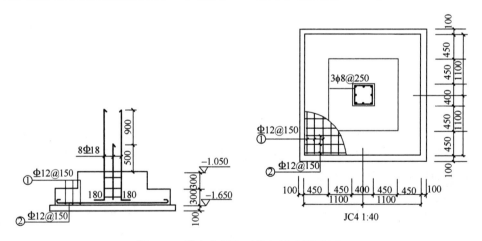

图 7-39　某办公楼柱下独立基础详图 JC4

从图 7-39 中可以看出：

JC4 为阶形独立基础，每阶高 300mm，宽 450mm，总高 600mm；基底长宽为 2200mm ×2200mm，与平面图相一致。基础底部配置双向直径 12mm、间距 150mm 的 HRB335 级钢筋，竖向埋置柱插筋为 8 根直径 18mm 的 HRB335 级钢筋。其中 4 根角筋伸出基础顶面 1400mm，下端 90°弯折 180mm，其余 4 根钢筋伸出基础顶面 500mm，并在基础内设置 3 道直径 8mm、间距 250mm 的 HPB300 级钢筋。基础下设 100mm 厚素混凝土垫层，垫层每边宽出基础 100mm。基础底面标高为－1.650m。

思考题：

1. 杯口独立基础的截面竖向尺寸如何注写？

2. 独立基础配筋如何注写？

3. 独立基础的截面注写方式有哪些要求？

4. 柱纵向钢筋在基础中构造如何识读？

5. 独立基础 DJ_J、DJ_P、BJ_J、BJ_P 底板配筋构造如何识读？

6. 设置基础梁的双柱普通独立基础配筋构造如何识读？

7. 杯口和双杯口独立基础构造如何识读？

8. 高杯口独立基础配筋构造如何识读？

9. 双高杯口独立基础配筋构造如何识读？

10. 带短柱独立基础配筋构造如何识读？

第八章 条形基础平法识图

重点提示：

1. 了解条形基础平法施工图的表示方法、条形基础编号、基础梁的平面注写方式、基础梁底部非贯通纵筋的长度规定等

2. 熟悉条形基础标准构造详图的内容，包括条形基础底板配筋构造、条形基础梁 JL 端部与外伸部位钢筋构造、基础梁 JL 梁底不平和变截面部位钢筋构造、基础梁侧面构造纵筋和拉筋等

3. 通过实例学习，能够识读条形基础平法施工图

第一节 条形基础平法施工图制图规则

一、条形基础平法施工图的表示方法

（1）条形基础平法施工图，包括平面注写与截面注写两种表达方式，设计者可根据具体工程情况选择一种，或将两种方式相结合进行条形基础的施工图设计。

（2）当绘制条形基础平面布置图时，应将条形基础平面与基础所支承的上部结构的柱、墙一起绘制。当基础底面标高不同时，需注明与基础底面基准标高不同之处的范围和标高。

（3）当梁板式基础梁中心或板式条形基础板中心与建筑定位轴线不重合时，应标注其定位尺寸；对于编号相同的条形基础，可仅选择一个进行标注。

（4）条形基础整体上可分为以下两类：

1）梁板式条形基础。它适用于钢筋混凝土框架结构、框架-剪力墙结构、部分框支剪力墙结构和钢结构。平法施工图将梁板式条形基础分解为基础梁和条形基础底板分别进行表达。

2）板式条形基础。它适用于钢筋混凝土剪力墙结构和砌体结构。平法施工图仅表达条形基础底板。

二、条形基础编号

条形基础编号分为基础梁和条形基础底板编号，应符合表 8-1 的规定。

表 8-1 条形基础梁及底板编号

类　　型		代号	序号	跨数及有无外伸
基础梁		JL	××	（××）端部无外伸
条形基础底板	坡形	TJBₚ	××	（××A）一端有外伸
	阶形	TJBⱼ	××	（××B）两端有外伸

注：条形基础通常采用坡形截面或单阶形截面。

三、基础梁的平面注写方式

（1）基础梁 JL 的平面注写方式，分集中标注和原位标注两部分内容。当集中标注的某项数值不适用于基础梁的某部位时，则将该项数值采用原位标注，施工时，原位标注优先。

（2）基础梁的集中标注内容包括：基础梁编号、截面尺寸、配筋三项必注内容，以及基础梁底面标高（与基础底面基准标高不同时）和必要的文字注解两项选注内容。具体规定如下：

1）注写基础梁编号（必注内容），见表 8-1。

2）注写基础梁截面尺寸（必注内容）。注写 $b \times h$，表示梁截面宽度与高度。当为竖向加腋梁时，用 $b \times h$ $Yc_1 \times c_2$ 表示，其中 c_1 为腋长，c_2 为腋高。

3）注写基础梁配筋（必注内容）。

① 注写基础梁箍筋：

a. 当具体设计仅采用一种箍筋间距时，注写钢筋级别、直径、间距与肢数（箍筋肢数写在括号内，下同）。

b. 当具体设计采用两种箍筋时，用"/"分隔不同箍筋，按照从基础梁两端向跨中的顺序注写。先注写第 1 段箍筋（在前面加注箍筋道数），在斜线后再注写第 2 段箍筋（不再加注箍筋道数）。

施工时应注意：两向基础梁相交的柱下区域，应有一向截面较高的基础梁箍筋贯通设置；当两向基础梁高度相同时，任选一向基础梁箍筋贯通设置。

② 注写基础梁底部、顶部及侧面纵向钢筋：

a. 以 B 打头，注写梁底部贯通纵筋（不应少于梁底部受力钢筋总截面面积的 1/3）。当跨中所注根数少于箍筋肢数时，需要在跨中增设梁底部架立筋以固定箍筋，采用"＋"将贯通纵筋与架立筋相连，架立筋注写在加号后面的括号内。

b. 以 T 打头，注写梁顶部贯通纵筋。注写时用分号"；"将底部与顶部贯通纵筋分隔开，如有个别跨与其不同者按本规则下述第（3）条原位注写规定处理。

c. 当梁底部或顶部贯通纵筋多于一排时，用"/"将各排纵筋自上而下分开。

d. 以大写字母 G 打头注写梁两侧面对称设置的纵向构造钢筋的总配筋值（当梁腹板高度 h_w 不小于 450mm 时，根据需要配置）。

当需要配置抗扭纵向钢筋时，梁两个侧面设置的抗扭纵向钢筋以 N 打头。

4）注写基础梁底面标高（选注内容）。当条形基础的底面标高与基础底面基准标高不同时，将条形基础底面标高注写在"（ ）"内。

5）必要的文字注解（选注内容）。当基础梁的设计有特殊要求时，宜增加必要的文字注解。

（3）基础梁 JL 的原位标注规定如下：

1）基础梁支座的底部纵筋，是指包含贯通纵筋与非贯通纵筋在内的所有纵筋：

① 当底部纵筋多于一排时，用"/"将各排纵筋自上而下分开。

② 当同排纵筋有两种直径时，用"＋"将两种直径的纵筋相连。

③ 当梁支座两边的底部纵筋配置不同时，需在支座两边分别标注；当梁支座两边的底部纵筋相同时，可仅在支座的一边标注。

④ 当梁支座底部全部纵筋与集中注写过的底部贯通纵筋相同时，可不再重复做原位标注。

⑤ 竖向加腋梁加腋部位钢筋，需在设置加腋的支座外以 Y 打头注写在括号内。

设计时应注意：对于底部一平梁的支座两边配筋值不同的底部非贯通纵筋（"底部一平"为"梁底部在同一个平面上"的缩略词），应先按较小一边的配筋值选配相同直径的纵筋贯穿支座，再将较大一边的配筋差值选配适当直径的钢筋锚入支座，避免造成支座两边大部分钢筋直径不相同的不合理配置结果。

施工及预算方面应注意：当底部贯通纵筋经原位注写修正，出现两种不同配置的底部贯通纵筋时，应在两毗邻跨中配置较小一跨的跨中连接区域进行连接（即配置较大一跨的底部贯通纵筋需伸出至毗邻跨的跨中连接区域）。

2）原位注写基础梁的附加箍筋或（反扣）吊筋。当两向基础梁十字交叉，但是交叉位置无柱时，应根据需要设置附加箍筋或（反扣）吊筋。

将附加箍筋或（反扣）吊筋直接画在平面图中条形基础主梁上，原位直接引注总配筋值（附加箍筋的肢数注写在括号内）。当多数附加箍筋或（反扣）吊筋相同时，可在条形基础平法施工图上统一注明。少数与统一注明值不同时，在原位直接引注。

施工时应注意：附加箍筋或（反扣）吊筋的几何尺寸应按照标准构造详图，结合其所在位置的主梁和次梁的截面尺寸确定。

3）原位注写基础梁外伸部位的变截面高度尺寸。当基础梁外伸部位采用变截面高度时，在该部位原位注写 $b \times h_1/h_2$，h_1 为根部截面高度，h_2 为尽端截面高度。

4）原位注写修正内容。当在基础梁上集中标注的某项内容（例如截面尺寸、箍筋、底部与顶部贯通纵筋或架立筋、梁侧面纵向构造钢筋、梁底面标高等）不适用于某跨或某外伸部位时，将其修正内容原位标注在该跨或该外伸部位，施工时原位标注取值优先。

当在多跨基础梁的集中标注中已注明加腋，而该梁某跨根部不需要加腋时，则应在该跨原位标注无 $Yc_1 \times c_2$ 的 $b \times h$，以修正集中标注中的竖向加腋要求。

四、基础梁底部非贯通纵筋的长度规定

（1）为方便施工，凡基础梁柱下区域底部非贯通纵筋的伸出长度 a_0 值，当配置不多于两排时，在标准构造详图中统一取值为自柱边向跨内伸出至 $l_n/3$ 位置；当非贯通纵筋配置多于两排时，从第三排起向跨内的伸出长度值应由设计者注明。l_n 的取值规定为：边跨边支座的底部非贯通纵筋，l_n 取本边跨的净跨长度值；对于中间支座的底部非贯通纵筋，l_n 取支座两边较大一跨的净跨长度值。

（2）基础梁外伸部位底部纵筋的伸出长度 a_0 值，在标准构造详图中统一取值为：第一排伸出至梁端头后，全部上弯 $12d$ 或 $15d$；其他排钢筋伸至梁端头后截断。

（3）设计者在执行第（1）、（2）条底部非贯通纵筋伸出长度的统一取值规定时，应注意按《混凝土结构设计规范》（GB 50010—2010）、《建筑地基基础设计规范》（GB 50007—2011）和《高层建筑混凝土结构技术规程》（JGJ 3—2010）的相关规定进行校核，若不满足时应另行变更。

五、条形基础底板的平面注写方式

（1）条形基础底板 TJB_P、TJB_J 的平面注写方式，分集中标注和原位标注两部分内容。

（2）条形基础底板的集中标注内容包括：条形基础底板编号、截面竖向尺寸、配筋三项必注内容，以及条形基础底板底面标高（与基础底面基准标高不同时）、必要的文字注解两

项选注内容。

素混凝土条形基础底板的集中标注，除无底板配筋内容外与钢筋混凝土条形基础底板相同。具体规定如下：

1）注写条形基础底板编号（必注内容），见表8-1。条形基础底板向两侧的截面形状通常包括以下两种：

① 阶形截面，编号加下标"J"，例如 TJB$_J$××（××）；

② 坡形截面，编号加下标"P"，例如 TJB$_P$××（××）。

2）注写条形基础底板截面竖向尺寸（必注内容）。注写 $h_1/h_2/\cdots$ 具体标注如下：

① 当条形基础底板为坡形截面时，注写为 h_1/h_2，如图8-1所示。

② 当条形基础底板为阶形截面时，如图8-2所示。

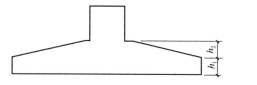

图 8-1　条形基础底板坡形截面竖向尺寸　　　图 8-2　条形基础底板阶形截面竖向尺寸

图8-2所示为单阶，当为多阶时各阶尺寸自下而上以"/"分隔顺写。

3）注写条形基础底板底部及顶部配筋（必注内容）。

以 B 打头，注写条形基础底板底部的横向受力钢筋；以 T 打头，注写条形基础底板顶部的横向受力钢筋；注写时用"/"分隔条形基础底板的横向受力钢筋与纵向分布钢筋，如图8-3和图8-4所示。

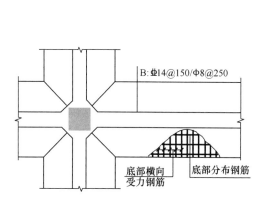

图 8-3　条形基础底板底部配筋示意

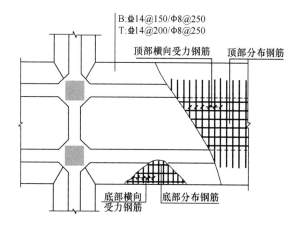

图 8-4　双梁条形基础底板配筋示意

4）注写条形基础底板底面标高（选注内容）。当条形基础底板的底面标高与条形基础底面基准标高不同时，应将条形基础底板底面标高注写在"（　）"内。

5）必要的文字注解（选注内容）。当条形基础底板有特殊要求时，应增加必要的文字注解。

（3）条形基础底板的原位标注规定如下：

1）原位注写条形基础底板的平面尺寸。原位标注 b、b_i，$i=1$，2，$\cdots\cdots$其中，b 为基

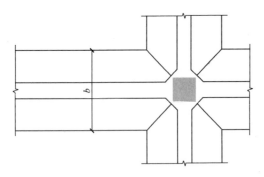

图8-5　条形基础底板平面尺寸原位标注

础底板总宽度，b_i为基础底板台阶的宽度。当基础底板采用对称于基础梁的坡形截面或单阶形截面时，b_i可不注，如图8-5所示。

素混凝土条形基础底板的原位标注与钢筋混凝土条形基础底板相同。

对于相同编号的条形基础底板，可仅选择一个进行标注。

条形基础存在双梁或双墙共用同一基础底板的情况，当为双梁或为双墙并且梁或墙荷载差别较大时，条形基础两侧可取不同的宽度，实际宽度以原位标注的基础底板两侧非对称的不同台阶宽度b_i进行表达。

2）原位注写修正内容。当在条形基础底板上集中标注某项内容时，例如底板截面竖向尺寸、底板配筋、底板底面标高等，不适用于条形基础底板的某跨或某外伸部分时，可将其修正内容原位标注在该跨或该外伸部位，施工时原位标注取值优先。

（4）采用平面注写方式表达的条形基础设计施工图如图8-6所示。

六、条形基础的截面注写方式

（1）条形基础的截面注写方式，又可分为截面标注和列表注写（结合截面示意图）两种表达方式。

采用截面注写方式，应在基础平面布置图上对所有条形基础进行编号，见表8-1。

（2）对条形基础进行截面标注的内容和形式，与传统"单构件正投影表示方法"基本相同。对于已在基础平面布置图上原位标注清楚的该条形基础梁和条形基础底板的水平尺寸，可不在截面图上重复表达，具体表达内容可参照16G101-3图集中相应的标准构造。

（3）对多个条形基础可采用列表注写（结合截面示意图）的方式进行集中表达。表中内容为条形基础截面的几何数据和配筋，截面示意图上应标注与表中栏目相对应的代号。列表的具体内容规定如下：

1）基础梁。基础梁列表集中注写栏目如下：

① 编号：注写JL××（××）、JL××（××A）或JL××（××B）。

② 几何尺寸：梁截面宽度与高度$b×h$。当为竖向加腋梁时，注写$b×h$　$Yc_1×c_2$，其中c_1为腋长，c_2为腋高。

③ 配筋：注写基础梁底部贯通纵筋＋非贯通纵筋，顶部贯通纵筋，箍筋。当设计为两种箍筋时，箍筋注写为：第一种箍筋/第二种箍筋，第一种箍筋为梁端部箍筋，注写内容包括箍筋的箍数、钢筋级别、直径、间距与肢数。

基础梁列表格式见表8-2。

表8-2　基础梁几何尺寸和配筋表

基础梁编号/截面号	截面几何尺寸		配　　筋	
	$b×h$	竖向加腋$c_1×c_2$	底部贯通纵筋＋非贯通纵筋，顶部贯通纵筋	第一种箍筋/第二种箍筋

注：表中可根据实际情况增加栏目，例如增加基础梁底面标高等。

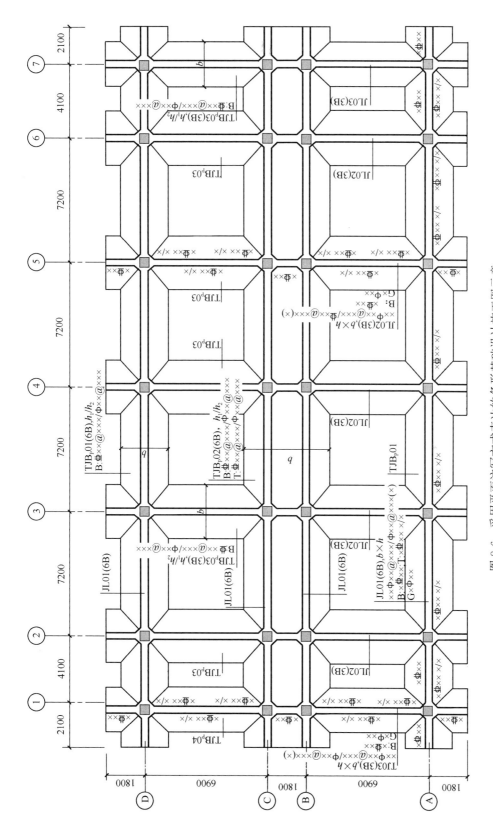

图 8-6　采用平面注写方式表达的条形基础设计施工图示意

注：±0.000 的绝对标高（m）：×××．×××××；基础底面标高（m）：－×．×××××。

2）条形基础底板。条形基础底板列表集中注写栏目如下：

① 编号：坡形截面编号为 $TJB_P \times \times$（$\times \times$）、$TJB_P \times \times$（$\times \times A$）或 $TJB_P \times \times$（$\times \times$ B），阶形截面编号为 $TJB_J \times \times$（$\times \times$）、$TJB_J \times \times$（$\times \times A$）或 $TJB_J \times \times$（$\times \times B$）。

② 几何尺寸：水平尺寸 b、b_i，$i=1$，2，……竖向尺寸 h_1/h_2。

③ 配筋：B：$\oplus \times \times @ \times \times \times / \oplus \times \times @ \times \times \times$。

条形基础底板列表格式见表 8-3。

表 8-3　条形基础底板几何尺寸和配筋表

基础底板编号/ 截面号	截面几何尺寸			底部配筋（B）	
	b	b_i	h_1/h_2	横向受力钢筋	纵向分布钢筋

注：表中可根据实际情况增加栏目，如增加上部配筋、基础底板底面标高（与基础底板底面基准标高不一致时）等

七、其他

与条形基础相关的基础连系梁、后浇带的平法施工图设计，详见 16G101-3 图集第 7 章的相关规定。

第二节　条形基础标准构造详图识读

一、条形基础底板配筋构造图识读

1. 条形基础底板 TJB_P 和 TJB_J 配筋构造

条形基础底板 TJB_P 和 TJB_J 配筋构造如图 8-7、图 8-8 所示。

（1）基础底板的分布钢筋在梁宽范围内不设置。

（2）在两向受力钢筋交接处的网状部位，分布钢筋与同向受力钢筋的构造搭接长度为 150mm。

2. 条形基础底板板底不平构造

条形基础底板板底不平构造如图 8-9、图 8-10 和图 8-11 所示。

3. 条形基础底板配筋长度减短 10% 构造

条形基础底板配筋长度减短 10% 构造如图 8-12 所示。

二、条形基础梁 JL 端部与外伸部位钢筋构造图识读

条形基础梁 JL 端部与外伸部位钢筋构造如图 8-13 所示。

端部等（变）截面外伸构造中，当从柱内边算起的梁端部外伸长度不满足直锚要求时，基础梁下部钢筋应伸至端部后弯折，且从柱内边算起水平段长度 $\geqslant 0.6l_{ab}$，弯折段长度 $15d$。

三、基础梁 JL 梁底不平和变截面部位钢筋构造图识读

基础梁 JL 梁底不平和变截面部位钢筋构造如图 8-14 所示。

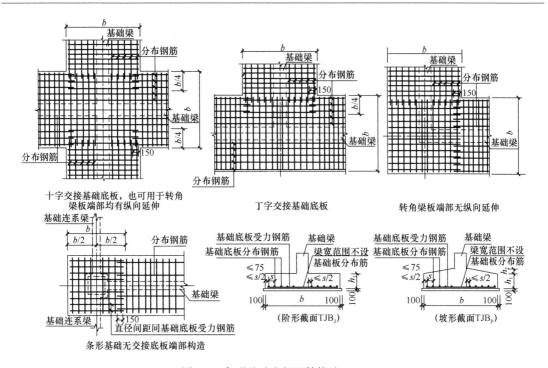

图 8-7 条形基础底板配筋构造（一）

b—条形基础底板宽度；h_1、h_2—条形基础竖向尺寸；s—分布钢筋间距

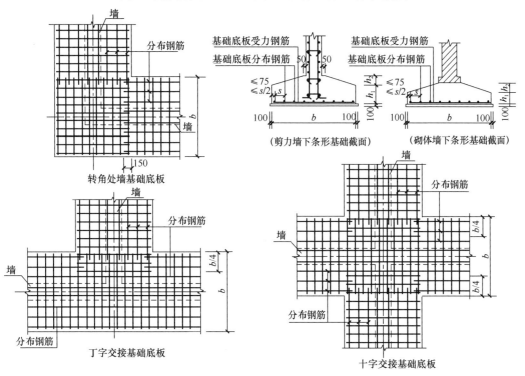

图 8-8 条形基础底板配筋构造（二）

b—条形基础底板宽度；h_1、h_2—条形基础竖向尺寸；s—分布钢筋间距

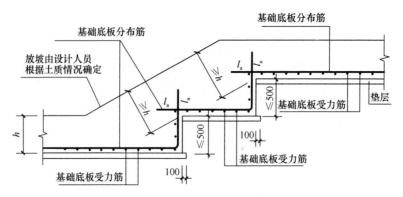

图 8-9 墙下条形基础底板板底不平构造（一）

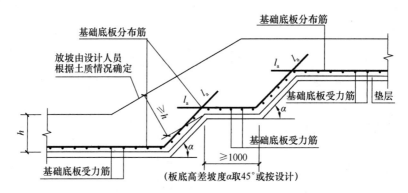

图 8-10 墙下条形基础底板板底不平构造（二）

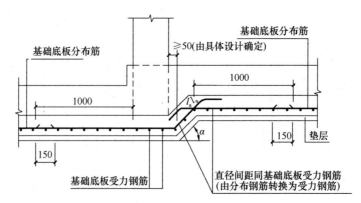

（板底高差坡度α取45°或按设计）

图 8-11 柱下条形基础底板板底不平构造

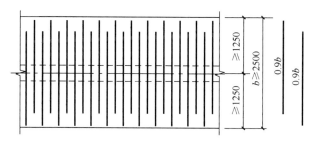

图 8-12　条形基础底板配筋长度减短 10％构造

b—条形基础底板宽度

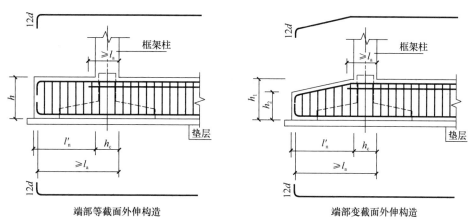

图 8-13　条形基础梁 JL 端部与外伸部位钢筋构造

l_a—受拉钢筋非抗震锚固长度；l'_n—端部外伸长度；h_c—柱截面沿基础梁方向的高度；

d—受拉钢筋直径；h、h_1、h_2—基础梁竖向尺寸

（1）当基础梁底及变截面形式与图 8-14 不同时，其构造应由设计者另行设计；如果要求施工方参照图 8-14 的构造方式，应提供相应的改动变更说明。

（2）梁底高差坡度 α 根据场地实际情况可取 30°、45°或 60°角。

四、基础梁侧面构造纵筋和拉筋图识读

基础梁侧面构造纵筋和拉筋如图 8-15 所示。

（1）梁侧钢筋的拉筋直径除注明者外均为 8mm，间距为箍筋间距的 2 倍。当设有多排拉筋时，上下两排拉筋竖向错开设置。

（2）基础梁侧面纵向构造钢筋搭接长度为 15d。十字相交的基础梁，当相交位置有柱时，侧面构造纵筋锚入梁包柱侧腋内 15d（图一）；当无柱时侧面构造纵筋锚入交叉梁内 15d（图四）。丁字相交的基础梁，当相交位置无柱时，横梁外侧的构造纵筋应贯通，横梁内侧的构造纵筋锚入交叉梁内 15d（图五）。

（3）基础梁侧面受扭纵筋的搭接长度为 l_l，其锚固长度为 l_a，锚固方式同梁上部纵筋。

五、基础梁 JL 与柱结合部侧腋构造图识读

基础梁 JL 与柱结合部侧腋构造如图 8-16 所示。

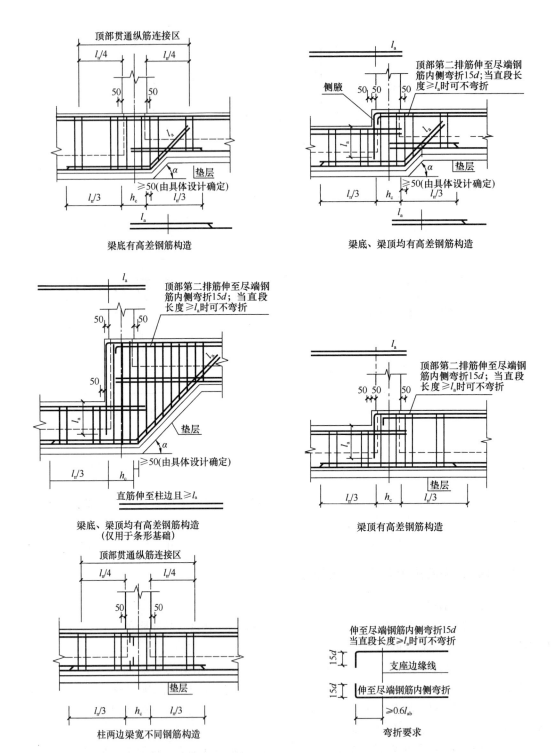

图 8-14　基础梁 JL 梁底不平和变截面部位钢筋构造

l_a—受拉钢筋非抗震锚固长度；l_{ab}—受拉钢筋非抗震基本锚固长度；

l_n—本边跨的净跨长度值；h_c—柱截面沿基础梁方向的高度；d—受拉钢筋直径

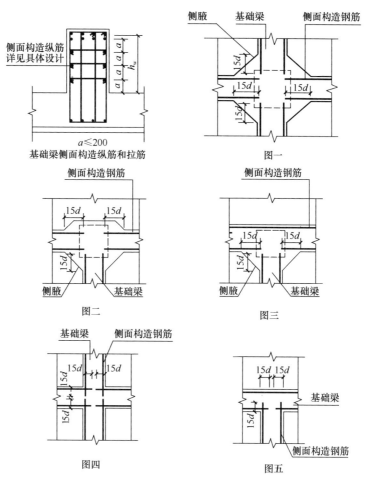

图 8-15 基础梁侧面构造纵筋和拉筋

a—侧面构造纵筋间距；d—纵向受拉钢筋直径；h_w—梁腹板高度

（1）除基础梁比柱宽且完全形成梁包柱的情况外，所有基础梁与柱结合部位均按图8-16加侧腋。

（2）当基础梁与柱等宽，或柱与梁的某一侧面相平时，存在因梁纵筋与柱纵筋同在一个平面内导致直通交叉遇阻情况，此时应适当调整基础梁宽度使柱纵筋直通锚固。

（3）当柱与基础梁结合部位的梁顶面高度不同时，梁包柱侧腋顶面应与较高基础梁的梁顶面"一平"（即在同一平面上），侧腋顶面至较低梁顶面高差内的侧腋，可参照角柱或丁字交叉基础梁包柱侧腋构造进行施工。

六、基础次梁 JCL 配置两种箍筋构造图识读

基础次梁 JCL 配置两种箍筋构造如图 8-17 所示。

（1）当具体设计未注明时，基础次梁的外伸部位，按第一种箍筋设置。

（2）基础次梁竖向加腋部位的钢筋见设计标注。加腋范围的箍筋与基础次梁的箍筋配置相同，仅箍筋高度为变值。

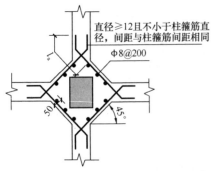

（各边侧腋宽出尺寸与配筋均相同）
十字交叉基础梁与柱结合部侧腋构造

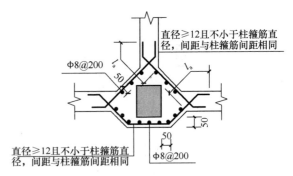

（各边侧腋宽出尺寸与配筋均相同）
丁字交叉基础梁与柱结合部侧腋构造

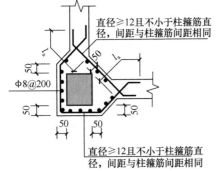

无外伸基础梁与角柱结合部侧腋构造

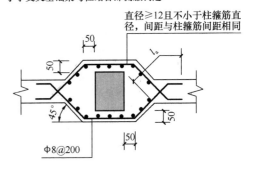

基础梁中心穿柱侧腋构造

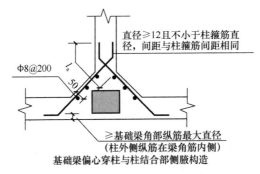

基础梁偏心穿柱与柱结合部侧腋构造

图 8-16 基础梁 JL 与柱结合部侧腋构造

l_a—受拉钢筋非抗震锚固长度

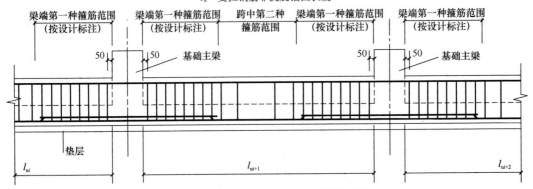

图 8-17 基础次梁 JCL 配置两种箍筋构造

l_{ni}、l_{ni+1}、l_{ni+2}—基础次梁的本跨净跨值

第三节 条形基础识图实例精解

【实例一】墙下混凝土条形基础平面布置图识读

墙下混凝土条形基础平面布置图如图 8-18 所示。

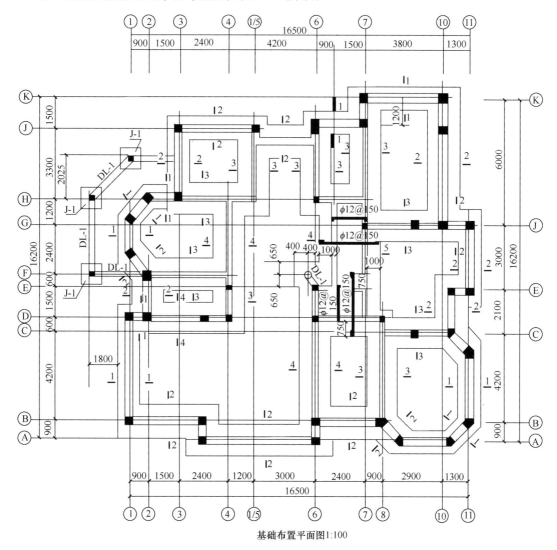

基础布置平面图1:100

图 8-18 墙下混凝土条形基础平面布置图

从图 8-18 中可以看出：

（1）定位轴线两侧的粗线就是墙身被剖切到的断面轮廓线。两墙外侧的细实线是可以看见但尚未被剖到的可见的基础底部的轮廓线，同时它也是基础的边线，是基坑开挖的重要依据。为了能够使图面简洁，一般基础的细部投影都省略不画，基础大放脚的投影轮廓线在基础详图中会有具体表示。

（2）基础布置平面图中所标注的定位轴线的编号与尺寸都要和建筑施工图中的平面图保持一致。定位轴线是施工现场放线的依据，同时也是基础布置平面图中的重要内容。

（3）该图中涂黑的矩形或者是块状部分表示的是被剖切到的建筑物构造柱。构造柱一般从基础梁和基础圈梁的上面开始设置并一直伸入地梁内。它是为了满足抗震设防提出的要求，按照《建筑抗震设计规范》（GB 50011—2010）的有关规定设置的。

（4）基础圈梁及基础梁。虽然该基础平面图中没有表现出基础圈梁，但有的时候为了增加基础的整体性，防止或是减轻不均匀沉降的问题，需要设置基础圈梁（JQL）。有时，在基础布置平面图中沿墙身轴线采用粗点画线来表示基础圈梁的中心位置；同时在旁边标注的JQL也已经特别指出这里布置了基础圈梁，当然这也要因设计单位的习惯不同而异。

（5）该图中出现的符号、代号。例如：DL-1，DL表示地梁，"1"为编号，图中有许多个"DL-1"，表明它们的内部构造都是相同的。类似的例如"J-1"，表示编号为1的由地梁连接的柱下条形基础。

（6）如图中标注的"1-1"、"2-2"等为剖切符号，不一样的编号代表的断面形状、细部尺寸不尽相同的不同基础。在剖切符号当中，剖切位置线注写编号数字或字母的一侧则表示剖视方向。

（7）该图中基础各个部位的定位尺寸（一般均以定位轴线为基准来确定构件的平面位置）和定形尺寸。例如标注1-1剖面，所在定位轴线到该基础的外侧边线距离为665mm，到该基础的内侧线的距离为535mm；标注4-4剖面，墙体轴线居中，基础两边线到定位轴线距离都为1000mm；标注5-5剖面，本来是作为两基础的外轮廓线重合交叉，该图所示是将两基础做成一个整体，并且用间距为150mm的ϕ12钢筋拉接。

（8）⑥号定位轴线与Ⓕ号定位轴线交叉处周围的圆圈没有被涂黑可以看出它非构造柱，结合其他图纸就可以知道它是建筑物内一个装饰柱。

【实例二】墙下条形基础详图识读

墙下条形基础详图如图8-19所示。

从图8-19中可以看出：

（1）该图中的基础为墙下钢筋混凝土柔性条形基础，是为了能够突出表示配筋，钢筋用粗线表示，墙体线、定位轴线、尺寸线、基础轮廓线和引出线等均为细线。

（2）基础埋置深度。基础底面即垫层顶面标高为-1.500m，埋深应当以室外地坪来计算，在基础进行开挖时必须要挖到这个深度。

（3）此基础详图给出"1-1、2-2、3-3、4-4"四种断面基础详图，它的基础底面宽度分别为1200mm、1400mm、1800mm、2000mm；5-5断面详图是特殊情况，两基础之间整体浇筑。为了能保护基础的钢筋，同时这也是为施工时铺设钢筋弹线方便，基础下面设置C10素混凝土垫层100mm厚，每侧超出基础底面各100mm。

1）从1-1断面基础详图中，可以看到沿基础、沿着纵向排列着间距为200mm、直径为ϕ8的HRB级通长钢筋，间距为130mm、直径为ϕ10的HRB级排列钢筋。这个基础的地梁内，沿基础延长方向排列着8根直径为ϕ16的通长钢筋，间距为200mm、直径为ϕ8的HRB级箍筋。此外，还可以看出基础梁的截面尺寸400mm×450mm，基础墙体厚370mm。

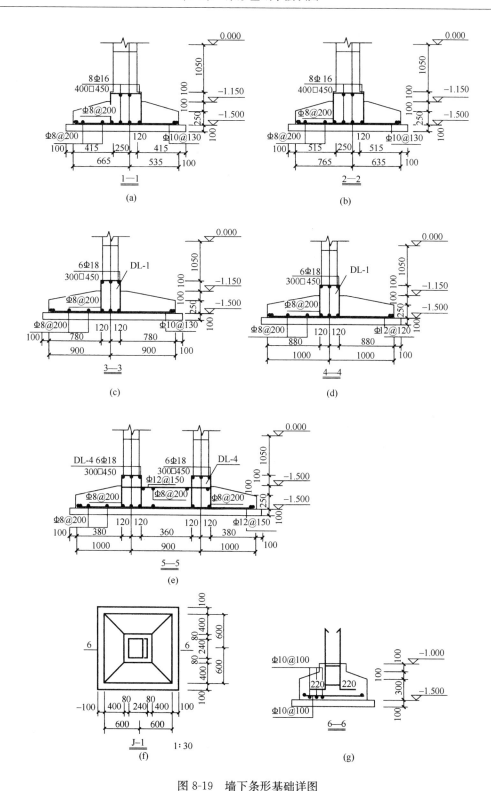

图 8-19 墙下条形基础详图

（a）1-1 示意图；（b）2-2 示意图；（c）3-3 示意图；（d）4-4 示意图；（e）5-5 示意图；

（f）J-1 示意图；（g）6-6 示意图

2) 2-2 断面基础详图除基础底宽与 1-1 断面基础详图不尽相同以外，其内部钢筋种类和布置大致相同。

3) 3-3 断面图中，基础墙体厚为 240mm，基础大放脚底宽为 1800mm，"DL-1"所示的截面尺寸为 300mm×450mm，沿基础延长方向排列着 6 根通长的直径为 $\phi18$ 的 HRB 级钢筋和间距为 200mm、直径为 $\phi8$ 的 HRB 级箍筋。

4) 4-4 断面图所示的除基础大放脚底宽 2000mm，沿基础延长方向大放脚布置的间距为 120mm、直径为 $\phi12$ 的 HRB 级排筋，其他与 3-3 断面图内容大体相同。

5) 5-5 断面图所示基础大放脚内布置着间距为 150mm、直径为 $\phi12$ 的 HRB 级排筋，两基础定位轴线间距为 900mm；两基础之间的部分沿基础延伸方向布置着间距为 150mm、直径为 $\phi12$ 的 HRB 级排箍和间距为 200mm、直径为 $\phi8$ 的 HRB 级通长钢筋，排筋分别伸入到两基础地梁内，使两基础相互形成一个整体。

（4）图 J-1 所示的是独立基础的平面图，绘图比例为 1∶30，旁边所示的是该独立基础的断面图 6-6，由此可以看出：

1) 独立基础的柱截面尺寸为 240mm×240mm，基础底面尺寸为 1200mm×1200mm，垫层每边边线都超出基础底部边线 100mm，垫层平面尺寸为 1400mm×1400mm。

2) 独立基础的断面图详尽表达出独立基础的正面内部构造，基底有 100mm 厚的素混凝土垫层，基础顶面即垫层标高为 −1.500mm。

3) 该独立基础的内部钢筋配置情况，沿着基础底板的纵横方向分别摆放间距为 100mm 的 $\phi10$ 钢筋，独立柱内的竖向钢筋因锚固长度无法满足锚固要求，所以沿水平方向弯折，弯折后的水平锚固长度为 220mm。

【实例三】条形基础平面布置图和基础详图识读

条形基础平面布置图和基础详图如图 8-20 所示。

从图 8-20（a）中可以看出：

（1）基础中心位置和定位轴线是相互重合的，基础轴线间的距离都是 6m。

（2）基础全长为 17.6m，地梁长度是 15.6m，基础两端为了承托上部墙体（砖墙或者是轻质砌块墙）而设置有基础梁，编号为 JL-3，每根基础梁上都设有三根柱子（图中黑色矩形部分），柱子间的柱距为 6m，跨度是 7.8m。由 JL-3 的设置可知，这个方向不必再另外挖土方做砖墙基础。

（3）地梁底部扩大的面是基础底板，基础的宽度是 2m。

（4）从图中的编号中可以看出⑤轴线和⑧轴线的基础是相同的，都是 JL-1，其余的各轴线间基础相同，都是 JL-2。

从图 8-20（b）基础 1-1 纵向剖面图中可以看出：

（1）基础梁是用 100mm 厚的 C10 素混凝土做垫层，长度是 17600mm，高度是 1100mm，两端延伸出的长度是 1000mm，这种设置可以更好地平衡梁在框架柱处的支座弯矩。

（2）竖向有三根柱子的插筋，插筋下部水平弯钩长度最大值要求在 150mm 和 6 倍插筋直径范围内。长向有梁的上部主筋与其下部的受力主筋，上部梁主筋有两根弯起，弯起的钢筋在柱边支座处斜的方向和上部结构的梁的弯起钢筋斜向相反。

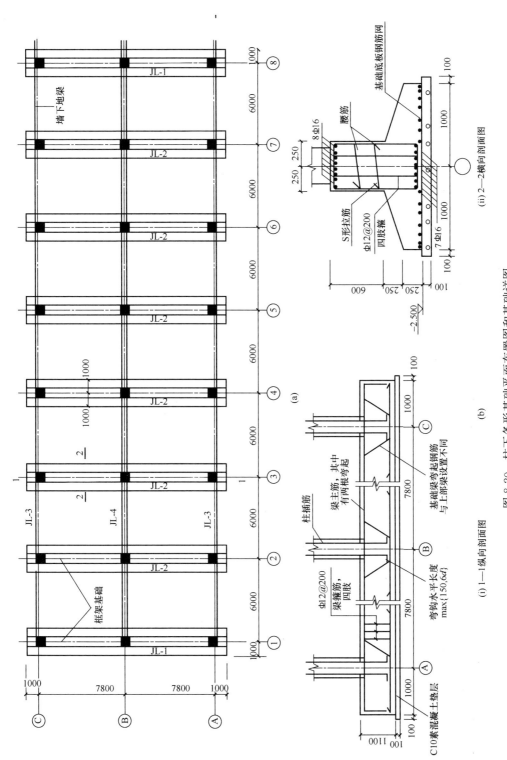

图 8-20 柱下条形基础平面布置图和基础详图

(a) 基础平面布置图; (b) 基础详图

（3）上下的受力钢筋用钢箍绑扎成梁，箍筋使用直径为 12mm 的二级钢筋，从图中的标注可以知道，箍筋采用四肢箍（由两个长方形的钢箍组成的，上下钢筋由四肢钢筋连接在一起的形式）的形式。

从图 8-20（b）基础 2-2 横向剖面图中可以看出：

（1）基础的宽度是 2m，地基梁的宽度是 500mm。

（2）基础的底部有 100mm 厚的素混凝土垫层，底板边缘厚度和斜坡高度都是 250mm，梁高与纵剖一样是 1100mm。

（3）底板在宽度方向上是主要的受力钢筋，摆放在最下面，断面上一个一个的黑点表示长向钢筋，通常是分布筋。

（4）板钢筋的上面是梁的配筋，上部主筋有 8 根，下部主筋有 7 根，钢筋均为 16mm 二级钢筋。

（5）箍筋采用四肢箍，箍筋使用直径是 12mm 的二级钢筋，间距是 200mm。

（6）梁的两侧设置腰筋，并且采用 S 形拉结筋勾住以形成整体。

【实例四】某条形基础平法施工图识读

某条形基础底板平法施工图如图 8-21 所示。

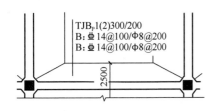

TJB$_p$1(2)300/200
B: ⏀14@100/Φ8@200
B: ⏀14@100/Φ8@200

2500

图 8-21　条形基础底板平法施工图

从图 8-21 中可以看出：

（1）编号：坡形基础底板 1 号，跨度为两跨。

（2）竖向截面尺寸：h_1＝300mm，h_2＝200mm。

（3）底部横向受力筋为 HRB400 级钢筋，直径 14mm、按间距 100mm 设置；构造钢筋为 HPB300 级钢筋、直径 8mm、按间距 200mm 设置。

（4）顶部横向受力筋为 HPB400 级钢筋，直径 14mm、按间距 100mm 设置；构造钢筋为 HPB300 级钢筋、直径 8mm、按间距 200mm 设置。

（5）基础底板总宽度 2500mm。

【实例五】某公寓楼条形基础平面图识读

某公寓楼条形基础平面图如图 8-22 所示。

从图 8-22 中可以看出：

整幢房屋的基础都为墙下条形基础。轴线两侧的中粗实线为墙的边线，每一条基础最外边的两条细实线表示基底的宽度，习惯上不画大放脚轮廓线，从图中可以了解基础的平面布置情况。基础平面图中应标注轴线编号和轴线间距尺寸以及基础与轴线的关系尺寸，还应表示出基础上不同断面的剖切符号或基础构件编号。

【实例六】某砖混结构条形基础详图识读

某砖混结构条形基础详图如图 8-23 所示。

从图 8-23 可中以看出：

图 8-23 为对应基础平面图（图 8-22）的某公寓楼条形基础详图 1-1 和 2-2 断面图，比例

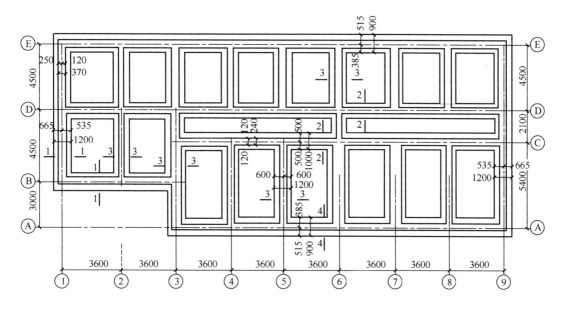

图 8-22　某公寓楼条形基础平面图

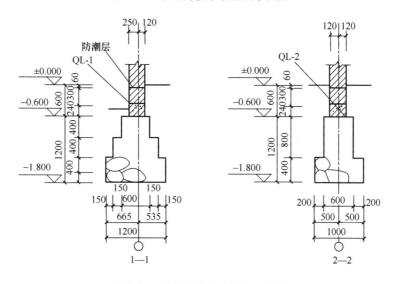

图 8-23　某砖混结构条形基础详图

为 1∶20。从标注的图例可以看出，是毛石砌筑的条形基础。室内外地面标高各为±0.000m
和−0.600m。1-1 为外墙基础详图，大放脚有三个台阶，基础宽度为 1200mm，基础底面标
高为−1.800m，基础上面设有圈梁 QL-1，圈梁上面为 370mm 厚的基础墙。2-2 为内墙基础
详图，内墙厚度 240mm，大放脚有两个台阶，基础宽度为 1000mm，基础底面标高为−
1.800m，基础上面设有圈梁 QL-2，圈梁上面为 240mm 厚的基础墙。

基础断面详图中除轴线用细单点长画线外，其余均为粗实线。

基础断面详图中还有轴线编号、大放脚的放阶尺寸、防潮层的位置尺寸。

思考题:

1. 简述基础梁的集中标注内容。

2. 基础梁的原位标注有哪些规定?

3. 基础梁底部非贯通纵筋的长度有何规定?

4. 条形基础底板 TJB$_P$ 和 TJB$_J$ 配筋构造如何识读?

5. 条形基础底板板底不平构造如何识读?

6. 条形基础梁 JL 端部与外伸部位钢筋构造如何识读?

7. 基础梁 JL 梁底不平和变截面部位钢筋构造如何识读?

8. 基础梁侧面构造纵筋和拉筋构造如何识读?

9. 基础梁 JL 与柱结合部侧腋构造如何识读?

第九章　筏形基础平法识图

> **重点提示：**
> 1. 了解梁板式筏形基础平法施工图制图规则、平板式筏形基础平法施工图制图规则
> 2. 熟悉筏形基础标准构造详图的内容，包括梁板式筏形基础的钢筋构造、平板式筏形基础的钢筋构造、桩基承台
> 3. 通过实例学习，能够识读筏形基础平法施工图

第一节　筏形基础平法施工图制图规则

一、梁板式筏形基础平法施工图制图规则

1. 梁板式筏形基础平法施工图的表示方法

（1）梁板式筏形基础平法施工图是在基础平面布置图上采用平面注写方式进行表达。

（2）当绘制基础平面布置图时，应将梁板式筏形基础与其所支承的柱、墙一起绘制。梁板式筏形基础以多数相同的基础平板底面标高作为基础底面基准标高。当基础底面标高不同时，需注明与基础底面基准标高不同之处的范围和标高。

（3）通过选注基础梁底面与基础平板底面的标高高差来表达两者间的位置关系，可以明确其"高板位"（梁顶与板顶一平）、"低板位"（梁底与板底一平）以及"中板位"（板在梁的中部）三种不同位置组合的筏形基础，方便设计表达。

（4）对于轴线未居中的基础梁，应标注其定位尺寸。

2. 梁板式筏形基础构件的类型与编号

（1）梁板式筏形基础由基础主梁、基础次梁、基础平板等构成，编号应符合表 9-1 的规定。

表 9-1　梁板式筏形基础构件编号

构件类型	代号	序号	跨数及有无外伸
基础主梁（柱下）	JL	××	（××）或（××A）或（××B）
基础次梁	JCL	××	（××）或（××A）或（××B）
梁板式筏形基础平板	LPB	××	

注：1.（××A）为一端有外伸，（××B）为两端有外伸，外伸不计入跨数。
　　2. 梁板式筏形基础平板跨数及是否有外伸分别在 X、Y 两向的贯通纵筋之后表达。图面从左至右为 X 向，从下至上为 Y 向。
　　3. 梁板式筏形基础主梁与条形基础梁编号与标准构造详图一致

3. 基础主梁与基础次梁的平面注写方式

（1）基础主梁 JL 与基础次梁 JCL 的平面注写，分集中标注与原位标注两部分内容。当集中标注中的某项数值不适用于梁的某部位时，则将该项数值采用原位标注，施工时原位标注优先。

（2）基础主梁 JL 与基础次梁 JCL 的集中标注内容包括：基础梁编号、截面尺寸、配筋三项必注内容，以及基础梁底面标高高差（相对于筏形基础平板底面标高）一项选注内容。

具体规定如下：

1）注写基础梁的编号，见表9-1。

2）注写基础梁的截面尺寸。以 $b×h$ 表示梁截面宽度与高度；当为竖向加腋梁时，用 $b×h\ Yc_1×c_2$ 表示，其中 c_1 为腋长，c_2 为腋高。

3）注写基础梁的配筋。

① 注写基础梁箍筋

a. 当采用一种箍筋间距时，注写钢筋级别、直径、间距与肢数（写在括号内）。

b. 当采用两种箍筋时，用"/"分隔不同箍筋，按照从基础梁两端向跨中的顺序注写。先注写第1段箍筋（在前面加注箍数），在斜线后再注写第2段箍筋（不再加注箍数）。

施工时应注意：两向基础主梁相交的柱下区域，应有一向截面较高的基础主梁箍筋贯通设置；当两向基础主梁高度相同时，任选一向基础主梁箍筋贯通设置。

② 注写基础梁的底部、顶部及侧面纵向钢筋。

a. 以B打头，先注写梁底部贯通纵筋（不应少于底部受力钢筋总截面面积的1/3）。当跨中所注根数少于箍筋肢数时，需要在跨中加设架立筋以固定箍筋，注写时，用加号"＋"将贯通纵筋与架立筋相连，架立筋注写在加号后面的括号内。

b. 以T打头，注写梁顶部贯通纵筋值。注写时用分号"；"将底部与顶部纵筋分隔开，若有个别跨与其不同，按下述第（3）条原位注写的规定处理。

c. 当梁底部或顶部贯通纵筋多于一排时，用斜线"/"将各排纵筋自上而下分开。

d. 以大写字母G打头注写基础梁两侧面对称设置的纵向构造钢筋的总配筋值（当梁腹板高度 h_w 不小于450mm时，根据需要配置）。

当需要配置抗扭纵向钢筋时，梁两个侧面设置的抗扭纵向钢筋以N打头。

4）注写基础梁底面标高高差（是指相对于筏形基础平板底面标高的高差值），该项为选注值。有高差时需将高差写入括号内（例如"高板位"与"中板位"基础梁的底面与基础平板底面标高的高差值），无高差时不注（例如"低板位"筏形基础的基础梁）。

（3）基础主梁与基础次梁的原位标注规定如下：

1）梁支座的底部纵筋是指包括贯通纵筋与非贯通纵筋在内的所有纵筋：

① 当底部纵筋多于一排时，用斜线"/"将各排纵筋自上而下分开。

② 当同排纵筋有两种直径时，用加号"＋"将两种直径的纵筋相连。

③ 当梁中间支座两边的底部纵筋配置不同时，需在支座两边分别标注；当梁中间支座两边的底部纵筋相同时，可仅在支座的一边标注配筋值。

④ 当梁端（支座）区域的底部全部纵筋与集中注写过的贯通纵筋相同时，可不再重复做原位标注。

⑤ 竖向加腋梁加腋部位钢筋，需在设置加腋的支座处以Y打头注写在括号内。

设计时应注意：当对底部"一平"的梁支座两边的底部非贯通纵筋采用不同配筋值时，应先按较小一边的配筋值选配相同直径的纵筋贯穿支座，再将较大一边的配筋差值选配适当直径的钢筋锚入支座，避免造成两边大部分钢筋直径不相同的不合理配置结果。

施工及预算方面应注意：当底部贯通纵筋经原位修正注写后，两种不同配置的底部贯通纵筋应在两毗邻跨中配置较小一跨的跨中连接区域连接（即配置较大一跨的底部贯通纵筋需越过其跨数终点或起点伸至毗邻跨的跨中连接区域）。

2）注写基础梁的附加箍筋或（反扣）吊筋。将其直接画在平面图中的主梁上，用线引注总配筋值（附加箍筋的肢数注写在括号内），当多数附加箍筋或（反扣）吊筋相同时，可在基础梁平法施工图上统一注明，少数与统一注明值不同时，再原位引注。

施工时应注意：附加箍筋或（反扣）吊筋的几何尺寸应按照标准构造详图，结合其所在位置的主梁和次梁的截面尺寸确定。

3）当基础梁外伸部位变截面高度时，在该部位原位注写 $b \times h_1/h_2$，h_1 为根部截面高度，h_2 为尽端截面高度。

4）注写修正内容。当在基础梁上集中标注的某项内容（如梁截面尺寸、箍筋、底部与顶部贯通纵筋或架立筋、梁侧面纵向构造钢筋、梁底面标高高差等）不适用于某跨或某外伸部分时，则将其修正内容原位标注在该跨或该外伸部位，施工时原位标注取值优先。

当在多跨基础梁的集中标注中已注明竖向加腋，而该梁某跨根部不需要加腋时，则应在该跨原位标注等截面的 $b \times h$，以修正集中标注中的加腋信息。

（4）按以上各项规定的组合表达方式，详见 16G101-3 图集第 36 页基础主梁与基础次梁标注图示。

4. 基础梁底部非贯通纵筋的长度规定

（1）为方便施工，凡基础主梁柱下区域和基础次梁支座区域底部非贯通纵筋的伸出长度 a_0 值，当配置不多于两排时，在标准构造详图中统一取值为自支座边向跨内伸出至 $l_n/3$ 位置；当非贯通纵筋配置多于两排时，从第三排起向跨内的伸出长度值应由设计者注明。l_n 的取值规定为：边跨边支座的底部非贯通纵筋，l_n 取本边跨的净跨长度值；中间支座的底部非贯通纵筋，l_n 取支座两边较大一跨的净跨长度值。

（2）基础主梁与基础次梁外伸部位底部纵筋的伸出长度 a_0 值，在标准构造详图中统一取值为：第一排伸出至梁端头后，全部上弯 $12d$ 或 $15d$，其他排伸至梁端头后截断。

（3）设计者在执行第（1）、（2）条基础梁底部非贯通纵筋伸出长度的统一取值规定时，应注意按《混凝土结构设计规范》（GB 50010—2010）、《建筑地基基础设计规范》（GB 50007—2011）和《高层建筑混凝土结构技术规程》（JGJ 3—2010）的相关规定进行校核，若不满足时应另行变更。

5. 梁板式筏形基础平板的平面注写方式

（1）梁板式筏形基础平板 LPB 的平面注写，分集中标注与原位标注两部分内容。

（2）梁板式筏形基础平板 LPB 贯通纵筋的集中标注，应在所表达的板区双向均为第一跨（X 与 Y 双向首跨）的板上引出（图面从左至右为 X 向，从下至上为 Y 向）。

板区划分条件：板厚相同、基础平板底部与顶部贯通纵筋配置相同的区域为同一板区。

集中标注的内容规定如下：

1）注写基础平板的编号，见表 9-1。

2）注写基础平板的截面尺寸。注写 $h=\times\times\times$ 表示板厚。

3）注写基础平板的底部与顶部贯通纵筋及其跨数及外伸情况。先注写 X 向底部（B 打头）贯通纵筋与顶部（T 打头）贯通纵筋及纵向长度范围；再注写 Y 向底部（B 打头）贯通纵筋与顶部（T 打头）贯通纵筋及其跨数及外伸情况（图面从左至右为 X 向，从下至上为 Y 向）。

贯通纵筋的跨数及外伸情况注写在括号中，注写方式为"跨数及有无外伸"，其表达形式为：（$\times\times$—无外伸）、（$\times\times$A——一端有外伸）或（$\times\times$B—两端有外伸）。

注：基础平板的跨数以构成柱网的主轴线为准；两主轴线之间无论有几道辅助轴线（例如框筒结构中混凝土内筒中的多道墙体），均可按一跨考虑。

当贯通筋采用两种规格钢筋"隔一布一"方式时，表达为Φ xx/yy@×××，表示直径xx 的钢筋和直径 yy 的钢筋之间的间距为×××，直径为 xx 的钢筋、直径为 yy 的钢筋间距分别为×××的 2 倍。

施工及预算方面应注意：当基础平板分板区进行集中标注，并且相邻板区板底"一平"时，两种不同配置的底部贯通纵筋应在两毗邻板跨中配筋较小板跨的跨中连接区域连接（即配置较大板跨的底部贯通纵筋需越过板区分界线伸至毗邻板跨的跨中连接区域）。

（3）梁板式筏形基础平板 LPB 的原位标注，主要表达板底部附加非贯通纵筋。

1）原位注写位置及内容。板底部原位标注的附加非贯通纵筋，应在配置相同跨的第一跨表达（当在基础梁悬挑部位单独配置时则在原位表达）。在配置相同跨的第一跨时（或基础梁外伸部位），垂直于基础梁绘制一段中粗虚线（当该筋通长设置在外伸部位或短跨板下部时，应画至对边或贯通短跨），在虚线上注写编号（例如①、②等）、配筋值、横向布置的跨数及是否布置到外伸部位。

注：（××）为横向布置的跨数，（××A）为横向布置的跨数及一端基础梁的外伸部位，（××B）为横向布置的跨数及两端基础梁外伸部位。

板底部附加非贯通纵筋自支座中线向两边跨内的伸出长度值注写在线段的下方位置。当该筋向两侧对称伸出时，可仅在一侧标注，另一侧不注；当布置在边梁下时，向基础平板外伸部位一侧的伸出长度与方式按标准构造，设计不注。底部附加非贯通筋相同者，可仅注写一处，其他只注写编号。

横向连续布置的跨数及是否布置到外伸部位，不受集中标注贯通纵筋的板区限制。

原位注写的底部附加非贯通纵筋与集中标注的底部贯通钢筋，宜采用"隔一布一"的方式布置，即基础平板（X 向或 Y 向）底部附加非贯通纵筋与贯通纵筋间隔布置，其标注间距与底部贯通纵筋相同（两者实际组合后的间距为各自标注间距的 1/2）。

2）注写修正内容。当集中标注的某些内容不适用于梁板式筏形基础平板某板区的某一板跨时，应由设计者在该板跨内注明，施工时应按注明内容取用。

3）当若干基础梁下基础平板的底部附加非贯通纵筋配置相同时（其底部、顶部的贯通纵筋可以不同），可仅在一根基础梁下做原位注写，并在其他梁上注明"该梁下基础平板底部附加非贯通纵筋同××基础梁"。

（4）梁板式筏形基础平板 LPB 的平面注写规定，同样适用于钢筋混凝土墙下的基础平板。

按以上主要分项规定的组合表达方式，详见 16G101-3 图集第 37 页"梁板式筏形基础平板 LPB 标注图示"。

6. 其他

（1）与梁板式筏形基础相关的后浇带、下柱墩、基坑（沟）等构造的平法施工图设计，详见 16G101-3 图集第 7 章的相关规定。

（2）应在图中注明的其他内容：

1）当在基础平板周边沿侧面设置纵向构造钢筋时，应在图中注明。

2）应注明基础平板外伸部位的封边方式，当采用 U 形钢筋封边时应注明其规格、直径及间距。

3）当基础平板外伸变截面高度时，应注明外伸部位的 h_1/h_2，h_1 为板根部截面高度，h_2 为板尽端截面高度。

4）当基础平板厚度大于2m时，应注明具体构造要求。

5）当在基础平板外伸阳角部位设置放射筋时，应注明放射筋的强度等级、直径、根数以及设置方式等。

6）板的上、下部纵筋之间设置拉筋时，应注明拉筋的强度等级、直径、双向间距等。

7）应注明混凝土垫层厚度与强度等级。

8）结合基础主梁交叉纵筋的上下关系，当基础平板同一层面的纵筋相交叉时，应注明哪个方向纵筋在下，哪个方向纵筋在上。

9）设计需注明的其他内容。

二、平板式筏形基础平法施工图制图规则

1. 平板式筏形基础平法施工图的表示方法

（1）平板式筏形基础平法施工图是在基础平面布置图上采用平面注写方式表达。

（2）当绘制基础平面布置图时，应将平板式筏形基础与其所支承的柱、墙一起绘制。当基础底面标高不同时，需注明与基础底面基准标高不同之处的范围和标高。

2. 平板式筏形基础构件的类型与编号

平板式筏形基础可划分为柱下板带和跨中板带；也可不分板带，按基础平板进行表达。平板式筏形基础构件编号应符合表9-2的规定。

表 9-2　平板式筏形基础构件编号

构件类型	代号	序号	跨数及有无外伸
柱下板带	ZXB	××	（××）或（××A）或（××B）
跨中板带	KZB	××	（××）或（××A）或（××B）
平板式筏形基础平板	BPB	××	

注：1.（××A）为一端有外伸，（××B）为两端有外伸，外伸不计入跨数。
　　2. 平板式筏形基础平板，其跨数及是否有外伸分别在X、Y两向的贯通纵筋之后表达。图面从左至右为X向，从下至上为Y向

3. 柱下板带、跨中板带的平面注写方式

（1）柱下板带 ZXB（视其为无箍筋的宽扁梁）与跨中板带 KZB 的平面注写，分集中标注与原位标注两部分内容。

（2）柱下板带与跨中板带的集中标注，应在第一跨（X向为左端跨，Y向为下端跨）引出。具体规定如下：

1）注写编号，见表9-2。

2）注写截面尺寸，注写 $b=××××$ 表示板带宽度（在图注中注明基础平板厚度）。确定柱下板带宽度应根据规范要求与结构实际受力需要。当柱下板带宽度确定后，跨中板带宽度亦随之确定（即相邻两平行柱下板带之间的距离）。当柱下板带中心线偏离柱中心线时，应在平面图上标注其定位尺寸。

3）注写底部与顶部贯通纵筋。注写底部贯通纵筋（B打头）与顶部贯通纵筋（T打头）的规格与间距，用分号"；"将其分隔开。柱下板带的柱下区域，通常在其底部贯通纵筋的间隔内插空设有（原位注写的）底部附加非贯通纵筋。

施工及预算方面应注意：当柱下板带的底部贯通纵筋配置从某跨开始改变时，两种不同配置的底部贯通纵筋应在两毗邻跨中配置较小跨的跨中连接区域连接（即配置较大跨的底部贯通纵筋需越过其跨数终点或起点伸至毗邻跨的跨中连接区域）。

（3）柱下板带与跨中板带原位标注的内容，主要为底部附加非贯通纵筋。具体规定如下：

1）注写内容：以一段与板带同向的中粗虚线代表附加非贯通纵筋；柱下板带：贯穿其柱下区域绘制；跨中板带：横贯柱中线绘制。在虚线上注写底部附加非贯通纵筋的编号（例如①、②等）、钢筋级别、直径、间距，以及自柱中线分别向两侧跨内的伸出长度值。当向两侧对称伸出时，长度值可仅在一侧标注，另一侧不注。外伸部位的伸出长度与方式按标准构造，设计不注。对同一板带中底部附加非贯通筋相同者，可仅在一根钢筋上注写，其他可仅在中粗虚线上注写编号。

原位注写的底部附加非贯通纵筋与集中标注的底部贯通纵筋，宜采用"隔一布一"的方式布置，即柱下板带或跨中板带底部附加非贯通纵筋与贯通纵筋交错插空布置，其标注间距与底部贯通纵筋相同（两者实际组合后的间距为各自标注间距的 1/2）。

当跨中板带在轴线区域不设置底部附加非贯通纵筋时，则不做原位注写。

2）注写修正内容。当在柱下板带、跨中板带上集中标注的某些内容（例如截面尺寸、底部与顶部贯通纵筋等）不适用于某跨或某外伸部分时，则将修正的数值原位标注在该跨或该外伸部位，施工时原位标注取值优先。

设计时应注意：对于支座两边不同配筋值的（经注写修正的）底部贯通纵筋，应按较小一边的配筋值选配相同直径的纵筋贯穿支座，较大一边的配筋差值选配适当直径的钢筋锚入支座，避免造成两边大部分钢筋直径不相同的不合理配置结果。

（4）柱下板带 ZXB 与跨中板带 KZB 的注写规定，同样适用于平板式筏形基础上局部有剪力墙的情况。

（5）按以上各项规定的组合表达方式，详见 16G101-3 图集第 42 页"柱下板带 ZXB 与跨中板带 KZB 标注图示"。

4. 平板式筏形基础平板 BPB 的平面注写方式

（1）平板式筏形基础平板 BPB 的平面注写，分集中标注与原位标注两部分内容。

基础平板 BPB 的平面注写与柱下板带 ZXB、跨中板带 KZB 的平面注写为不同的表达方式，但是可以表达同样的内容。当整片板式筏形基础配筋比较规律时，宜采用 BPB 表达方式。

（2）平板式筏形基础平板 BPB 的集中标注，除按表 9-2 注写编号外，所有规定均与本节"一、梁板式筏形基础平法施工图制图规则"中第 5 条的第（2）条相同。

当某向底部贯通纵筋或顶部贯通纵筋的配置，在跨内有两种不同间距时，先注写跨内两端的第一种间距，并在前面加注纵筋根数（以表示其分布的范围）；再注写跨中部的第二种间距（不需加注根数）；两者用"/"分隔。

（3）平板式筏形基础平板 BPB 的原位标注，主要表达横跨柱中心线下的底部附加非贯通纵筋。注写规定如下：

1）原位注写位置及内容。在配置相同的若干跨的第一跨下，垂直于柱中线绘制一段中粗虚线代表底部附加非贯通纵筋，在虚线上的注写内容与本节"一、梁板式筏形基础平法施工图制图规则"中第 5 条的第（3）条第 1）款相同。

当柱中心线下的底部附加非贯通纵筋（与柱中心线正交）沿柱中心线连续若干跨配置相

同时，则在该连续跨的第一跨下原位注写，且将同规格配筋连续布置的跨数注写在括号内；当有些跨配置不同时，则应分别原位注写。外伸部位的底部附加非贯通纵筋应单独注写（当与跨内某筋相同时仅注写钢筋编号）。

当底部附加非贯通纵筋横向布置在跨内有两种不同间距的底部贯通纵筋区域时，其间距应分别对应为两种，其注写形式应与贯通纵筋保持一致，即先注写跨内两端的第一种间距，并在前面加注纵筋根数；再注写跨中部的第二种间距（不需加注根数）；两者用"/"分隔。

2）当某些柱中心线下的基础平板底部附加非贯通纵筋横向配置相同时（其底部、顶部的贯通纵筋可以不同），可仅在一条中心线下做原位注写，并在其他柱中心线上注明"该柱中心线下基础平板底部附加非贯通纵筋同××柱中心线"。

（4）平板式筏形基础平板 BPB 的平面注写规定，同样适用于平板式筏形基础上局部有剪力墙的情况。

按以上各项规定的组合表达方式，详见 16G101-3 图集第 43 页"平板式筏形基础平板 BPB 标注图示"。

5．其他

（1）与平板式筏形基础相关的后浇带、上柱墩、下柱墩、基坑（沟）等构造的平法施工图设计，详见 16G101-3 图集第 7 章的相关规定。

（2）平板式筏形基础应在图中注明的其他内容如下：

1）注明板厚。当整片平板式筏形基础有不同板厚时，应分别注明各板厚值及其各自的分布范围。

2）当在基础平板周边沿侧面设置纵向构造钢筋时，应在图注中注明。

3）应注明基础平板外伸部位的封边方式，当采用 U 形钢筋封边时，应注明其规格、直径及间距。

4）当基础平板厚度大于 2m 时，应注明设置在基础平板中部的水平构造钢筋网。

5）当在基础平板外伸阳角部位设置放射筋时，应注明放射筋的强度等级、直径、根数以及设置方式等。

6）板的上、下部纵筋之间设置拉筋时，应注明拉筋的强度等级、直径、双向间距等。

7）应注明混凝土垫层厚度与强度等级。

8）当基础平板同一层面的纵筋相交叉时，应注明哪个方向纵筋在下，哪个方向纵筋在上。

9）设计需注明的其他内容。

第二节　筏形基础标准构造详图识读

一、梁板式筏形基础的钢筋构造图识读

1．基础主梁和基础次梁纵向钢筋与箍筋构造

（1）基础主梁 JL 纵向钢筋与箍筋构造、附加箍筋构造、附加（反扣）吊筋构造如图 9-1～图 9-3 所示。

顶部贯通纵筋在连接区内采用搭接、机械连接或焊接。同一连接区段内接头面积百分率不宜大于50%。
当钢筋长度可穿过一连接区到下一连接区并满足连接要求时，宜穿越设置

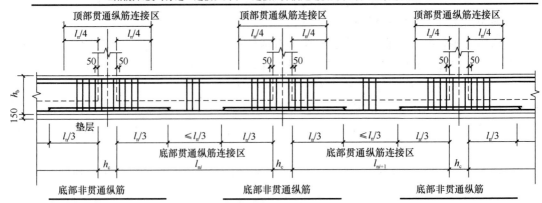

图 9-1　基础梁 JL 纵向钢筋与箍筋构造

l_{ni}—左跨净跨值；l_{ni+1}—右跨净跨值；l_n—左跨 l_{ni} 和右跨 l_{ni+1} 之较大值；

h_b—基础梁截面高度；h_c—柱截面沿基础梁方向的高度

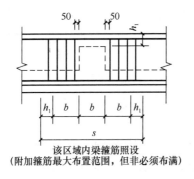

该区域内梁箍筋照设
（附加箍筋最大布置范围，但非必须布满）

图 9-2　附加箍筋构造

b—次梁宽；h_1—主次梁高差；s—附加箍筋的布置范围

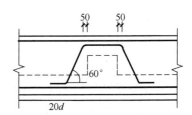

图 9-3　附加（反扣）吊筋构造

1）节点区内箍筋按梁端箍筋设置。梁相互交叉宽度内的箍筋按截面高度较大的基础梁设置。同跨箍筋有两种时，各自设置范围按具体设计注写。

2）当两毗邻跨的底部贯通纵筋配置不同时，应将配置较大一跨的底部贯通纵筋越过其标注的跨数终点或起点，伸至配置较小的毗邻跨的跨中连接区进行连接。

3）钢筋连接要求见 16G101-3 图集第 60 页。

4）梁端部与外伸部位钢筋构造详见图 9-7。

5）当底部纵筋多于两排时，从第三排起非贯通纵筋向跨内的伸出长度值应由设计者注明。

6）基础梁相交处位于同一层面的交叉纵筋，哪根梁纵筋在下，哪根梁纵筋在上，应按具体设计说明。

7）纵向受力钢筋绑扎搭接区内箍筋设置要求见 16G101-3 图集第 60 页。

（2）基础次梁 JCL 纵向钢筋与箍筋构造如图 9-4 所示。

1）同跨箍筋有两种时，各自设置范围按具体设计注写。

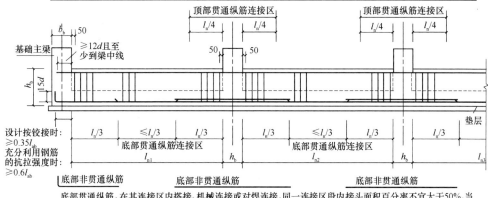

图 9-4　基础次梁 JCL 纵向钢筋与箍筋构造

l_{ni}—左跨净跨值；l_{ni+1}—右跨净跨值；l_n—左跨 l_{ni} 和右跨 l_{ni+1} 之较大值；

b_b—基础主梁的截面宽度；h_b—基础次梁的截面高度

2）节点区内箍筋按梁端箍筋设置。梁相互交叉宽度内的箍筋按截面高度较大的基础梁设置。

3）当底部纵筋多于两排时，从第三排起非贯通纵筋向跨内的伸出长度值应由设计者注明。

2. 基础梁的加腋构造

（1）基础主梁 JL 竖向加腋钢筋构造如图 9-5 所示。

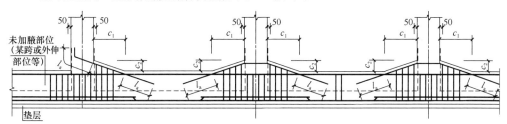

图 9-5　基础主梁 JL 竖向加腋钢筋构造

c_1—腋长；c_2—腋高；l_a—纵向受拉钢筋非抗震锚固长度

1）基础梁竖向加腋部位的钢筋见设计标注。加腋范围的箍筋与基础梁的箍筋配置相同，仅箍筋高度为变值。

2）基础梁的梁柱结合部位所加侧腋顶面与基础梁非加腋段顶面"一平"，不随梁加腋的升高而变化。

（2）基础次梁 JCL 竖向加腋钢筋构造如图 9-6 所示。

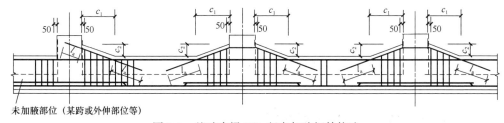

图 9-6　基础次梁 JCL 竖向加腋钢筋构造

c_1—腋长；c_2—腋高；l_a—纵向受拉钢筋非抗震锚固长度

3. 基础主梁外伸部位构造

（1）梁板式筏形基础主梁 JL 端部与外伸部位钢筋构造如图 9-7 所示。

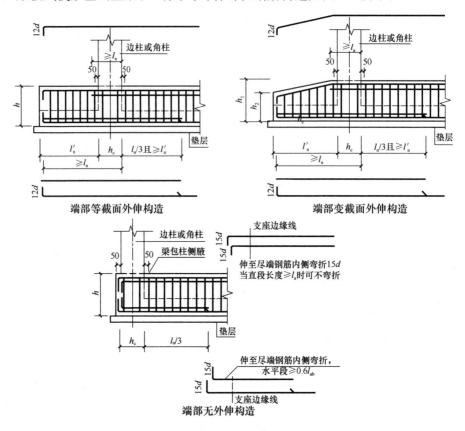

图 9-7　梁板式筏形基础梁 JL 端部与外伸部位钢筋构造

l_a—受拉钢筋非抗震锚固长度；l_{ab}—受拉钢筋的非抗震基本锚固长度；l_n—本边跨的净跨长度值；l'_n—端部外伸长度；h_c—柱截面沿基础梁方向的高度；d—受拉钢筋直径；h、h_1、h_2—基础梁竖向尺寸

（2）基础次梁 JCL 端部外伸部位钢筋构造如图 9-8 所示。

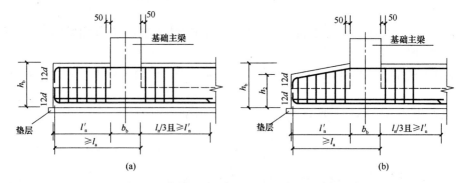

图 9-8　基础次梁 JCL 端部外伸部位钢筋构造

（a）端部等截面外伸构造；（b）端部变截面外伸构造

b_b—基础主梁的截面宽度；h_b—基础次梁的截面高度；l_n—本跨的净跨长度值；l'_n—端部外伸长度

4. 梁板式筏形基础平板 LPB 钢筋构造

梁板式筏形基础平板 LPB 钢筋构造如图 9-9 所示。

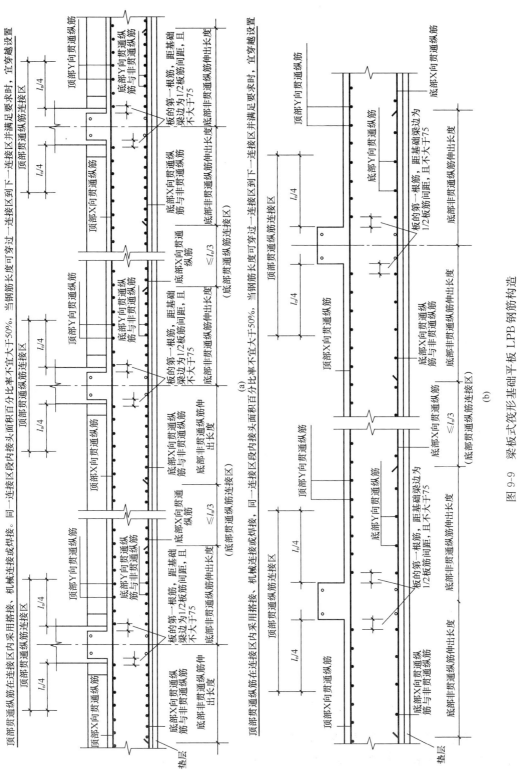

图 9-9 梁板式筏形基础平板 LPB 钢筋构造

(a) 柱下区域；(b) 跨中区域

l_n—本跨的净跨长度值

基础平板同一层面的交叉纵筋，哪个方向纵筋在下，哪个方向纵筋在上，应按具体设计说明。

5. 梁板式筏形基础平板 LPB 端部与外伸部位钢筋构造

梁板式筏形基础平板 LPB 端部与外伸部位钢筋构造如图 9-10 所示。

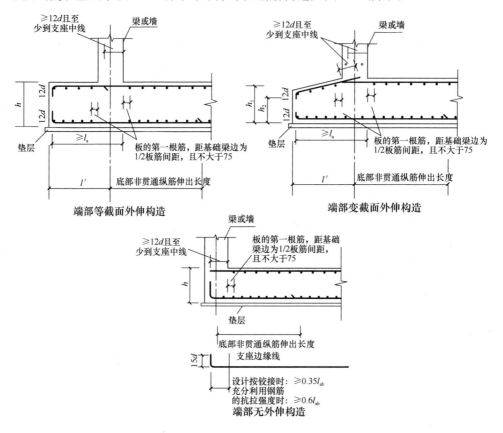

图 9-10　梁板式筏形基础平板 LPB 端部与外伸部位钢筋构造

h—板的截面高度；h_1—根部截面高度；h_2—尽端截面高度；

d—受拉钢筋直径；l_{ab}—受拉钢筋的非抗震基本锚固长度

（1）基础平板同一层面的交叉纵筋，哪个方向纵筋在下，哪个方向纵筋在上，应按具体设计说明。

（2）当梁板式筏形基础平板的变截面形式与图 9-10 不同时，其构造应由设计者设计；当要求施工方参照图 9-10 构造方式时，应提供相应改动的变更说明。

（3）端部等（变）截面外伸构造中，当从基础主梁（墙）内边算起的外伸长度不满足直锚要求时，基础平板下部钢筋应伸至端部后弯折 15d，且从梁（墙）内边算起水平段长度应≥0.6l_{ab}。

二、平板式筏形基础的钢筋构造图识读

1. 平板式筏形基础柱下板带 ZXB 与跨中板带 KZB 纵向钢筋构造

平板式筏形基础柱下板带 ZXB 与跨中板带 KZB 纵向钢筋构造分别如图 9-11 和图 9-12 所示。

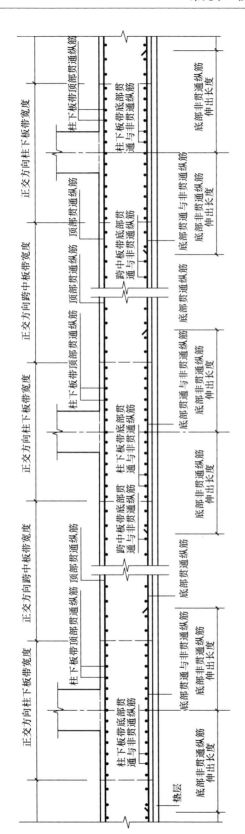

图 9-11　平板式筏形基础柱下板带 ZXB 纵向钢筋构造

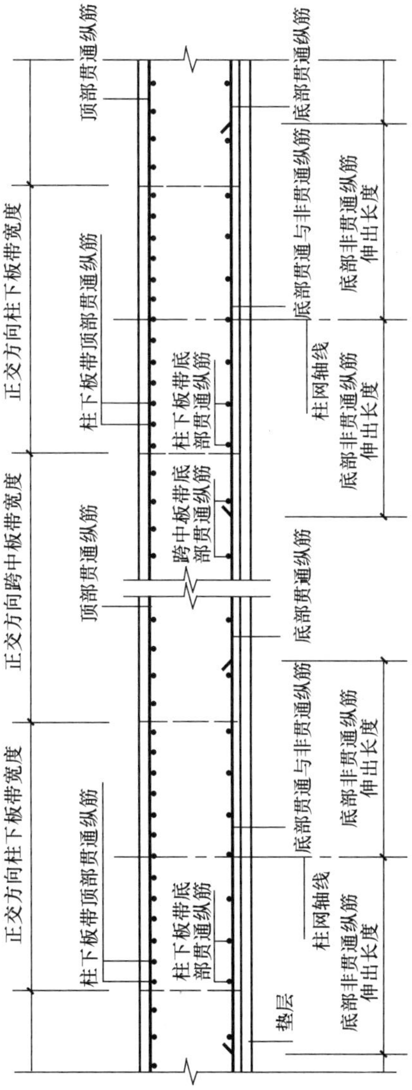

图 9-12　平板式筏形基础跨中板带 KZB 纵向钢筋构造

（1）不同配置的底部贯通纵筋，应在两毗邻跨中配置较小一跨的跨中连接区域连接（即配置较大一跨的底部贯通纵筋需越过其标注的跨数终点或起点伸至毗邻跨的跨中连接区域）。

（2）底部与顶部贯通纵筋在连接区内的连接方式，详见纵筋连接通用构造。

（3）柱下板带与跨中板带的底部贯通纵筋，可在跨中 1/3 净跨长度范围内搭接连接、机械连接或焊接；柱下板带及跨中板带的顶部贯通纵筋，可在柱网轴线附近 1/4 净跨长度范围内采用搭接连接、机械连接或焊接。

（4）基础平板同一层面的交叉纵筋，哪个方向纵筋在下，哪个方向纵筋在上，应按具体设计说明。

（5）柱下板带、跨中板带中同一层面的交叉纵筋，哪个方向纵筋在下，哪个方向纵筋在上，应按具体设计说明。

2. 平板式筏形基础平板 BPB 钢筋构造

平板式筏形基础平板 BPB 钢筋构造如图 9-13 所示。

基础平板同一层面的交叉纵筋，哪个方向纵筋在下，哪个方向纵筋在上，应按具体设计说明。

3. 平板式筏形基础平板（ZXB、KZB、BPB）变截面部位钢筋构造

平板式筏形基础平板（ZXB、KZB、BPB）变截面部位钢筋构造如图 9-14、图 9-15 所示。

（1）图中构造规定适用于设置或未设置柱下板带和跨中板带的板式筏形基础的变截面部位的钢筋构造。

（2）当板式筏形基础平板的变截面形式与图示不同时，其构造应由设计者设计；当要求施工方参照图示构造方式时，应提供相应改动的变更说明。

（3）板底高差坡度 α 可为 45°或 60°角。

（4）中层双向钢筋网直径不宜小于 12mm，间距不宜大于 300mm。

4. 平板式筏形基础平板（ZXB、KZB、BPB）端部和外伸部位钢筋构造

平板式筏形基础平板（ZXB、KZB、BPB）端部和外伸部位钢筋构造如图 9-16～图 9-19所示。

其中字母含义为：

l_{ab}——受拉钢筋的非抗震基本锚固长度；

h——板的截面高度；

d——受拉钢筋直径。

（1）端部无外伸构造（一）中，当设计指定采用墙外侧纵筋与底板纵筋搭接的做法时，基础底板下部钢筋弯折段应伸至基础顶面标高处。

（2）板边缘侧面封边构造同样适用于梁板式筏形基础部位，采用哪种做法由设计者指定，当设计者未指定时，施工单位可根据实际情况自选一种做法。

（3）筏板底部非贯通纵筋伸出长度 l' 应由具体工程设计确定。

（4）筏板中层钢筋的连接要求与受力钢筋相同。

三、桩基承台构造图识读

1. 矩形承台配筋构造

参见 16G101-3 图集 94 页，矩形承台 CT$_J$和 CT$_P$配筋构造如图 9-20 所示。

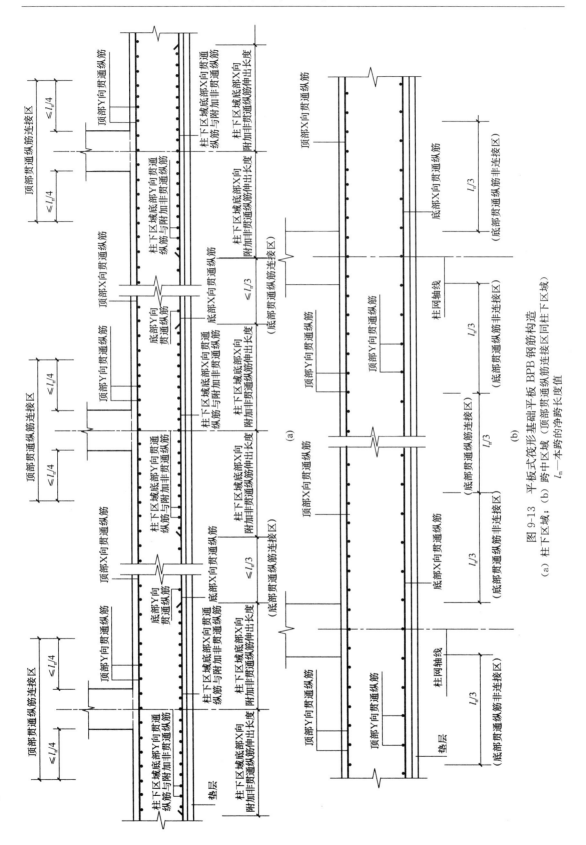

图 9-13　平板式筏形基础平板 BPB 钢筋构造

(a) 柱下区域；(b) 跨中区域 (顶部贯通纵筋连接区同柱下区域)

l_n—本跨的净跨长度值

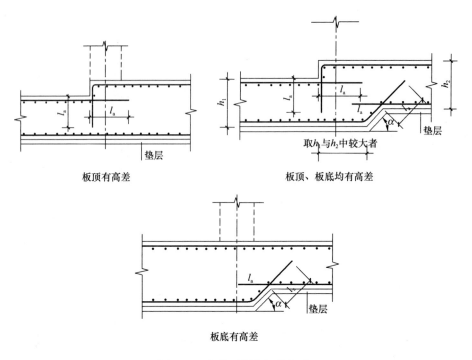

图 9-14 变截面部位钢筋构造

l_a—受拉钢筋非抗震锚固长度；h_1—基础平板左边截面高度；h_2—基础平板右边截面高度

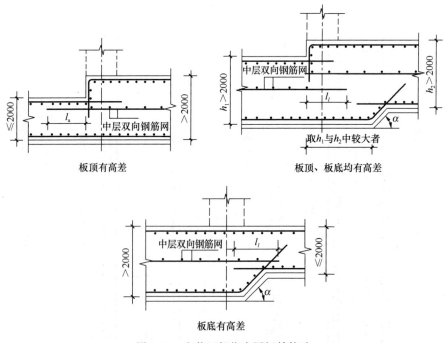

图 9-15 变截面部位中层钢筋构造

l_a—受拉钢筋非抗震锚固长度；l_l—受拉钢筋非抗震绑扎搭接长度；

h_1—基础平板左边截面高度；h_2—基础平板右边截面高度

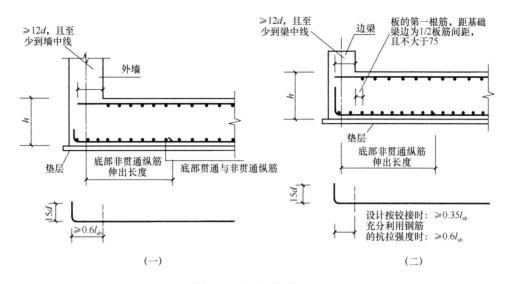

图 9-16　端部无外伸构造

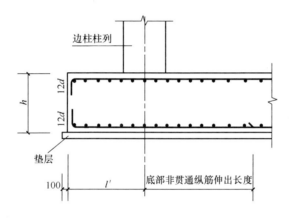

图 9-17　端部等截面外伸构造

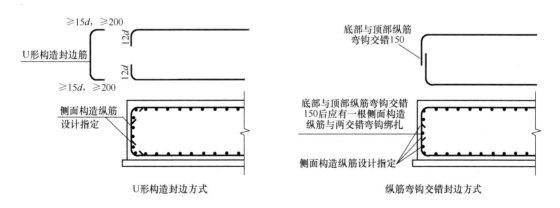

图 9-18　板边缘侧面封边构造

（外伸部位变截面时侧面构造相同）

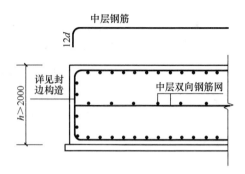

图 9-19　中层筋端头构造

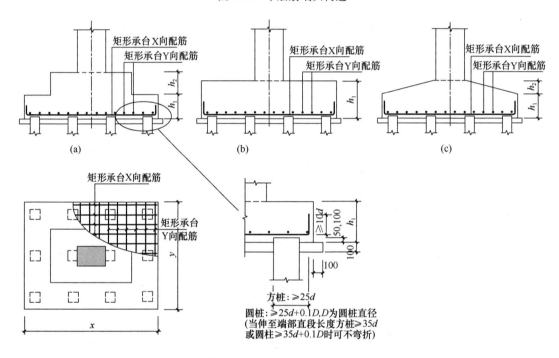

图 9-20　矩形承台配筋构造

（a）阶形截面 CT$_J$；（b）单阶形截面 CT$_J$；（c）坡形截面 CT$_P$

　　当桩直径或桩截面边长＜800mm 时，桩顶嵌入承台 50mm；当桩径或桩截面边长≥800mm 时，桩顶嵌入承台 100mm。

2. 等边三桩承台配筋构造

16G101-3 图集第 95 页，等边三桩承台 CT$_J$ 配筋构造如图 9-21 所示。

3. 等腰三桩承台配筋构造

16G101-3 图集第 96 页，等腰三桩承台 CT$_J$ 配筋构造如图 9-22 所示。

4. 六边形承台配筋构造

参见 16G101-3 图集第 97 页"六边形承台 CT$_J$ 配筋构造"（平面图形为正六边形），承台 X 向配筋和 Y 向配筋类似矩形承台配置。如图 9-23 所示。

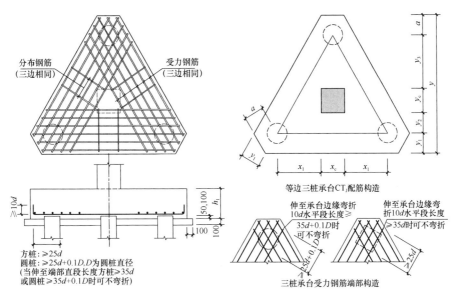

图 9-21　等边三桩承台 CT_J 配筋构造

注：1. 当桩直径或桩截面边长＜800mm 时，桩顶嵌入承台 50mm；当桩径或桩截面边长≥800mm 时，桩顶嵌入承台 100mm。

2. 几何尺寸和配筋按具体结构设计和本图构造确定。等边三桩承台受力钢筋以"△"打头注写各边受力钢筋×3。

3. 最里面的三根钢筋应在柱截面范围内。

4. 设计时应注意，承台纵向受力钢筋直径不宜小于 12mm，间距不宜大于 200mm，其最小配筋率≥0.15％，板带上宜布置分布钢筋。按设计文件标注的钢筋进行施工。

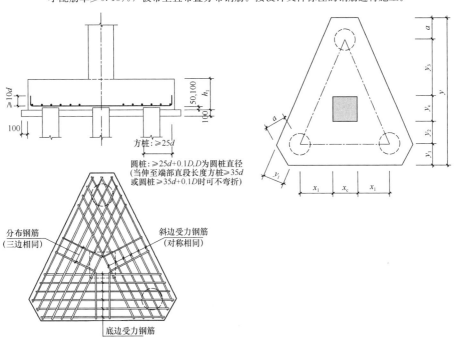

图 9-22　等腰三桩承台 CT_J 配筋构造

注：1. 当桩直径或桩截面边长＜800mm 时，桩顶嵌入承台 50mm；当桩径或桩截面边长≥800mm 时，桩顶嵌入承台 100mm。

2. 几何尺寸和配筋按具体结构设计和本图构造确定。等腰三桩承台受力钢筋以"△"打头注写底边受力钢筋＋对称等腰斜边受力钢筋×2。

3. 最里面的三根钢筋应在柱截面范围内。

4. 设计时应注意，承台纵向受力钢筋直径不宜小于 12mm，间距不宜大于 200mm，其最小配筋率≥0.15％，板带上宜布置分布钢筋。按设计文件标注的钢筋进行施工。

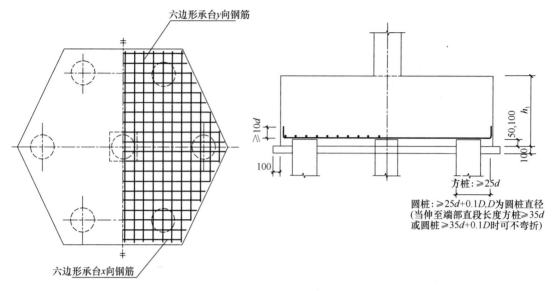

图 9-23　六边形承台 CT_J 配筋构造（正六边形）

注：1. 当桩直径或桩截面边长＜800mm 时，桩顶嵌入承台 50mm；当桩径或桩截面边长≥800mm 时，桩顶嵌入承
　　　台 100mm。

　　2. 几何尺寸和配筋按具体结构设计和本图构造确定。

参见 16G101-3 图集第 98 页"六边形承台 CT_J 配筋构造"（平面图形为长六边形），承台
X 向配筋和 Y 向配筋类似矩形承台配置。如图 9-24 所示。

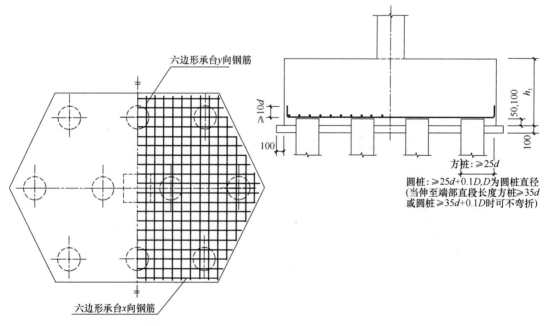

图 9-24　六边形承台 CT_J 配筋构造（长六边形）

注：1. 当桩直径或桩截面边长＜800mm 时，桩顶嵌入承台 50mm；当桩径或桩截面边长≥800mm 时，桩顶嵌入承
　　　台 100mm。

　　2. 几何尺寸和配筋按具体结构设计和本图构造确定。

5. 墙下单/双排桩承台梁配筋构造

参见 16G101-3 图集第 100 页"墙下单排桩承台梁 CTL 配筋构造"和第 101 页"墙下双排桩承台梁 CTL 配筋构造",如图 9-25 所示。

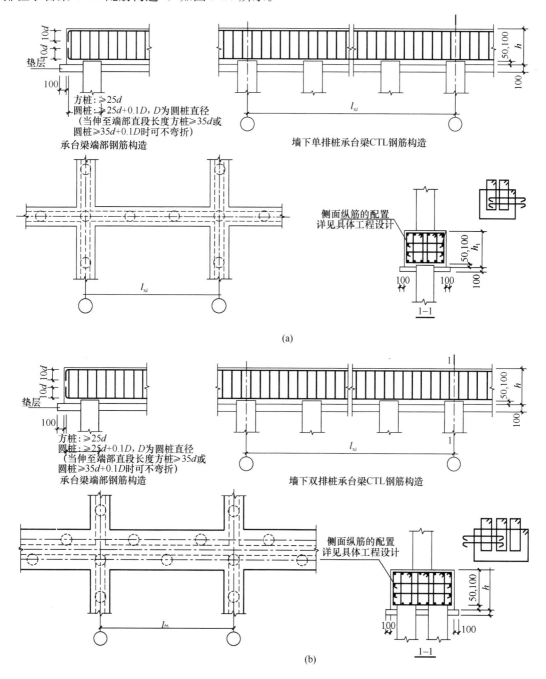

图 9-25　墙下单/双排桩承台梁 CTL 配筋构造
(a) 墙下单排桩承台梁 CTL 配筋构造;(b) 墙下双排桩承台梁 CTL 配筋构造

注:1. 当桩直径或桩截面边长<800mm 时,桩顶嵌入承台 50mm;当桩径或桩截面边长≥800mm 时,桩顶嵌入承台 100mm。

2. 拉筋直径为 8mm,间距为箍筋的 2 倍。当设有多排拉筋时,上下两排拉筋竖向错开设置。

6. 双柱联合承台底部与顶部配筋构造

参见 16G101-3 图集第 99 页"双柱联合承台底部与顶部配筋构造",如图 9-26 所示。

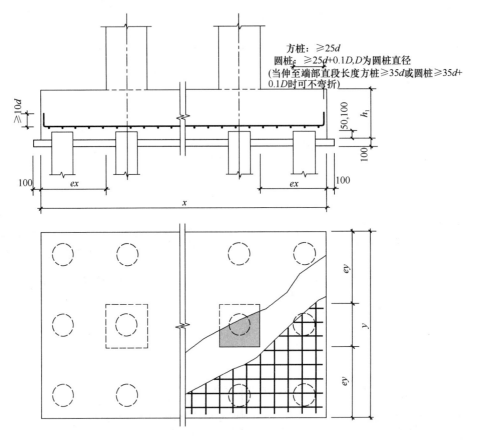

图 9-26 双柱联合承台底部与顶部配筋构造

注:1. 当桩直径或桩截面边长<800mm 时,桩顶嵌入承台 50mm;当桩径或桩截面边长≥800mm 时,桩顶嵌入承台 100mm。

2. 几何尺寸和配筋按具体结构设计和本图构造确定。

3. 需设置上层钢筋网片时,由设计指定。

第三节 筏形基础识图实例精解

【实例一】某筏形基础主梁平法施工图识读

某筏形基础主梁平法施工图如图 9-27 所示。

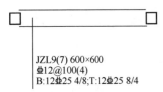

JZL9(7) 600×600
Φ12@100(4)
B:12Φ25 4/8;T:12Φ25 8/4

图 9-27 筏形基础主梁
平法施工图

从图 9-27 中可以看出:

(1)编号:基础主梁 9 号,7 跨,两端没有延伸。

(2)截面尺寸:600mm×600mm。

(3)基础主梁是直径 12mm 的 HRB400 级钢筋,间距为 100mm,均为四肢箍。

(4)梁底部与顶部均配置贯通筋为 12 根直径 25mm 的 HRB400 级钢筋,分两排设置,一排 4 根,另一排 8 根。

【实例二】某筏形基础平板平法施工图识读

某筏形基础平板平法施工图如图 9-28 所示。

从图 9-28 中可以看出：

(1) 编号：梁板式筏形基础平板 01 号。

(2) 基础平板厚 500mm。

(3) X 向：底部贯通纵筋是 HRB400 级钢筋，直径 16mm、按间距 200mm 设置；顶部贯通纵筋为 HRB400 级钢筋，直径 16mm、按间距 200mm 设置（共 7 跨，两端均有外伸）。

(4) Y 向：底部贯通纵筋为 HRB300 级钢筋，直径 18mm、按间距 200mm 设置；顶

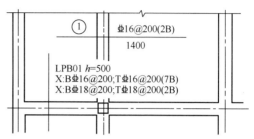

图 9-28　筏形基础平板平法施工图

部贯通纵筋为 HRB400 级钢筋，直径 18mm、按间距 200mm 设置（共 2 跨，两端均有外伸）。

(5) ①号为底部附加非贯通纵筋；HRB400 级钢筋，直径 16mm，间距为 200mm（综合贯通筋标注，应"隔一布一"），布设范围为 2 跨并两端外伸；附加非贯通纵筋自梁中心线向两边跨内的延伸长度均为 1400mm。

【实例三】承台平面布置图和承台详图识读

承台平面布置图和承台详图如图 9-29 所示。

从图 9-29 中可以看出：

(1) 图名为基础结构布置图，绘图比例为 1：100，还有后面的承台详图和地梁剖面图。

(2) CT 为独立承台的代号，图中出现的这一类代号有"CT-1a、CT-1、CT-2、CT-3"，表示四种类型的独立承台。承台周边的尺寸可以表达出承台中心线偏离定位轴线的距离以及承台外形几何尺寸。如图中定位轴线①号与Ⓑ号交叉处的独立承台，尺寸数字"420"和"580"表示承台中心向右偏移出①号定位轴线 80mm，承台该边边长 1000mm；从尺寸数字"445"和"555"中，由此我们就可以看出该独立承台中心向上偏移出Ⓑ号轴线 55mm，承台该边边长 1000mm。

(3)"JL1、JL2"代表两种类型的地梁，从 JL1 剖面图下附注的说明可以知道，基础结构平面图中没有注明的地梁均为 JL1，所有主次梁相交处附加吊筋为 2ϕ14，垫层同垫台。地梁连接各个独立承台，并把它们形成一个整体，地梁一般沿轴线方向布置，偏移轴线的地梁标有位移大小。剖切符号 1-1、2-2、3-3 表示承台详图中承台在基础结构平面布置图上的剖切位置。

(4) 从 1-1 剖面图中，能够了解到承台高度为 1000mm，承台底面即垫层顶面标高为－1.500m。垫层分上、下两层，上层为 70mm 厚的 C10 素混凝土垫层，下层用片石灌砂夯实。由于承台 CT-1 与承台 CT-1a 的剖面形状、尺寸相同，所以只是承台内部配置有所差别，如图中 ϕ10@150 为承台 CT-1 的配筋，其旁边括号内注写的三向箍为承台 CT-1a 的内部配筋，所以在选用括号内的配筋时，图中 1-1 表示的为承台 CT-1a 的剖面图。

(5) 图中 1-1、2-2 分别为独立承台 CT-1、CT-1a、CT-2 的剖面图。图中 JL1、JL2 分

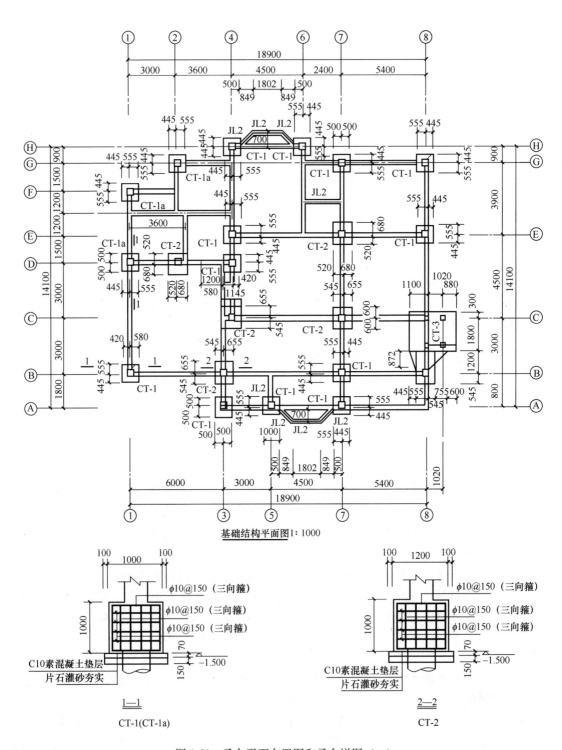

基础结构平面图1：1000

1—1
CT-1(CT-1a)

2—2
CT-2

图 9-29 承台平面布置图和承台详图（一）

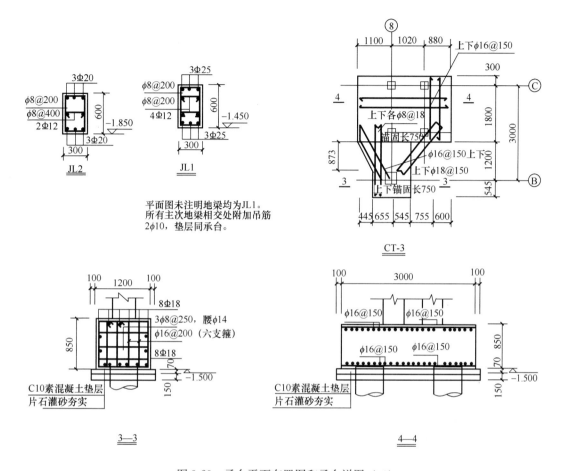

图 9-29　承台平面布置图和承台详图（二）

别为 JL1、JL2 的断面图。图中 CT-3 为独立承台 CT-3 的平面详图，图中 3-3、4-4 为独立承台 CT-3 的剖面图。

（6）剖切符号 3-3、4-4 表示断面图中 3-3、4-4 在该详图中的剖切位置。从 3-3 断面图中可以看出，该承台断面宽度为 1200mm，垫层每边多出 100mm，承台高度 850mm，承台底面标高为 −1.500m，垫层构造与其他承台垫层构造相同。从 4-4 断面图中能够看出，承台底部所对应的垫层下有两个并排的桩基，承台底部与顶部均纵横布置着间距 150mm 的 $\phi16$ 钢筋，该承台断面宽度为 3000mm，下部垫层两外侧边线分别超出承台宽两边线 100mm。

（7）从平面详图 CT-3 中，能够看出该独立承台由两个不同形状的矩形截面组成，其中一个是边长为 1200mm 的正方形独立承台，另外的一个为截面尺寸为 2100mm×3000mm 的矩形双柱独立承台。两个矩形部分之间用间距为 150mm 的 $\phi18$ 钢筋拉结成一个整体。图中 "上下Φ16@150" 表示该部分上下部分两排钢筋间距均为 150mm 的 $\phi16$ 钢筋，其中弯钩向左和向上的钢筋为下排钢筋，弯钩向右和向下的钢筋为上排钢筋。

（8）CT-3 为编号为 3 的一种独立承台结构详图。A 实际是该独立承台的水平剖面图，图中所显示的这两个不同形状的矩形截面。它们之间用间距为 150mm 的 $\phi18$ 钢筋拉结成一个整体。该图中上下Φ16@150 表达的是上下两排 $\phi16$ 的钢筋间距 150mm 均匀布置，图中钢筋弯钩向左和向上的表示下排钢筋，钢筋弯钩向右和向下的表示上排钢筋。还有，独立承

269

台的剖切符号 3-3、4-4 则是分别表示对两个矩形部分进行竖直剖切。

（9）JL1 和 JL2 为两种不同类型的基础梁或地梁。

JL1 详图也是该种地梁的断面图，截面尺寸为 300mm×600mm，梁底面标高为 −1.450m；在梁截面内，布置着 3 根直径为 $\phi 25$ 的 HRB 级架立筋，3 根直径为 $\phi 25$ 的 HRB 级受力筋，间距为 200mm、直径为 $\phi 8$ 的 HPB 级箍筋，4 根直径为 $\phi 12$ 的 HPB 级的腰筋和间距 100mm、直径为 $\phi 8$ 的 HPB 级的拉筋。

JL2 详图截面尺寸为 300mm×600mm，梁底面标高为 −1.850m；在梁截面内，上部布置着 3 根直径为 $\phi 20$ 的 HRB 级的架立筋，底部为 3 根直径为 $\phi 20$ 的 HRB 级的受力钢筋，间距为 200mm、直径为 $\phi 8$ 的 HPB 级的箍筋，2 根直径为 $\phi 12$ 的 HPB 级的腰筋和间距为 400mm、直径为 $\phi 8$ 的 HPB 级的拉箍。

思考题：

1. 基础主梁与基础次梁的原位标注有哪些规定？

2. 基础梁底部非贯通纵筋的长度有何规定？

3. 梁板式筏形基础平板 LPB 贯通纵筋的集中标注有哪些内容？

4. 柱下板带与跨中板带原位标注有哪些规定？

5. 平板式筏形基础平板 BPB 的原位标注有哪些规定？

6. 基础主梁和基础次梁纵向钢筋与箍筋构造如何识读？

7. 梁板式筏形基础梁端部与外伸部位钢筋构造如何识读？

8. 梁板式筏形基础平板 LPB 端部与外伸部位钢筋构造如何识读？

9. 平板式筏形基础平板 BPB 钢筋构造如何识读？

10. 平板式筏形基础平板（ZXB、KZB、BPB）变截面部位钢筋构造如何识读？

11. 矩形承台配筋构造如何识读？

12. 六边形承台配筋构造如何识读？

13. 墙下单/双排桩承台梁配筋构造如何识读？

参 考 文 献

[1] 中国建筑标准设计研究院.16G101-1混凝土结构施工图平面整体表示方法制图规则和构造详图(现浇混凝土框架、剪力墙、梁、板).北京:中国计划出版社,2016.

[2] 中国建筑标准设计研究院.16G101-2混凝土结构施工图平面整体表示方法制图规则和构造详图(现浇混凝土板式楼梯).北京:中国计划出版社,2016.

[3] 中国建筑标准设计研究院.16G101-3混凝土结构施工图平面整体表示方法制图规则和构造详图(独立基础、条形基础、筏形基础、桩基础).北京:中国计划出版社,2016.

[4] 中国建筑标准设计研究院.12G901-1~3系列图集 混凝土结构施工钢筋排布规则与构造详图系列图集.北京:中国计划出版社,2012.

[5] 中国建筑标准设计研究院.12SG904-1型钢混凝土结构施工钢筋排布规则与构造详图.北京:中国计划出版社,2013.

[6] 中华人民共和国国家标准.混凝土结构设计规范 GB 50010—2010[S].北京:中国建筑工业出版社,2010.

[7] 中华人民共和国国家标准.建筑抗震设计规范 GB 50011—2010[S].北京:中国建筑工业出版社,2010.

[8] 上官子昌.平法钢筋识图与计算细节详解[M].北京:机械工业出版社,2011.

[9] 赵荣.G101平法钢筋识图与算量[M].北京:中国建筑工业出版社,2010.

[10] 高竞.平法结构钢筋图解读[M].北京:中国建筑工业出版社,2009.

[11] 唐才均.平法钢筋看图、下料与施工排布一本通[M].北京:中国建筑工业出版社,2014.

[12] 赵治超.11G101平法识图与钢筋算量[M].北京:北京理工大学出版社,2014.